本书属于国家重点研发计划"合成生物学"专项项目（2018YFA0902400）"合成生物学伦理、政策法规框架研究"的研究成果。

合成生物学的
哲学基础问题研究

冀朋　雷瑞鹏　著

Research on
the Philosophical Underpinnings
of Synthetic Biology

中国社会科学出版社

图书在版编目（CIP）数据

合成生物学的哲学基础问题研究／冀朋，雷瑞鹏著.
北京：中国社会科学出版社，2024. 6. -- ISBN 978 - 7
- 5227 - 3997 - 7

Ⅰ. Q503

中国国家版本馆 CIP 数据核字第 20248BJ421 号

出 版 人	赵剑英	
责任编辑	喻　苗	
责任校对	胡新芳	
责任印制	王　超	

出　　版	中国社会科学出版社	
社　　址	北京鼓楼西大街甲 158 号	
邮　　编	100720	
网　　址	http://www.csspw.cn	
发 行 部	010 - 84083685	
门 市 部	010 - 84029450	
经　　销	新华书店及其他书店	

印　　刷	北京明恒达印务有限公司	
装　　订	廊坊市广阳区广增装订厂	
版　　次	2024 年 6 月第 1 版	
印　　次	2024 年 6 月第 1 次印刷	

开　　本	710×1000　1/16	
印　　张	14.75	
字　　数	231 千字	
定　　价	79.00 元	

凡购买中国社会科学出版社图书，如有质量问题请与本社营销中心联系调换
电话：010 - 84083683

序

合成生物学是 21 世纪生命科学的最前沿，是生物经济时代高质量发展的引擎和新质生产力转化的重要使能技术，使生物学的基础研究和应用研究拓展到更为深广的领域。目前，合成生物学的经济社会价值主要体现在能源、医药、环境、化工、农业、宇航等领域。国内外学界更多关注的也是合成生物学的研究成果在应用转化和市场化等环节中的伦理、法律和社会问题，关于合成生物学基础研究层面的本体论、认识论、方法论问题鲜少问津。这导致了合成生物学伦理、法律的研究文献比较充足，而合成生物学基础哲学问题研究文献较为不足。因此，展开对合成生物学基础哲学问题的研究，一方面意味着困难和挑战，另一方面也意味着这一选题具有论阈开辟和理论创新的价值。

2014 年，冀朋在华中科技大学攻读硕士学位时，进入雷瑞鹏教授主持的关于合成生物学哲学与伦理问题研究的课题组，他的硕士论文《合成生物学"建物致知"的新进路及其哲学分析——从建构的结构实在论的观点》是对合成生物学哲学问题研究取得的阶段性成果。2017 年，冀朋继续由雷瑞鹏教授指导攻读博士学位。当时合成生物学的哲学研究工作还有很多重要的基础性问题亟待展开，因此我们提议继续作为冀朋博士论文的选题方向，进一步系统、深入地拓展研究。这一选题也得到了武汉大学哲学学院已故教授、科学哲学家桂起权的赞许和帮助。

无独有偶，从"十三五"规划（2016—2020 年）开始，合成生物学被列为中国战略前瞻性重大科学问题和前沿共性生物技术，国家出台了一系列政策支持发展。在国家发展和改革委员会发布的《"十四五"生物经济发展规划》中，则明确提出了"推动合成生物学技术创新"。2019年，因为契合国家重大战略需求，以及雷瑞鹏教授团队在合成生物学领域相关前期研究成果得到众多业内评委的认可，雷瑞鹏教授作为项目负责人和首席专家申报的选题"合成生物学伦理、政策法规框架研究"（2018YFA0902400）获得了科技部国家重点研发计划（原国家863和973计划）立项资助。该项目是我国首次在合成生物学研究这一前沿科学领域设立的人文社科类国家重点研发计划项目。冀朋作为该项目的核心骨干，当时依托项目确立的研究方向正是合成生物学的哲学基础问题研究。

经历了2020年武汉新冠疫情的肆虐和变故，2021年9月，冀朋在重重困难中完成了博士学位论文《合成生物学的哲学基础问题研究》，论文盲审和答辩都取得了令人满意的结果。这一扎实的研究经历，为他工作后继续深耕于合成生物学交叉研究领域奠定了重要基础。近年来，围绕合成生物学哲学与伦理问题研究方向，冀朋陆续获得了广东省哲学社会科学规划项目和国家社科基金项目的立项资助。积十年之力，克服各种困难险阻，冀朋以他的硕士和博士论文为基础，在雷瑞鹏教授的指导与合作下修订完成了这本专著，终于即将付梓出版。可喜可贺！

作为奠基和推动合成生物学哲学研究的重要著作，这本书的创新性主要体现为三个方面：一、从科学哲学层面对合成生物学的隐喻类型及其本体进行划分，并从本体论、认识论和方法论角度对这些隐喻提供哲学分析，揭示出不同类型的隐喻为合成生物学研究提供了概念框架、认知途径和方法论启发，填补了国内外该问题研究的空白；二、通过分析合成生物学方法论革新的争议及工程范式的内涵，深入阐发合成生物学方法论革新在生物学范式创新中的哲学意义，论证了合成生物学范式创新的核心是认识论的建构主义，从而拓展了合成生物学哲学研究论阈；三、通过反思生命与机器、人工与自然、合成生物体与一般技术人工制品的差异，分析了合成生物体造成的本体论混乱和认识论问题，提出了在合成生物学视域下重新理解生命的本体论内涵以及拓展生物学学科边界的可能性，为理解生命的起源、本质及其定义等问题提供了新的哲学思路。

当然，这本书只是合成生物学哲学研究的起点。合成生物学哲学基础问题应当还要包括价值论。这部分内容虽然与合成生物学伦理问题存在一定程度的重叠，但又有区分。合成生物学伦理问题更加聚焦合成生物学研究和应用中存在的具体伦理问题及其规范制定，合成生物学的价值论问题应该更具有一般性的反思意义，主要涵盖合成生物学中的投资、决策、研究和应用等主体与合成生物技术、工具、产品等客体，及其与自然环境和人类社会之间存在或者未来可能存在的价值关系问题。合成生物学的哲学价值论研究十分重要，没有价值论层面的探讨，合成生物学哲学研究谱系就不完整。此外，虽然本书在合成生物学的本体论、认识论和方法论问题探究上体现重要的理论创新，但是相关基础哲学问题还需要进一步深入探讨和研究，如在"后人类时代"的构想和生物智能化的趋势下，合成生命的本体论地位如何界定？在生命和机器二分标准难以识别的情况下，应该不应该认可未来的合成生物作为第三类具有本体意义的实体并赋予本体论地位和道德地位？再如生命作为认知工具箱是否体现了工具理性？将生命看成工具，像对待机器那样对生命进行人类意图的操纵、改造与合成，到底是扩大了我们的认知边界，还是经济价值驱动下刻意为人类编织的认知陷阱？制造生命与理解生命的辩证统一是否以及如何可能？合成生物学知识伦理协调真理性与有用性的统一，应该如何实现？等等。

山重水复疑无路，柳暗花明又一村。这本书开启了合成生物学这一前沿新兴生物科技的新颖话题，带领我们进入合成生物学哲学研究视野，抛出了诸多新颖而有趣的哲学议题。正如国际著名生命伦理学家、哈佛大学讲席教授 Daniel Wikler 所言，哲学不仅要关注哲学史中的 dead part，更要着眼并回应当下时代的 living part。相信对阅读本书并对前沿科技哲学感兴趣的读者而言，一定会有不同程度的收获！我作为雷瑞鹏教授的博士导师，以及冀朋的硕士和博士指导老师之一，对于在这本书选题、撰写和修改过程中提出宝贵意见的专家，如桂起权教授、李建会教授、成良斌教授、万小龙教授、陈刚教授、程新宇教授、苏莉教授等，再次表示诚挚的谢意！感谢你们对两位作者的研究工作给予了充分的鼓励和肯定，提出了很多富于启发意义的意见和建议！我也期待他们继续在合

成生物学哲学研究领域深耕细作，产出更多有理论创新和应用价值的丰
硕成果！

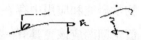

中国社会科学院哲学研究所研究员（离休）

中国社会科学院应用伦理研究中心名誉主任

华中科技大学生命伦理学研究中心创始主任

中国人民大学道德和伦理研究中心生命伦理学研究所所长

美国乔治城大学肯尼迪伦理研究所终身成员

美国海斯汀斯中心 Fellow

国际哲学院院士

目　　录

绪　　论

2021 年 9 月 24 日，《科学》（*Science*）杂志刊载：中国科学家团队首次在实验室实现人工合成淀粉，证明了生物工程化的科学设想（Cai et al.，2021）。不仅如此，人们现在可以吃到人工合成的"肉"（人造肉）制作的美味汉堡（杜立、王萌，2020）；能在欧洲的艺术展上一窥来自实验室生物合成的艺术品；在未来，人们或许能够住进由一棵经过基因编辑与合成的树长成的大房子里，而人们穿的衣服、脸上擦的化妆品、家里的洗漱用品、吃饭用的锅碗瓢盆以及出行乘坐的交通工具等都有可能是合成生物学向人类社会交付的价格低廉、低耗环保的高性能产品。与此同时，人类对地球生命的起源、进化等关乎生命本质理解的历史性难题可能会有颠覆性的发现，过去几千年来关于生命诞生的宗教、文学和艺术的解释将很难再有市场，人类整体迈入一个全新的科技时代和一个逐渐被不断迭代升级的智能技术和生物技术全面渗透的世界，科幻著作和好莱坞电影里呈现的特写画面和故事情节将在一定程度上从荧屏转移到现实中，如"超人类"的出现。这个令人惊喜而又担忧的新型时代，有的学者称其为后人类（Post-human）时代（高丽燕，2018）。

如果说超级 AI 的实现（以及脑科学问题的研究）可能是攻克地球生命意识起源难题的最后希望，那么有人指出合成生物学可能就是破解生命自身起源奥秘的最佳途径（Ivanitsky et al.，2009）。最紧要的是，这些新兴科技领域相互结合、彼此驱动的发展特征将会日趋明显（司黎明、吕昕，2020），从而对人类社会的生产和生活方式等产生重要影响。如今，这些新兴科技领域不仅面临着新一轮的范式（paradigm）转变，也出现了很多科学和技术上的重大难题，这些难题让科学家们意识到背后深刻的哲学关联，因而希望能够得到哲学的启发。科学和哲学的紧密关联自从勒内·笛卡尔（René Descartes）和艾萨克·牛顿（Isaac Newton）时代被剥离，如今在人工智能和合成生物学等领域再次开启新的"蜜月期"。因此，加强不同新兴科技之间的交叉研究以及哲学研究，具有十分重要的现实意义。正如当代著名生物学哲学家苏恩·霍姆等人（Holm et al.，2013）所说："人工生命（Artificial Life，'A-Life''AL'）的创造提出了概念、方法和规范方面的挑战，而哲学研究的时机已经成熟。"那么，合成生物学存在哪些哲学基础问题呢？本书以此为选题，通过梳理、总结和分析当前中外文献中有关合成生物学的主要哲学观点，凝练出合成生物学中的哲学基础问题。之所以突出"基础"两个字：一是与合成生物学的实践哲学或价值哲学（这里主要指合成生物学的伦理问题）探究相区分；二是在梳理和阅读文献的过程中，发现它们关注的都是与合成生物学有关的属于哲学范畴中最基本的认识论、方法论和本体论方面的问题。[一般讨论哲学基础问题或哲学基本问题的思路是先讨论本体论问题，再讨论方法论和认识论问题。本书整体的框架包括第二章却是按照认识论、方法论和本体论的顺序展开的。这里特别说明一下原因：合成生物学提倡工程范式，特别强调人的主观能动性，通过构建认知工具和方法（如隐喻这样的概念工具、工程和设计这样的具体方法）以主动干预或创造的方式去认识自然界和生物体，乃至建造出自然界不存在的合成生物体（如合成酵母染色体），从而在现实层面造成了相应的本体论问题。在这样一个提倡创造性的学科中，从时间先后上看，科学家的创造性意识或主观能动性是在先的，因此先产生的是认识论和方法论问题，最后才在现实层面引发本体论问题，如合成生物体与自然有机体、活机器以及一般技术人工物、人工制品之间区分的本体论问题。这是合成生物学与传统生物学最大的不同之处，希望专家、读者特别注意这一重要的区别。]

一 合成生物学哲学基础问题研究的意义和目的

合成生物学是跨学科综合和多技术整合的新兴学科，不仅在驱动基础知识创新方面潜力巨大，而且有望引领新一轮产业革命，在医药/食品、能源/材料、农业/环境等领域应用前景广泛，被誉为21世纪最有投资和研究前途的领域。目前，美国、英国、德国、中国、日本等东西方国家从政府到企业都相继对合成生物学的研发和应用进行了战略布局，力求在该领域抢占制高点和话语权。近年来，我国也对合成生物学这一基础前沿科学研究加强了超前部署，如在国家重点研发计划中单独设置软科学项目，突出合成生物学在哲学、伦理、安全、知识产权、科学传播和政策法规方面的研究。因此，开展合成生物学的哲学基础问题研究既是时代和国家科技发展的客观需求，也是对于下一步实现合成生物学学科交叉研究重大成果产出的必要条件。

自 21 世纪初合成生物学不断取得突破性进展以来，我国合成生物学的科学研发逐步从落后、跟跑发展到今天的并跑。但在哲学、伦理、法律等人文和社会科学领域仍然落后于英国、美国、德国等西方发达国家。特别是在生物技术与人工智能技术、自动化技术日益紧密结合的发展趋势下，合成生物学研究领域会不断拓宽，科学和哲学的共性问题将越发凸显，联系也会越发紧密，很多关键技术的逆向求解和障碍攻克迫切需要哲学的启发。因此，合成生物学哲学基础问题的探究和解决，将有助于推动我国合成生物学在生物智能化和智能生物化等研发和应用领域快速发展。

合成生物学设计、合成生命体和构建生命系统的行为以及以功能和应用为导向的驱动因素引发了诸多哲学问题，这些问题虽然不乏新颖，但需要结合该学科的历史和哲学背景，才会真正彰显这些问题的理论渊源和独特价值。而目前国内外对这些问题尚未有系统和深入的研究，包括人工合成生命的本体问题、有机生命和无机物质之间的连续性论题、合成生物学方法论的革新问题、不同隐喻类型在认识论和方法论层面的作用等。对这些哲学基础问题展开系统的研究，不仅有助于人们理解合成生物学作为一门颠覆性技术的科学目的和思想价值，而且对于深入反思人类与技术、自然与人工、生命与机器的复杂关联具有重要的启发作用。

目前，国内外对合成生物学的哲学基础问题研究比较零散化、碎片化。本书将通过梳理和整合国内外关于合成生物学哲学基础问题的相关探讨与不同观点，联系生物学哲学和一般科学哲学理论背景，将合成生物学与分子生物学、系统生物学、大数据和人工生命研究等结合起来，进一步深入分析合成生物学的隐喻思想、生命之问、机械解释、范式创新等问题，并尝试提出新的研究视角、潜在问题和原创观点，为将来合成生物学的哲学基础问题研究开拓论域和提供思路。

二 合成生物学哲学基础问题研究的现状和不足

国外关于合成生物学哲学问题的研究零散化、碎片化，直接相关文献屈指可数，主要初步探讨了合成生物学在生命概念、隐喻作用、生物机制的解释和方法论革新与挑战等方面的哲学问题。

在合成生物学挑战生命概念的问题上，支持派的观点，如克雷格·文特尔（Venter，2010）、阿瑟·卡普兰（Caplan，2010）、迈克尔·芬克等（Funk et al.，2019）认为世界上第一个人工合成细胞生物"辛西娅"（Synthia）的成功构建"在科学上和哲学上都是重要的一步"，改变了对于"生命定义和生命运作方式的看法"，意味着新生命的创造不再需要"上帝"，证明了生命可以从非生命物质创造出来，并且将一劳永逸地终结过去和现在所有活力论的主张以及经过现代包装后的残余观点（突现论），因而结束了千年来关于生命本质的争论，打破了一直以来对生命本质的基本信念。反对派的观点，如理查德·琼斯（Jones，2021）认为克雷格·文特尔的"人造生命"强调"信息的流动"（the flow of information），激发了细胞恢复生命活力的观点，他认为这其实是一种活力论的新形式——"数字活力论"（digital vitalism）；马克·贝多（Bedau，2013）认为基于工程方法的合成细胞中复杂的因果网络具有不可预测的弱突现（Weak Emergence）效应，并起到中心作用，其中一个直接的哲学后果是在认识论层面揭示了合成是发现弱突现性质（weak emergent properties）的关键；苏恩·霍姆（Holm，2015）认为使用机器类比和生产合理设计的"有机体"（organism）（Hornby，1995）的目标并不一定意味着对机械生物学的承诺，合成生物学致力于生命系统的工程方法遭遇的诸多挑战恰恰表明生命有机体和机器的差异性以及人类对生命理解的局限性。其他的观点，如帕斯奎尔·斯塔诺（Stano，2011）等则认为合成生物学界对最小细胞研究表现出的极大兴趣证明，构建合成细胞的中心思想是生物学上的主要问题之一，即有助于理解生命的起源和生命是什么；托马斯·海姆斯（Heams，2015）认为科学家希望理性设计生物有机体及其功能，这与达尔文主义所说的功能完全背离，后者是世系通过机会和选择来获得特征，而前者是通过合理的基因工程使生物体适应所需的情况或功能；莱昂纳多·比奇等（Bich et al.，2018）等认为合成生物学、生命起源科学和天体生物学的发展唤起人们重新对生命定义的重视，虽然过去关于生命定义的必要条件和充分条件始终没有达成共识，但生命概念在合成生物学这类科学实践中起到的实际效用可以启发人们对生命采取"操作定义"的策略，从而满足科学目标和实际研究的需要，这种可操作性定义的优点是具有灵活性和可修改性。

在合成生物学挑战机械解释的问题上，支持派的观点，如米歇尔·莫兰奇（Morange，2012）指出合成生物学与认为有机体是"完美机器"（perfect machines）的传统观点相左，合成生物学家的工作正是努力改进由自然选择的作用而形成的不完美的有机体，并认为机械解释（mechanical explanations）是将有机体通过与人工制造的机器进行比较来解释的，而合成生物学是通过理解有机体来制造类似于有机体的、自我进化的机器。反对派的观点，如安娜·德普拉兹（Deplazes，2009）、丹尼尔·尼科尔森（Nicholson，2013）等认为合成生物学中工程原理的广泛应用是基于对生命的机械理解，并认为合成生物学具有机械本体论的承诺，即合成有机体的所有性质都由其各部分的性质及其相互作用决定和推测出来的。其他的观点，如尼古拉·安道尔等（Andorno et al.，2015）等则认为关于生命的解释多种多样，有科学解释和非科学解释，虽然合成生物学在科学层面提供了一种生命解释的"新转向"（new turn），但其他关于生命的解释也是重要的，而不应该视为不科学的，因为它可以帮助个人解决科学无法解决的问题，让人们从这些不同的观点中获益；达里安·米查姆（Meacham，2020）指出刘易斯·科因（Lewis Coyne）推翻了当代主流生物学家和哲学家对有机体的机械理解，他认为生物体和机器虽然存在相似特征，但是其各自的目的有所不同，并以一种前所未有的方式，把内在目的论的解释与汉斯·乔纳斯（Hans Jonas）对活生生的有机体的解释结合起来。

在合成生物学的隐喻作用问题上，一些学者指出工程隐喻启发了新方法的革新，如马腾·布德里（Boudry，2013）等认为工程隐喻（engineering metaphor）的类比作用在合成生物学中具有重大的启发价值，这尤其体现在将工程方法运用于合成生物学，但工程类比用于活的有机体仍有许多困难，因为不同于人工制造的机器，活的有机体机制更复杂、透明度更低；安德里亚·洛特格斯（Loettgers，2013）认为像"振荡器""开关""逻辑门"等术语在工程学中有着精确的含义，用于合成生物学时可以看作科学概念和方法的类比转移，这些工程隐喻的使用不仅对于推进科学研究至关重要，而且能够帮助人们理解它们在科学实践中的运作方式。一些学者指出数字隐喻驱动了科学实践，如丹尼尔·福克纳（Falkner，2016）认为人工合成细胞使遗传密码这个隐喻获得了现实的生命，此时遗传密码的隐喻显然不再仅仅是一个隐喻，而是对现实的一种重新描述，并指出这种从解释领域到现象领域的转变，类似于从分析到合成的转变，被称为合成生物学的革命性性质；卡门·麦克劳德（McLeod，2017）等认为合成生物学与微生物学、表观遗传学的结合使得科学家不仅可以能够"读""写"和"编辑""生命之书"，还能够设计、创造人工生命，这一隐喻提供了创新力量使得合成生物学能够定制生物体，使单纯的隐喻通过科学实践变成现实。一些学者指出机器隐喻为合成生物提供了本体论假设，如约阿希姆·博尔特（Boldt，2018）认为本体论假设是合成生物学机器隐喻的纽带，它承诺合成生物学的研究对象和那些称为"机器"的实体具有共同的本体论基础，这样机器的相关特征就可以转移到合成生物学的构建对象——单细胞有机体领域，从而使合成有机体可以被设计和构建出来；沃纳·科格（Kogge，2013）等认为这种机器隐喻蕴含了可设计性和可编程性的想法，这与对活的有机体的充分描述是有冲突的，意图通过设计和工程的方法建造表现生命特征的活机器似乎是不可能的。还有一些学者指出隐喻促进了对合成生物学的理解、教育和传播，如马丁·德林（Döring，2018）等认为隐喻的使用有利于突出合成生物学的研究主题和讨论域是一种具有创造性、启发性的认知结构和认知映射过程，使研究对象和目标在语义上、认知上和实践上能够更好地被构造、访问与理解；弗兰克·塞克瑞斯（Sekeris，2015）认为虽然隐喻具有抽象性和隐蔽性，但对于清楚地传达合成生物学的内涵十分重要，有助于在教育和传播中阐明合成生物学这一抽象而复杂的领域，并指出最为常用的合成生物学隐喻是书籍隐喻、工业隐喻和计算机隐喻；马西莫·皮廖奇（Pigliucci，2011）等认为将活的有机体类比为机器，是一种过时的、具有误导性的做法，放弃使用类似的隐喻将提高公众对科学的理解。

在合成生物学对生物学研究及其范式影响的问题上，一些学者认为合成生物学体现了科学研究的新特征，如贝尔纳黛特·文森特（Vincent，2013）认为合成生物学可以被描述为一种技术乌托邦，在某种意义上是用虚构来改变世界，它有意颠覆自然秩序，设计超越时空的生命形式，更接近于艺术创作，而不是传统的科学研究，这一可能与现实的张力为合成生物学各种研究议程提供了一个标准；马克西米利安·西蒙斯（Simons，2020）则指出关于生命的历史问题或关于特定生物体的描述性问题正在转向探索生物学可能性（biological possibility）的问题，认为最小基因组研究中存在一个基本的模糊性，即普遍性要求和标准化要求之间的关系，而这种模糊性的假设（最小基因组）是最近转向技术科学（technoscience）的产物。一些学者认为合成生物学揭示了生物学方法论的重要转向，如迈克尔·埃洛维茨（Elowitz，2010）等认为以往工程师难以欣赏到自然产生的复杂、优美和高超的设计，而生物学家总是痴迷于某一特定生物系统的细节，现在合成生物学实现了生物学和工程学概念和方法优势的互补，这将会改变科学家解决生物系统如何工作这一基本问题的方式，提供了一种"创造生命以理解生命"（Build life to understand it）的新方法；塔里娅·努蒂拉（Knuuttila，2014）认为在合成生物学领域，工程师对生物学的影响已经远远超过了物理学家，物理学的概念和方法也被工程学的概念和方法取代，"电路、鲁棒性、冗余性和噪声等工程概念是合成生物学兴起的重要标志"；迈克尔·芳克（Funk，2016）认为合成生物学实现了从物理学到生物学新的一般范式、从经典自然科学及其实验到工程与新技术实验室范式以及从研究理论到研究实践的转变。

而国内关于合成生物学的哲学问题研究的文献更加匮乏。在为数不多的论文中，主要是围绕合成生物学在生命概念、生命起源和进化等方面对理解生命本质产生的影响，个别论文还探讨了合成生物学在本体论和方法论层面的革新与挑战。

在关于合成生物学干预自然和控制进化的问题上，程晨（2013）从人类与进化的关系视角提出了"进化代理人"的概念，认为合成生物技术为重构人类与进化关系带来了挑战，这种通过干预自然、控制进化的技术会反作用于人类社会，把包括生命在内的一切带入非自然的状态中，在未来可能造成灾难性的影响。黄诗晶和陈晓英（2019）认为合成生物学的全部过程都是定向的和有目的的，不同于自然选择的过程，是人类对自然界的强制干预。雷瑞鹏和邱仁宗（2018，2019）等认为合成生物学可能会制造出具有细胞某些特性的活的有机体，但因此做出合成生命"不自然"的论证是无效的，因为自然的和不自然的定义与二者间的界限并不是那么清楚明白，但可以用作与科学技术相关的价值或信仰的占位符。

在人造生命挑战生命认知的问题上，翟晓梅和邱仁宗（2014）认为合成生物学用技术创造生命反映了机械论的生命观，挑战了传统的生命概念，冲击了人们关于生命定义、本质、价值和意义的传统观念，并指出要仔细区分合成生物学对生物学意义上与社会文化情境中的生命概念的影响的差异。王国豫等（2015）从宗教、进化论以及传统哲学等角度对生命的理解进行了比较，认为合成生物学的生命还原观点可能会导致人们对生命的漠视，将生命还原为机器抹杀了生命的独特性和内在价值。笔者（2017）则认为合成生物学虽然挑战了生命的定义，但生命的定义并非预设或一成不变，而是本体论综合的结果，通过创造生命的方式为理解生命提供了新的途径，并从建构的结构实在论的观点为"人造生命"的行为做了哲学辩护。黄海华认为人造生命不是对生命本质的挑战，而是通过构建简单的生命来理解复杂的生命，不仅为自然生命进化的本质提供了实证，而且开辟了人类对生命本质研究的新方向。肖敏凤等（2015）认为合成生物学有望为原始细胞（Protocell）的功能机制提供有力解释，基于生命体的设计与合成研究可以为生命起源提供新见解，同时它也可能会改变生命的定义以及挑战人们认知生命的方式。

在合成生物学反映科学与哲学融合的问题上，张炳照等（2015）认为合成生物学旨在建造这一点体现了该领域在科学方法论上的独特性，"建物致知"（Build life to understand it）的方法体现了奥古斯特·孔德实证主义精神，而通过设计和创造新的生命体或生物系统以便深入理解生命本质这一点与中国传统思想中的"阴阳之道，不外顺逆……阴阳之原，即颠倒之术也"（《黄帝外经》）、格物致知和知行合一等观点不谋而合。

金帆（2018）指出合成生物学通过从设计、拼接基因片段到构建生命体和生物系统，是由点及面地理解生命，为人类理解复杂的生命系统提供了新的思路，并认为对生命的微观研究不能缺少宏观的哲学思考，只有做到将微观的受控实验与宏观的哲学思考相互结合、相互印证，这样才能不断加深人们对生命的理解。

　　然而，根据对目前国内外合成生物学的哲学基础问题研究现状的梳理，仍有以下主要问题有待进一步探讨和研究。

　　第一，合成生物学的概念隐喻及其哲学问题。隐喻思想在合成生物学中的应用广泛，对合成生物学在本体论、认识论和方法论层面都有着重要作用和深刻影响。目前，关于合成生物学的隐喻思想缺乏整体系统的研究，包括对隐喻的哲学意涵缺乏阐释，对隐喻的类型划分含混不清，以及对隐喻的作用分析不够全面。因此，本书第二章"合成生物学的概念隐喻及其哲学问题"将会重点梳理和分析隐喻的不同类型和作用，并对其哲学意涵进行反思。

　　第二，合成生物学的方法论和范式创新问题。合成生物学的方法论革新是否构成了对生物学研究及其范式的挑战和影响，这个问题尚缺乏研究。如今，从大数据驱动和科学假设驱动的融合、定量生物学方法的推进、科学设计与定向进化的结合、理性原则与非理性原则的并用以及格物致知向建物致知的转变等，都在表明21世纪生物学的发展正在实现方法论的三个转向：从物理学到生物学、从自然科学及其实验到工程学新技术实验室范式、从研究理论到研究实践。因此，本书第三章"合成生物学的方法论和范式创新问题"将重点探究合成生物学的方法论革新和工程范式创新对于生物学研究的影响。

　　第三，合成生物学的合成生命及其本体论问题。合成生物学人工合成生命被认为挑战了生命的定义，造成生命理解的困难，尤其是重启了自然与人工、生命与机器、合成生物体与技术人工制品之间区分的讨论，引起哲学家的关注，有望在传统观点的基础上提出新的哲学问题或观点。例如，在这一新的挑战下，人们对生命的理解发生了变化，这种变化是什么，在合成生物学视域下人们又该如何重新理解生命的本质及其概念等，本书第四章"合成生物学的合成生命及其本体论问题"将尝试解决这些问题。

三 合成生物学哲学基础问题研究的方法与思路

合成生物学是生物学的分支，同时也是一门多领域交叉学科，要梳理和分析其哲学基础问题除了要联系生物学哲学的理论背景外，还必然会涉及一般的科学哲学理论和其他科学哲学分支领域，如信息哲学、技术与工程科学哲学、认知科学哲学和社会科学哲学等相关的理论和前沿问题。因此，在梳理和分析合成生物学的哲学基础问题工程中，本书会交叉使用发生学研究法、案例研究法、HPS（History of Science and Philosophy of Science）研究法、概念分析法、比较研究法等。首先，运用发生学、HPS 研究方法对合成生物学的技术史和理论基础等进行梳理和分析。从合成生物学与 DNA 测序、重组以及编辑技术等技术科学以及与合成化学、分子生物学、基因组学和系统生物学等相关学科的内在关联来揭示这门学科产生的逻辑和历史必然性。结合科学史和哲学史来明晰基本概念的形成和确立，以及通过概念分析来阐述相关术语的内涵及外延。其次，运用比较研究法以突出合成生物学的哲学基础问题的新颖性（novelty）和独特性（uniqueness）。这种新颖性和独特性主要体现于合成生物学对以往生物学哲学在本体论、认识论和方法论等方面构成的哲学挑战或贡献，特别是通过比较研究来阐释主导传统生物学的物理学范式与主导合成生物学的工程范式之间的联系与差别。再次，运用案例研究法为探讨和理解哲学基础问题的产生与影响提供有力的经验证据，如克雷格·文特尔人工合成细胞以及最小基因组等案例分析。通过案例分析，阐释科学事件的内在机制，从而将合成生物学的哲学问题与科学实践相结合，进而评述当前基本的哲学观点和提出新的哲学问题。最后，通过各种研究方法的综合与灵活运用，从整体上梳理清楚合成生物学当前的哲学基础问题和不同的对立观点，同时为今后对合成生物学进行更深入的哲学研究拓宽论域、提供理论素材和方法经验，为构建合成生物学的哲学框架体系奠定基础。

鉴于国内外合成生物学的哲学基础问题研究呈现零散化、碎片化特征以及系统和深入研究程度不高，本书需要凝练出其中主要的哲学基础问题，以及这些问题背后的科技背景和理论基础等。因此，本书研究思路具体如下：首先，梳理合成生物学的历史，主要包括技术史和理论基础，以明确其基本概念、科学特征、方法革新和科学价值，阐明合成生物学与分子生物学、基因组学、系统生物学以及基因测序技术、基因编辑技术、信息技术、工程思想、人工生命研究和大数据研究等的内在关联，为后面展开探讨其哲学基础问题、逐步打开哲学论域提供科学的、历史的和逻辑的线索。其次，展开探讨国内外合成生物学当前最为重要的几个哲学基础问题，整合零散化和碎片化的问题研究，找出其中关键的线索，联系生物学哲学理论背景和其他相关联的科学哲学分支，进行深入的探讨和系统化的研究，在梳理和评述不同问题的对立观点的同时，提出本书的观点。最后，从合成生物学的科学实践和本书涉及的案例研究中进一步挖掘新的哲学问题，如机器隐喻等背后指称的本体是什么、合成生物学中是否存在范式转变的问题、人工合成生命体作为可能生命形态的本体论和认识论问题以及在合成生物学视域中如何重新审视生命的机械论解释、活力论解释等，从而为合成生物学的哲学研究提供新的论域。

四　合成生物哲学基础问题研究的重点、难点与创新点

本书的研究重点主要包括合成生物学的概念隐喻及其哲学问题探究、合成生物学的方法论和范式创新问题探究，以及合成生物学的合成生命及其本体论问题探究。隐喻的使用对合成生物学的兴起和发展、非科学解释和科学解释，以及公众理解和科学传播都起到了非常重要的作用。同时，隐喻的模糊性以及含混使用也导致了科学共同体以外的其他群体的误解。因此，对合成生物学中的隐喻类型和作用的梳理与分析及其哲学反思是本书的研究重点之一。合成生物学的方法论在学科、理论和实践层面都有革命性的变化，尤其是在整个生物学层面，合成生物学的工程本质与近年来生物学提出的工程范式相契合。因此，在本书中，将重点探究合成生物学方法论革新的具体内容及其与范式创新之间的关联。人工合成生命研究引发了深刻的本体论问题，为人们重新理解生命的起源、本质和定义等问题开启了新的视域，特别是合成生物体与自然有机体、活机器以及一般技术人工物/人工制品之间、自然与人工之间的划分问题等引起哲学家们激烈的讨论。因此，在本书中，这些问题将是重点探究的内容。

本书的研究难点主要集中于技术难度和理论难度两个方面。技术难度方面，由于合成生物学兴起和发展不过 20 年，关于合成生物学的哲学基础问题研究的文献资料十分匮乏，所涉合成生物学的哲学问题的探讨也不够深入，针对性、系统性的研究文献更是阙如，因此，要顺利完成本书研究内容和达到研究目的，必须就现有文献中的问题线索进行梳理和整合，并在整理和思考过程中做出进一步的推理与延伸。理论难度方面，由于合成生物学是一门复杂的学科交叉、技术整合的学科，不仅与生物学的多个分支领域紧密关联，更具有跨学科的鲜明特征，对合成生物学的哲学基础问题的探究需要满足充分理解合成生物学科学知识和科学实践的前提以及具备熟悉一般科学哲学和生物学哲学理论背景的基础，并且需要有足够的问题分析和创新意识，将问题线索串联和展开，从而拓宽哲学论域。

本书力求达到的创新包括三个方面：一是系统梳理和分析合成生物学的隐喻类型和本体；二是深入阐发合成生物学中方法论和范式创新的哲学意义；三是为理解合成生物体的本质以及重新理解生命是什么的问题提供新的观点。首先，目前国内有关合成生物学的概念隐喻问题研究阙如，本书的研究将填补这一空白；国外关于合成生物学的概念隐喻问题研究缺乏系统性、哲学性，多侧重阐释概念隐喻在科学传播和公众理解中的作用。本书则主要从科学哲学层面对隐喻类型及其本体进行划分，并从认识论、方法论和本体论的角度，对这些不同的隐喻提供哲学分析。其次，合成生物学通过学科综合和技术整合的组合创新模式，将工程和设计方法用于生物学研究，融合其他学科和技术，共同驱动基础知识的创新和合成生物技术的应用，带动了整个生物学方法论的革新，对生物学研究及其范式转变产生重要的影响。本书将通过论述合成生物学方法论革新及生物学工程范式的提出等方面，深入阐发合成生物学方法论革新以及它在整个生物学范式创新中的哲学意义。最后，合成生物学人工合成生命细胞的最小基因组，使得"人造生命"趋于可能，本书将通过对生命与机器、人工与自然、合成生物体与一般技术人工制品，以及数字生命与合成生命的差异进行反思和分析，指出其中合成生物体造成的本体论混乱和合成生物学更为关注的认识论价值，从而尝试为理解生命的起源、本质及其定义等问题提供新的哲学思路。

第一章

合成生物学概述

　　合成生物学（Synthetic Biology，在英文文献中常见的缩写是"Syn-Bio"和"SB"）是 21 世纪刚刚起步却发展迅速的一门以新兴生物技术为核心的新学科。它是被政府和投资者看好的、有望引领新一轮科技产业革命的前沿领域。作为一门具有颠覆性和会聚性的新兴学科，合成生物学不仅挑战了人们对生命的传统理解，促进了知识的增长和科学的进步，而且改变了医药、食品、能源、材料、农业和环境等多个经济和民生行业的发展理念与生产方式，正在逐渐对人们的思想观念、健康福祉、生活方式等产生重要影响。

　　目前，人们对合成生物学的理解主要体现在两个不同的层面：一是作为一门综合多门学科理论和知识的新兴学科；二是作为一门整合多领域研究方法和技术手段的新兴技术。作为一门新兴学科，主要体现在合成生物学的研究工作和研究理论往往涉及多门学科领域，并需要这些不同学科领域专家之间的紧密合作，就这一点而言，似乎应该将它归于交叉学科门类（2021 年 1 月 13 日，国务院学位委员会、教育部宣布设置"交叉学科"门类，以及"集成电路科学与工程"和"国家安全学"两个一级学科。合成生物学不仅具有明显的跨学科性，而且在经济、医药、能源、材料、农业、生态、军事、安全等各个领域具有十分重要的战略地位，所以很有可能将来会划入交叉学科门类），如今学界的共识仍是将它作为生物学的一个新分支。至少目前，合成生物学还没有形成单独而成熟的学科体系，它与系统生物学、生物物理学、合成化学、计算机科学、生物工程学等学科相互交叠，从事这门学科研究的多是具有多门学科背景的跨学科人才或是学科背景单一、需要相互协作的不同学科人才。

作为一门新兴技术，主要体现在合成生物技术的广泛包容性，凡是能够用于设计、编辑、改造与合成生物体以及构建生物系统等与合成生物学研究目标相关的传统技术或赋能技术（enabling technology，又称"使能技术"），均可统称为合成生物学技术，如 DNA 合成和组装技术、基因编辑技术、体内定向进化技术、不依赖连接酶的克隆技术（Ligase-Independent Cloning Technique）（Singh，2020），以及一些其他已有或亟待开发的平台技术。

在此之前，国内外曾有过几次关于合成生物学到底是科学还是技术的讨论。2010 年，国内学者马延和曾认为合成生物学与系统生物学一样，并没有涉及真正生物学本身的功能，更像是为了实现某种功能应用而采用的新的改造和组装技术，因此将其称为"合成生物学技术"更妥当（马延和，2010）。国外学者米歇尔·莫兰奇（Morange，2009）更早地探讨过这个问题，他认为作为合成生物学的参与者，生物学家、物理学家和工程师等会有不同的看法，对于合成生物学界定为科学还是技术，就当时的发展现状而言，"合成生物学家的项目可以定位在从基础研究到生物技术发展的一条线上"。如今，合成生物学确实在基础研究和技术应用两个领域均获得长足发展，国内外学界终于不再纠结这个问题。

近十多年来，关于合成生物学的研究文献数量一直呈指数级增长，主要集中于合成生物学的科学、技术、伦理、知识产权、生物安全/生物安保、科学传播和公众参与等方面（OECD，2010），而具有明显学术价值的哲学研究十分匮乏，包括合成生物学的科学史、思想史、科学方法论、认识论和实在论等方面的问题。为了使专家和读者能够更深入地理解合成生物学科学史的发展脉络及其哲学背景，本章将重点从科学哲学视域探源合成生物学的发展历史和理论背景，阐述其作为一个重要科学现象背后的哲学思想和理论价值。

第一节　合成生物学的发展史概述

按照当前绝大多数科学文献的介绍，合成生物学的历史发展不过15—20 年。但这种观点是就合成生物学作为一门新兴科技进入大众视野以及被众多强国和大国（其中美国、英国领先，欧盟成员国、中国、日

本、韩国紧跟）迅速列为国家重大战略规划发展学科的契机而言
（OECD，2010）。持这种观点的科学家一般是以2000—2003年成功合成
第一个细胞通路、第一个合成病毒——脊髓灰质炎病毒（Poliovirus）等
（熊燕等，2011）重大科技事件为合成生物学的发端，认为科学家细胞通
路和基因组水平的成功合成奠定了合成生物学作为一门新兴学科的发展
基础，尤其是从中看到这些重要研究进展及其成果转化将在经济、医药、
能源、环保乃至军事科技领域具有无可限量的发展前景。

事实上，如果分别从技术和理论两个层面来考察合成生物学的发展
史，会发现有两条清晰的脉络，彼此间存在交叠，而又明显存在差异。
特别是合成生物学理论背景的形成，蕴含了丰富而深刻的哲学思想，这
些理论基础与合成生物学赖以形成的几项重要技术的发现共同驱动了合
成生物学这门学科或技术的诞生，并在21世纪初的短短20年间实现了快
速发展。

一　合成生物学的技术史概述

推动合成生物学诞生和快速发展的直接原因是现代生物技术的不断
积聚和迭代。技术的发现和会聚驱动了合成生物学从理论走向现实。因
此，在很多工程师和实验科学家看来，合成生物学的本质就是技术科学
（Gelfert，2013）。合成生物学确实与分子生物学时代、基因组学时代直至
系统生物学时代的技术发现和创新密切相关。如今被称为合成生物技术
的很多技术方法，其实一开始都诞生于其他生物学分支领域，如DNA测
序技术、DNA重组技术、基因编辑技术等即诞生于分子生物学和基因组
学。因此，要了解合成生物学的技术史，就必须关联到这些其他分支
领域。

合成生物技术可以追溯到20世纪50年代。在噬菌体对大肠杆菌的侵
染实验中，科学家对"限制—修饰"现象（Luria and Human，1952；Bertani and Weigle，1953）的发现，推动了60年代从分子水平研究和阐明该
现象的机制。在此基础上，DNA限制性内切核酸酶的发现以及与DNA连
接酶的结合应用，直接导致了70年代DNA重组技术的出现。DNA重组
技术让不少科学家看到限制性内切核酸酶的工作不仅使基因修饰具备强
大的工具，也将分子生物学引向了"新的合成生物学的领域"（Raza et

al.，1978）。然而，这个时期的 DNA 重组技术还不是一个精确定位基因组的有效技术，存在着靶向率低、操作费时且烦琐等明显缺点。

20 世纪 70—80 年代分子克隆技术和 PCR 技术（Polymerase Chain Reaction，聚合酶链式反应）的出现，使得在分子水平进行基因调控的工作变得更加容易（文佳，2014）。而 CRISPR（Clustered Regularly Interspaced Short Palindromic Repeats，成簇的规律间隔的短回文重复序列）的发现（Lander，2016）使得精确定位基因组成为可能，具有革命性的基因编辑技术由此诞生［除了最新的 CRISPR/Cas9 系统之外，基因编辑技术还包括早期的锌指蛋白核酸酶（zincfinger nuclease，ZFN）、类转录激活因子效应物核酸酶（transcription activator-like effector nuclease，TALEN）］（曹中正等，2020：413—426）。从 1987 年对 CRISPR 的首次报道，到 2013 年 CRISPR/Cas9 在真核细胞基因组工程中的作用被实验证实，基因编辑技术以强大的靶标识别能力，实现了从动物基因到人体基因的高效靶向修饰（Heidari，2017）。目前，在 CRISPR/Cas9 系统基础上还衍生出了 CRISPR/Cas12a、CRISPR/Cas13（李洋等，2021）等技术，这些相关技术对基因组序列的精确编辑、修饰和敲除等功能为合成生物学设计和合成生命功能模块、打造微生物细胞工厂以生产目标产物，以及创建具有新功能的生命系统等有助于改变和升级世界经济、生态和健康格局的利好方面，提供了重要技术支撑。

DNA 测序技术是推进合成生物学人工合成生命"辛西娅"（Synthia）的另一项重要技术。该技术在 20 世纪 60—70 年代进展十分缓慢，弗雷德里克·桑格（Frederick Sanger）是该项技术的主要领导者和发明者。1977 年，弗雷德里克·桑格团队在《自然》（*Nature*）杂志发表了他们利用后来被命名为"桑格测序法"（Sanger Sequencing）成功完成的第一个 DNA 病毒即噬菌体 phiX174 的基因组序列的测定成果，该病毒基因组有 5386 个核苷酸（Walker，2014）。该项技术使得解读"生命之书"的奥秘成为可能。1995 年，克雷格·文特尔团队在《科学》（*Science*）杂志发表了用他们独创和命名的"全基因组霰弹测序法"（Whole Genome Shotgun Sequencing）测定的 582970 个生殖支原体基因组碱基对（Venter，1995）。这种新的测序法使 DNA 测序工作变得方便、快速，同时推动了人类对基因组从"读"到"编"再到"写"的进程。

21 世纪初，DNA 合成技术终于实现了对基因组从"读"到"编"再到"写"的重大变革（王会等，2020）。自 2000 年至 2020 年，"合成基因开关""合成遗传通路""合成最小基因组""合成酵母染色体"的出现，预示着合成生物学时代正式拉开序幕。各类定向的 DNA 突变技术、扩增技术、克隆技术以及基因编辑技术的发展证明了人类可以对生物基因组进行重新编程的"编"的能力（赵国屏，2018）。以寡核苷酸合成技术、DNA 组装技术以及 DNA 纠错技术等为核心的 DNA 合成技术将设计好的小片段染色体通过各种合成、组装和纠错技术则最终完成了 DNA 大规模合成的"写"的目标。这些突破性的研究为人类打开和理解"生命之书"提供了新的方法和例证，同时这些"读""编""写"的技术也为推动整个生命科学及其相关领域的发展提供了"关键共性技术"（彭凯等，2020）。在这些技术的助力下，目前科学家已经合成了一个 400 万碱基对规模的大肠杆菌基因组，而且它被缩减到只有 61 个密码子。这是迄今为止最大的人工合成基因组。当然，待到人类首个真核生物基因组——酿酒酵母基因组的 16 条人工合成染色体（具有 1600 万碱基对）全部完成并实现组装，将会刷新这一纪录（张茜，2019）。

近年来，科学家还试图通过扩大遗传密码来增加生物体的多样性，以及突破遗传物质的局限性。美国斯克里普斯研究所的罗梅斯伯格团队就曾于 2014 年至 2017 年制造出两个可以相互配对的新的人工碱基 X 和 Y，并用实验证明了现存的活体细胞利用自然界中不存在的这两个碱基可以合成蛋白质。这意味着通过增加的人工碱基将会产生更多不同的氨基酸用来合成所需的蛋白质。这种新技术势必会给能源、材料和医疗与制药行业等带来新的变革（岑超超，2018）。此外，随着对 DNA 设计、读取、编写与合成能力的提升，DNA 数字信息存储也日益成为一个重要的有前景的研究方向。微软公司就曾计划使用 DNA 来取代基于硅的信息存储（Bornholt et al.，2016）。目前关于 DNA 存储已经涌现出"DNA 光盘""DNA 磁带"和"DNA 硬盘"等几种主要模式（韩明哲等，2021）。这种基于 DNA 读取与合成技术的新的存储方式能够满足万物互联和数据爆炸式增长背景下人们对存储载体"低能耗、高密度、长寿命、无磨损"（董一名等，2021；周廷尧等，2021）的要求，并且加强了生命系统与信息系统的关联性，这对于构建"基于生命的人工信息系统"（钱珑等，

2021）具有重要意义。

二 合成生物学的理论基础

合成生物学的理论基础涉及广泛，其中合成化学、人工生命研究、系统生物学和工程学对其理论的构建最为重要。如前所述，合成生物学是一门前沿交叉学科。因此，合成生物学与其他学科之间的联系十分紧密。如果厘清了它与这些学科之间的理论和思想渊源，将有助于人们更好地理解合成生物学的学科特征与核心概念。

（一）合成生物学与合成化学

1828 年，德国化学家弗里德里希·维勒（Friedrich Wohler）发现了尿素的化学合成方法，奠定了合成化学的诞生和发展。自此，科学家们不再简单地分析现有的分子，而是试图用合成的方法制造出分子，甚至是自然界不存在的物质分子。新的合成方法与传统的分析方法的结合使得科学家对分子的化学结构和化学反应的基本原理有了更加深刻的理解，这直接推动了现代制药、化学和材料工业的发展（Yeh and Lim，2007）。相比 20 世纪物理学家理查德·费曼（Richard Feynman）那句著名的格言"我无法创造的，我就无法理解"（What I can not create, I do not understand）（这句被重复引用的名言，其来源是一张"Feynman's last blackboard"的照片，见图 1 - 1）（Lupas，2014），合成化学在通过创造来加深理解事物这一想法上一路领先。

合成化学为合成生物学开辟了一条由化学方法合成生命机体的革命性道路。20 世纪 50 年代，科学家成功地合成了寡聚二核苷酸并完善了寡核苷酸合成方法，这种化学合成方法在经过不断完善和发展后形成了成熟的寡核苷酸合成技术，如今仍然是寡核苷酸合成的主流方法（彭凯等，2020）。1965 年，我国科学家合成了世界上第一个具有生命活性的蛋白质——结晶牛胰岛素。80 年代再次合成了世界上第一个酵母丙氨酸转移核糖核酸，其分子结构和生物活性与天然的别无二致。而始于 20 世纪 80 年代的合成病毒研究，历经 20 年探索，于 21 世纪初成功合成脊髓灰质炎病毒、1918 年西班牙流感病毒、蝙蝠 SARS 冠状病毒（孙明伟等，2011）以及在 2020 年成功合成流行至今的新型冠状病毒（2019 - nCoV）（Thao et al.，2020），包括 2014 年、2017 年已经合成的多条酵母染色体，其方

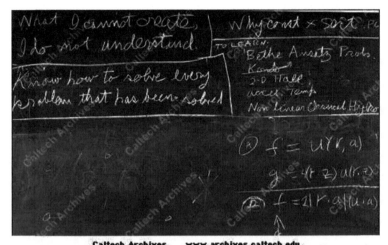

图 1 – 1　"Feynman's last blackboard"

资料来源：https：//archives. caltech. edu/pictures/1. 10 – 29. jpg。

法都与化学合成法密不可分。即使到了今天，化学合成依然是寡核苷酸合成的主要方法，构成了 DNA 合成技术的重要组成部分（卢俊南等，2018）。由此可见，合成化学不仅为合成生物学提供了理论上的合理内核，还在方法和技术上提供了重要支撑。

（二）合成生物学与人工生命研究

人工生命研究是合成生物学"人造生命"研究的先驱。人工生命研究起源于 20 世纪中期。艾伦·图灵（Alan Turing）关于生物胚胎发育的计算以及人工智能研究，约翰·冯·诺依曼（John von Neumann）可以自我复制的"元胞自动机"（cellular automata），诺伯特·维纳（Norbert Wiener）的控制论将反馈概念从工程系统引入生物系统，约翰·康韦（John Con-way）、斯蒂芬·沃弗拉姆（StephenWolfram）和克里斯·兰顿（Chris Langton）关于"生命游戏"和"混沌边缘"的研究，托马斯·雷（Thomas Ray）"Tierra（地球）模型"研究，这些人工生命研究将计算机与生物学结合，试图在机器硬件和软件的层面实现对生命和生命系统的模拟和仿制，从而探究生命的本质问题（李建会，2003a，2003c）。

根据克里斯·兰顿对人工生命的定义"人工生命是研究具有自然生

命系统行为特征的人造系统"（王姝彦，2015），可知人工生命研究是为了构建具有自然生命系统行为特征的人工生命系统。这个人造系统是基于计算机或者人工智能的开发，作为生命程序运行于计算机内的虚拟生命或者作为机器人存在的智能生命。这两种构建方法也被称为软件途径和硬件途径。而第三种"湿件"（wet ware）途径则为后来合成生物学"人造生命"奠定了方法论基础。这种构建方法试图通过试管或其他可能的实验环境将生命分子如 DNA 进行组装，从而合成人工生命。只是第三种方法在计算机领域没有实现，直到合成生物学的出现，"湿件"途径才从构想走向现实。

其实，这三种构建方法的共同目标都在于创造出更多可能的生命形式，而不局限于地球上自然存在的碳基生命。人工生命研究共同体认为人工生命代表更普遍的生物学，人工生命与自然生命一样都是真正的生命。他们的基本立场是生命的本质是形式而不在于具体的物质。通过创造可能的生命形式从而拓宽了对生命本质理解的途径。这种观点与合成生物学通过合成生命来理解生命的目标是一致的。另外，这三种构建方法都强调"自下而上的构建"，力图从生命系统的组分出发，进行局部控制，试图让生命行为从系统不同局部间的相互作用中凸显出来。这与合成生物学自下而上构建生命体的思路不谋而合。由此，可以合理地推测，人工生命研究是合成生物学"人造生命"理论和方法的重要来源之一。

"人造生命之父"克雷格·文特尔在他的《生命的未来：从双螺旋到合成生命》（*Life at the Speed of Light*：*From the Double Helix to the Dawn of Digital Life*）一书中也曾表达他对人工生命研究的认同观点以及后者对他产生的影响，他说："在基于计算机的人造生命中，在被制造出来的有机体的基因序列或基因型与它的表型、基于这个序列的生理表达形式之间没有什么差别。""在我自己的'基因学'里，我把化学、生物学和计算机技术成功地融合到了一起。"（克雷格·文特尔，2016：34）可见，人工生命研究确实推动了他本人及其团队在"人造生命"方面的研究工作，给予了他在方法论层面的启发。

（三）合成生物学与系统生物学

系统生物学也是近 20 年才发展起来的一门生物学分支。系统生物学的兴起与分子生物学对细胞水平分子机制的研究以及基因组学对基因水平遗传密码的测定密切相关。分子生物学的发展越发不满足于对生命系统组分的彼此独立研究，基因测序则提供了细胞层级内各组分的海量数据，系统生物学恰好利用基因组学提供的大数据以及通过自上而下（top-down approach，可理解为由表及里）地建模来对生命系统进行整体的研究，从而理解生物体的功能属性与行为如何通过组分间的相互作用得以实现。因此，系统生物学可以简单地界定为在系统层次上对生物体的现象、功能和机制的解释性研究（大卫·迪默对"系统"一词及其生物学含义进行了介绍："system"源自希腊词 systema，它描述了一组以有序和有组织的方式交互的实体。今天，这个词被广泛应用于从政治系统到太阳系的一切事物。然而，其特定的生物学定义是：在活细胞中，系统是复杂的分子组件集，它们相互作用以执行特定功能并受一系列控制机制的调节。）（布杰德等，2008：译者序；Deamer，2009）。

　　系统生物学的研究方法主要是自上而下地整体研究生命系统，不过它也提出了自下而上（bottom-up approach，可理解为从基础到总体）的研究进路。这两条进路后来都被合成生物学继承和发展，形成了"设计—构建—测试—学习循环流程"（Design-Build-Test-Learn Cycle，DBTL）（David et al.，2021）的研究模式和具有工程化地构建和组装的独有特征。因此，早年很多科学家习惯将合成生物学与系统生物学放在一起称作"系统与合成生物学"（Systems and Synthetic Biology）（Kirk et al.，2013；Singh and Pawan，2015），甚至有些学者将合成生物学与系统生物学称为"同一个硬币的正反两面"（Kastenhofer，2013）。

　　事实上，合成生物学从形成开始就被定义为基于系统生物学的工程研究，它与计算生物学和化学生物学共同构成系统生物学的方法基础，但二者之间存在明显差异。虽然合成生物学延续了系统生物学对生命体进行系统水平上的现象、功能和机制的解释性研究，但合成生物学自上而下和自下而上的构建方法日益呈现标准化、模块化和工程化的显著特征，其目的更趋向于组装和构建具有定向功能的生物元件、模块、设置和系统，以应用为导向的研究特征更加突出。通过合成新的生命体和构建新的生命系统来理解生命体的活动、功能和机制是合成生物学区别于系统生物学自上而下整体研究生命系统各组分间的相互作用规律的重要标志。此外，突现论在合成生物学的理性设计和定向进化实验中的作用也变得不再重要，甚至作为活力论的残余需要摒弃，但突现论依旧是系统生物学复杂性研究中描述系统功能"整体大于部分之和"的重要理论依据。

尽管合成生物学和系统生物学在研究策略和研究目的上存在分野，但是系统生物学对于合成生物学在生命体的理解、设计和构建上依然起到重要作用。系统生物学对生命过程的深层研究能够帮助科学家更有效和更理性地设计生命体，系统生物学提供的满足自然规律且逼近生命活动真实性的理想模型依然是合成生物学定向设计和人工构建生命体、生物装置以及生物系统的重要依据（刘陈立等，2021）。

（四）合成生物学与工程学

"合成生物学之父"汤姆·奈特（Tom Knight）认为可预测和可控制是合成生物学区别于传统生物技术的重要特征，工程师希望通过确保合成生物的制造以可预测和可控制的方式实现创造任何生物体的目的（张文韬，2013：32）。将标准化（Standardization）、解耦（Decoupling）、抽象化（Abstraction）、模块化（modularization）等工程原理用于合成生物学研究，是其区别于传统生物技术的显著标志（Endy，2005）。

作为基因和代谢工程的自然延伸，合成生物学致力于运用工程方法组装生命机器，包括像通过开发软件和硬件等组装一台计算机那样设计生命元件、构建生命装置、组装生命系统。同时，"底盘""电路""开关""噪声""鲁棒性""冗余性"等工程概念已经成为描述合成生物学研究对象时公认的术语。用工程学概念代替了物理学概念，是合成生物学区别于传统生物学的另一显著标志（Knuuttilan and Loettgers，2014）。

与工程学的结合使合成生物学以应用为导向的生物功能设计和构建成为可能，其基本思路是通过定量、可控制和可预测的方法，使得生物学摆脱定性和描述性的传统束缚，从而让生命变得更加容易设计和理解（Porcar and Peretó，2012）。这种工程化的运用为解决癌症、污染、新食品、新能源和新材料等世纪难题提供了重要启发和技术支撑。同时，也为打开生命奥秘的黑箱——生命起源及生命机体内在活动的复杂机制提供了新的方法。

其实，将有机体当作可以控制和操作的机器并通过工程化的实验来理解生命的本质和起源，这种构想最早可以追溯至 1916 年的生理学家雅克·勒布（Jacques Loeb）。他遵循机械唯物主义的观点，将工程方法和合成方法相结合（Porcar and Peretó，2015），为解释和理解生命开创了一条后来被称为"建物致知"（刘立中等，2017）的新进路。

现今，人们在谈及合成生物学时，往往赋予其工程本质和工程内涵，其中最重要的原因即其旨在用正向工程学"自下而上"的原理来构建和控制生命物质（冀朋，2017），从而实现理解生命活动和创造功能产品的目标，为现代生物学带来了从基础研究到应用转化研究方面的全面革新。

第二节 合成生物学的科学本质

合成生物学被认为是 21 世纪最具颠覆性、会聚性的技术学科。复杂的技术和理论背景使合成生物学至今仍是最有争议的学科领域。政府和科学界对合成生物学的关注主要在其应用领域，这也符合一些科学家对于合成生物学"建物致用"（"建物致知""建物致用"以及"以知建物"等概念首先由中国科学家刘陈立、赵国屏、张炳照等提出和使用。他们并未对这些概念进行严格界定。但在合成生物学语境中，通过特定的描述和说明，不会妨碍我们对这些概念的理解和使用）的初衷，即作为新的技术手段促进各类创新应用产品的高效产出，如针对癌症的人体靶向药物，以及廉价的可替代清洁能源、新型材料和健康食品等。加之前文所述，合成生物学最初被视为系统生物学的基本方法，由此长期被认为是一门新兴生物技术，而作为一门科学需要形成统一而完备的知识系统，这对于诞生不久的合成生物学而言，确实是一个挑战。

然而，事实上，Synthetic Biology 及其中文翻译"合成生物学"一开始在国内外文献中就已广泛使用。国外文献中常把 Synthetic Biology 与 System Biology（系统生物学）等量齐观，而国内对于合成生物学作为技术或科学的使用也并未加以明确的区别，往往随着语境不同而称为合成生物学技术或合成生物学。学界和媒体更津津乐道的是其鲜明的工程化、会聚性特征。那么，合成生物学是科学还是技术，如何理解合成生物学的科学本质？本书将通过对当下合成生物学的定义、内涵、研究内容和研究方法的介绍与梳理，以期有助于人们窥其堂奥。

一　合成生物学的定义

《科学美国人》（*Scientific American*）杂志副主编大卫·比艾罗（David Biello）曾经将生命比作电脑来说明什么是合成生物学，他将基因比作构成生命作业系统（operating system）的程式码，科学家通过创造或修改基因来改变生命的程式码，从而使生命体表现出预期的行为以及执行指令设定的工作（许可等，2015）。我国合成生物学家张炳照、刘陈立等也曾用电脑来比喻生命，认为合成生物学就像通过组装电脑零件来了解电脑成品的方式一样通过对生命元件进行组装来了解生命的本质（张炳照等，2015）。

事实上，由于合成生物学所涉问题和领域极其广泛，至今未形成统一的定义。1974 年，波兰遗传学家瓦克劳·吉巴尔斯基（Waclaw Szybalski）曾给予合成生物学较为现代的明确定义："我们将设计新的控制（基因）元素，并将这些模块加入到已有的基因组，或者从头创建新的基因组"；他还创造性地提出了"我们不仅可以利用现存的、已经分析过的基因，而且还可以创造和研究新的基因组组成方式"这一合成生物学思想（关正君等，2016：937—945；董杉，2018：4—9）。不过，需要指出的是，吉巴尔斯基关于合成生物学的定义是基于当时基因重组技术发明后的结果，那时他将合成生物学等同于基因重组技术，因而与 2000 年美国科学家艾瑞克·库尔（Eric Kool）在美国化学年会上重新定义的合成生物学不同。此次会议，库尔重新提出合成生物学是基于系统生物学原理的基因工程，这意味着合成生物学是 21 世纪系统生物学和基因工程的延伸，标志着合成生物学概念的重新诞生。

现今，距离 2000 年已有 20 多年，合成生物学的定义仍未统一。但可以看到的是，合成生物学与系统生物学、基因工程、人工智能的联系日益密切，物理学、化学的方法则逐渐被工程学、生物学和计算机科学的方法取代，同时合成生物学还在不断融合新的方法、技术，以及开辟新的研究领域，因此可以推断，合成生物学的定义在未来很长一段时间都难以确定。目前，使用比较广泛且较为精简的定义由合成生物学组织网站提供：为了造福人类的目的，一是设计与构建新的生物零件、装置和系统，二是对现有的、天然的生物系统进行重新设计。如果按照《生物多样性公约》的定义（UNEP/CBD/COP，2014），合成生物学则属于生物技术的范畴，即"……利用生物系统、生物机体或者其衍生物为特定用途而生产或改变产品或过程的任何技术应用"。

二　合成生物学的内涵

合成生物学的内涵是指对合成生物学这一概念内禀的事物本质属性的总和。合成生物学有哪些本质属性？人们难以从当前各种合成生物学的定义中直接得到。中国科学院院士赵国屏认为，工程学本质、生物技术本质、范式创新本质体现了合成生物学内涵最重要的三个方面，并把它们称为合成生物学的工程学内涵、生物技术内涵和科学内涵（赵国屏，2018）。这一概括基本符合目前国际上对合成生物学的总体认知。

合成生物学的工程学内涵是指利用工程学的方法来构建人工生物系统，突出工程学的建造能力在合成生物学中的作用。在这一内涵中，强调生物元件（biological parts）的标准化、模块化制造，这些元件即是基因及其编码的蛋白质，对这些元件的改造或重新设计即"元件工程"，进而这些元件可以构成具有特定生物学功能的生物装置（biodevices）（张先恩，2019），将这些生物装置与经过优化或重新设计的细胞或系统底盘（chassis）相结合，再通过一定的学习、测试和调整，从而构建出可预测和可控制的人工生物系统。

合成生物学的生物技术内涵是指合成生物学作为典型的颠覆性会聚技术是学科综合和技术整合的集成创新，这种创新体现了合成生物学对科学原理的创新性应用，如将生物技术提升到标准化、系统化和平台化的高度，可以解决传统生物技术无法攻克的难题。

合成生物学的科学内涵是指在基础研究领域通过对生命体自下而上的精准设计与合成再造，打破认知生命本质的传统方式，基于假设驱动与数据驱动的结合，从头设计和构建出新的生命形式，用创造促理解的新范式取代生命研究的还原论或整体论范式。

三　合成生物学的研究内容

根据合成生物学的研究性质和目的，可以将合成生物学的研究内容分为两个方面：一是建物致知，二是建物致用和以知建物。然而，建物致知和建物致用、以知建物并非相互独立的关系，而是形成了"建物致用→建物致知→以知建物→建物致用"的有机整体或有序闭环，这体现了合成生物学的可持续性发展思路，并且将基础研究和应用研究很好地结合在一起（冀朋等，2019）。

建物致知，强调合成生物学的基础研究，体现了合成生物学的科学内涵，致力于通过人工创造生命从而极大提升对生命起源和本质的理解。根据这一划分，合成生物学建物致知的具体研究内容如下。

（1）自上而下的合成基因组学（Synthetic genomics）研究，致力于最小基因组的研究，利用合成的 DNA 片段创建功能基因组，克雷格·文特尔、杰夫·博克（Jef Boeke）和我国的覃重军是其中的代表。

（2）异源生物学（Xenobiology）或化学合成生物学（Chemical synthetic biology）研究，旨在通过改变 DNA 或 RNA，合成自然界中不存在的生命形式，如产生异种核酸（XNA）以及新的蛋白质，或者创造无法与自然生物交换遗传信息的细胞。

（3）合成细胞生物学研究，旨在创建完全人工合成的细胞，该细胞可以维持繁殖、自我维护、新陈代谢和进化等（Kendall，2018），德国普朗克生化研究所（Max Planck Institute of Biochemistry）的生物物理学家佩特拉·施威勒（Petra Schwille）在这个领域已经深耕十年。

建物致用和以知建物，强调合成生物学的应用研究，体现了合成生物学工程学内涵和生物技术内涵，致力于通过开发人工基因回路、制造生物元件、构建新的细胞代谢途径等推动创新产品的高效生产与应用，以解决健康、能源、材料、环境、农业、食品等领域的世界性难题。根据这一划分，合成生物学建物致用和以知建物的具体研究内容如下。

（1）基因回路（gene circuit）的设计与构建，这种基因回路类似于开关和振荡器那样的电子逻辑部件而发挥作用，从而被整合到宿主细胞中发挥功能，如构建细菌抗癌基因回路（Liao et al.，2019），詹姆斯·柯林斯（James Collins）是这一领域的先驱。

（2）代谢工程学（Metabolic engineering）研究，旨在对细胞新陈代谢途径进行设计、改造或重新构建，并结合传统基因工程工具来生产具有特定功能目标的产品或提高预期产出，如青蒿酸和紫杉醇的生物合成基因组的优化及异源表达。

其他研究包括合成生物学使能技术、自动化合成生物技术的研究与开发等。相关使能技术作为配件工具使作为主体设备的底盘细胞得到了快速发展（李雷等，2015）；自动化合成生物学技术则可以提高实验通量和效率，降低成本，多循环完成大规模试错性实验，加速特定功能的实现（唐婷等，2021）。

四　合成生物学的研究方法

合成生物学具有两大主流方法：一是理性设计（rational design），二是定向进化（directed evolution）。理性设计方法主要包括自上而下的反向工程学策略和自下而上的正向工程学策略（自上而下策略强调利用合成生物学对现有细胞或基因序列进行重新设计，从而实现简化，去掉非必要零件，或替换、添加特定零件。自下而上策略则旨在利用非生命组分作为原材料来构建生命系统，试图从头开始构建合成细胞）（Peretó and Català，2007）。定向进化方法也被称为基于非理性设计的随机突变和随机重组方法。这两种方法分别代表了生物工程师和部分生物学家这两个群体在追求使有机体按照人类需求产生有益功能这一最终目标上的不同策略（文佳，2014）。

理性设计方法的步骤是设计和构建具有不同功能的生物组件，然后按照需要在有机体内进行组装从而产生可预测、可控制且有效的性质。在理性设计中，需要对生物元件进行透彻的研究以了解其功能、预测其行为，并实现对这些生物元件标准化、模块化的设计与构建，形成生物元件库以及通用型的模块，然后在细胞或系统底盘构建可以不断运行和优化的人工生物系统，从而产生具有预期功能的产物。这种方法依赖于技术进步对 DNA 操纵能力的不断加强以及生物系统由不同生物元件组成的事实，通过从 DNA、元件、装置到系统四个层次的递进组装，体现了自下而上的正向工程学策略，而标准化、模块化、去耦合和抽象化的工程原理则是贯穿这一方法的核心思想。自下而上的正向工程学方法体现了理性设计的"综合"特征，克雷格·文特尔团队人工基因组的合成即是典型的成功案例。而自上而下的反向工程学方法则体现了理性设计的"分析"特征，其策略是筛选并删除基因组中非必需的基因，从而构造出最小基因组。目前，朱利叶斯·福莱顿斯（Julius Fredens）等人已经合成出具有 400 万碱基对的大肠杆菌最小基因组，并将遗传密码介绍到 61 个密码子（张茜，2019）。

定向进化方法的步骤是通过将产物不明的突变基因引入 DNA 靶向区域，获得多种遗传变异体，然后筛选目标突变体，从而获得具有特定功能的产物，最后通过多轮的重复突变和筛选过程，使得目标突变产物具有最优化的性能。定向进化方法是通过进化过程让生物体获得新的性质和功能，但定向进化过程的稳定性是关键，如何让定向进化的结果变得可控和可预测是解决稳定性问题时必须考虑的。事实上，定向进化也需要理性设计，定向进化方案的理性设计有助于对目标基因的寻找。同时，借助计算机建模、高通量筛选技术以至一系列超高通量筛选技术，可以大大提高实验效率和成功概率（杨广宇、冯雁，2010）。近年来，体内定向进化的新技术对提高筛选效率、缩短实验时间等起到了十分重要的作用，如噬菌体辅助持续进化（phage-assisted continuous evolution，PACE）定向进化技术。

综上，从合成生物学的科学内涵、研究内容以及研究方法可以看出，合成生物学不仅作为一门颠覆性和会聚性突出的新兴生物技术，正在努力实现人类建物致用的目标，而且同样是一门正在不断建设和完善中的科学。作为科学，它有自身的研究目的、研究对象、研究范式和不断建构中的知识系统，其本质就是在技术创新和试错实验中进一步探索生命起源、变化和发展的规律，并始终致力于在新范式的指导下实现知识的积累和科学的进步，体现了它建物致知的科学使命。

第三节　合成生物学的现状与未来

用一句流行用语形容合成生物学的重要性叫作："当下可亲，未来可期。"合成生物学在数据驱动、技术会聚的 21 世纪爆发出了强大的内核能量。短短近 20 年，合成生物学的研究进展之快以及取得的多项重大成就令世人瞩目。一方面，它的强大技术能力和具有革命性的研究范式不仅给科学技术的发展带来了巨大进步，同时其在商业和军事等领域的"双重用途"（dual-use）（Wimmer，2018）也引发了诸多伦理、法律和社会的担忧。另一方面，与大数据技术、自动化技术和人工智能的结合是合成生物学未来发展的趋势，新的使能技术的开发和应用也将大大助力合成生物学在基础研究和应用研究领域的拓展，这势必给人类生活领域带来巨大的变化，造福人类的同时也会产生更多的哲学、伦理、法律、安全和社会等问题。

一　合成生物学的研究现状

自 2000 年以来，合成生物学在合成基因线路、合成基因组以及生物元件开发方面硕果累累。近五年，合成生物学几个重要的研究节点如下。

2017 年，美国科学院院士杰夫·博克倡导发起的酿酒酵母基因组合成计划（Sc2.0 project）取得了重大进展，中国、美国、法国三国科学家领导完成了全部 16 条染色体中的 2 号、5 号、6 号、10 号和 12 号染色体，其中中国科学家杨焕明、元英进与戴俊彪团队领衔完成除了 6 号（6 号由杰夫·博克领导合成）的其他 4 条染色体的全部化学合成，占比四分之一。该成果举足轻重，使我国合成基因组学研究水平达到国际领先水平（BioArt，2017）。

2018 年，中国科学家覃重军团队使用基因编辑方法将酿酒酵母中的 16 条染色体合成为 1 条，创建了全球首例人工合成的单染色体真核细胞，取得了人造生命技术的重大突破。与此同时，杰夫·博克团队宣布他们将酿酒酵母的 16 条染色体合成为 2 条。这两项成果使人们对真核细胞染色体的结构与功能有了更为深入的了解，为将来合成真正意义上的细胞水平的生命体奠定了重要基础（龚雨、王春，2018）。

2019 年，英国科学家杰森·秦（Jason Chin）团队成功压缩了遗传密码，他们通过对大肠杆菌全部基因组的重新编辑，使得到的合成大肠杆菌只需要 59 个密码子而非原先全部的 61 个密码子就可以编码所有常见的氨基酸。这项研究表明生命遗传密码本身就有冗余性，是可以被压缩的，而且没有了这些被释放的密码子，细菌依然可以维持生命。这项研究对于赋予生命体全新的功能和属性具有深远的意义，也为设计与合成有益却非常见的细菌奠定了基础（Fredens et al.，2019）。

2020 年，德国科学家托比亚斯·埃布（Tobias Erb）和他的同事们将天然的与合成的生物学部件通过整合从而构建出了具有光合作用基本特征的仿叶绿体微流控液滴，实现了二氧化碳的固定和光合成反应，而人工光合作用（Artificial Photosynthesis）对于应对全球能源挑战是十分重要的途径，被称为当今时代的"阿波罗计划"。因此，这项研究在"实现构建可自我维持合成细胞目标的过程中树立了关键的里程碑"（Miller et al.，2020）。

此外，DNA记录技术、无细胞蛋白合成（CFPS）技术、非天然碱基和非天然氨基酸的合成、核酸功能纳米材料的设计、用计算机模型设计和预测微生物群落的代谢分工、生物元件开发与基因线路设计、数据驱动的生物设计、用于新冠病毒治疗的蛋白质设计，以及 iGEM 项目的软件设计等研究也取得了重大突破，为人类能源、材料、医疗等不同领域的广泛应用和难题攻克提供了技术和方法支撑（伍克煜等，2020；Khalil and Collins，2010）。

二　合成生物学的未来趋势

未来合成生物学的发展日新月异，这不仅取决于大量国际、政府和社会资金源源不断地投入，更取决于合成生物学强大的集成创新效应。中国工程院院士徐匡迪说过，"真正的颠覆性技术具有两个共性：一是基于坚实的科学原理，它不是神话或幻想，而是对科学原理的创新性应用；二是跨学科、跨领域的集成创新，并非设计、材料、工艺领域的'线性创新'"（刘发鹏，2019）。

合成生物学遵循着分子生物学、生物化学、生物物理学、系统生物学的基本原理，汇聚了基因工程技术、电子工程技术、生物制造技术、信息技术、人工智能技术、大数据技术、自动化技术等一系列成熟和先进的技术，可供研究和开发的领域十分宽广，应用驱动和创新驱动的成果转化所面向的应用前景无可限量，真正体现了它作为一门颠覆性技术的应用价值和作为一门新兴科学的革命性意义。

国内学者司黎明和吕昕认为，未来合成生物学、人工智能和超材料（metamaterials）的相互融合发展可以产生全新的颠覆性技术，对于人们探索生命的本质和人类的意识问题具有重要的科学意义，对于发展高阶人工智能、生物人工智能、智能超材料、生物超材料以及智能生物材料具有重要的技术价值（司黎明、吕昕，2020）。目前，合成生物学与计算机、大数据、生物制造、自动化等技术的融合驱动研究已经取得不小进展，合成生物学的智能化、自动化、超导化在不久的将来，极有可能与工程化概念一起成为合成生物学的科学特征。而众多技术领域的融合不仅"为合成生物学的应用插上了腾飞的翅膀"，为开发高效、高能的生物工程技术平台助力，同时也将为其他技术和应用领域的拓展和创新提供发展机遇（Robert et al.，2020）。

随着涉及的领域越来越多，未来跨学科和跨领域的研究将会成为合成生物学的常态。不同学科、不同领域的学者之间的合作会变得日益频繁。但交叉研究的问题也很明显，概念背景、工作语言和研究思路之间的差异将阻碍高效合作，尤其是自然科学与人文社会科学的背景差异，需要在设定的项目背景下致力于开发解决这些问题的合作框架，从而实现优势互补。从交叉研究长远发展的需求来看，高校及科研院所对与合成生物学相关的跨学科人才培养也应尽早提上日程。目前，我国已经开始在追求世界一流学科发展的背景下设立了"交叉学科"门类（杨飒、晋浩天，2021），从合成生物学的发展趋势和重要战略意义来看，有望在这一门类下设合成生物学相关的一级或二级学科。其次，在高校设立合成生物学本科专业也是推动该学科跨学科人才培养的重要举措，而目前我国被批准正式开设这门专业的高校只有天津大学（参见《普通高等学校本科专业目录（2020 年版）》）。

三　合成生物学的潜在挑战

合成生物学自诞生伊始就引起了科学家、哲学家、艺术家、法学家以及广大社会公众的关注与热议。随着 DIY（do it by yourself）（安东尼奥·雷加拉多，2012：19—21）生物学、车库生物学（王朝恩、周爱萍，2013：11）的兴起，合成生物学的生命伦理问题、生物安全和生物安保问题、知识产权问题等已经成为影响合成生物学发展的重要因素。而随着合成生物学与人工智能、自动化、大数据等技术的紧密结合，人们对进入后人类时代的担忧也会加剧。人们无法设想经过这些高新技术的融合，合成生物学会给人类制造出怎样的怪物，将这些技术或衍生的产品应用于人自身会造成怎样的严重后果。

以 2019 年 12 月开始流行的新型冠状病毒为例。该病毒已造成全球逾

250万人死亡，全球确诊病例累计达112963634例（孔庆玲，2021）。2020年，合成生物学用于该病毒的人工合成已经完成，科学家的目的是通过合成它来了解它的致病机制，以便于开展疫苗研发和病毒突变检测等研究。目前，合成生物学的用途已体现在该病毒的检测和治疗方面，合成生物学还用于开发病毒合成平台，以实现对未来新兴病毒的全球快速响应，可谓极大地有利于患者和公众的健康。但任何技术都有两面性，对技术的使用和监管需要伦理和法律护航，否则合成生物学一旦被别有用心者或恐怖主义分子利用，那么人类可能面临的将是灭顶的灾难。我们不能只看到科技发展给我们带来的福祉和利好，合成生物学在造福人类的同时，也会存在意想不到的风险和危害，如生态危机、公众生命安全、生化战争、高智能仿生人、社会不平等等问题。这些问题对于人类的生存和发展将构成严峻的挑战。

对此，我们要负责任地发展合成生物学，不仅在应用层面考虑合成生物学给人类生存和发展带来的利益与风险，同时也要深入合成生物学的科学和技术本质，从哲学层面了解合成生物学科学价值和可能的哲学问题，为衔接其他伦理、法律、安全和社会问题的讨论提供更为基本的框架，帮助人们在真正理解合成生物学的基础上，对合成生物学未来发展的前途命运做出正确的判断。

本章小结

本章通过考察合成生物学的技术史和理论基础，发现合成生物学由两条同时发展的路线交织而成：一条是由DNA测序、重组、编辑等不同技术的汇聚和整合推动了合成生物技术的诞生；另一条是由合成化学、人工生命研究、系统生物学、工程学等学科领域提供的理论和方法推动了人工合成生命的诞生。一般认为，合成生物学不过是近20年来发展起来的新兴生物技术。当仔细考察了它的技术、理论和方法渊源，可以很清楚地肯定，合成生物学作为学科综合和技术整合的学科，与以往相关的技术和学科之间存在着连续性。不过，合成生物学也有其独特的学科和理论特征，最根本的特征是本书称其为科学本质的部分，即工程范式的主导和运用。强调合成生物学的工程本质，无论是从设计和构建生物元件、生命实体、生物装置或生命系统的目标来看，还是从"设计—构建—测试—学习循环流程"的研究模式来看，这种以知识构建（建物致知）和实际用途（建物致用）为旨归的工程范式都不同于以往主导生物学发展的物理学范式。

第 二 章

合成生物学的概念隐喻及其哲学问题

隐喻（metaphor）一直以来作为一种修辞手法被广泛使用，即把某一事物比拟成与之相似的另一事物，以使某一事物变得简洁、形象、生动，从而更易于理解。简单说，"隐喻是用已知的概念来说明和解释复杂、抽象和未知问题的语言手段"（Falkner，2016）。亚里士多德（Aristotle）在他的《论修辞》（*The Theory of Rhetoric*）一书中将隐喻定义为用一个事物的名称指称另一个事物（Ya'ni，2014）。然而，隐喻的使用从不限于文学作品或日常交流，而是普遍存在于生活和研究的各个领域，科学、哲学、诗歌、历史、艺术、建筑、工程等领域中的作品描绘中时常出现隐喻的用法。哲学中最著名的隐喻当数柏拉图（Plato）的"洞穴隐喻"（Plato's Cave Metaphor）（柏拉图通过使用"洞穴隐喻"来说明他的信念，即只有当人类在阳光下体验现实时，才能获得真正的知识，而在洞穴中看到的不过是假象，获取的也不是真正的知识），当然也有学者认为这是一则寓言（采用了一种讽喻的手法）（Duarte，2012），但根据亚里士多德关于隐喻的定义，"洞穴隐喻"的称法是正确的。柏拉图试图通过洞穴和洞中人由洞内而洞外的不同认知情境来说明并划分人类灵魂所能达到的不同认知或知识层次，进而提出他的理念说。

乔治·莱考夫（George Lakoff）和马克·约翰逊（Mark Johnson）在他们的经典著作《我们赖以生存的隐喻》（*Metaphors We Live By*）中指出，隐喻不仅是一种语言修辞手段，更是一种思维方式，影响着我们的概念系统，帮我们通过一个熟悉的事物了解另一个未知的事物。因此，隐喻也被称作概念隐喻（conceptual metaphor）。根据乔治·莱考夫和马克·约翰逊的解释，概念隐喻，简而言之，主要是指为了理解新生或潜在事物的需要，却由于缺乏合适的概念或未来得及为它们界定新的概念，从而使用具有相似性特征的旧概念来类比乃至指称这些新生或潜在的事物。因此，概念隐喻实际上是我们理解新生或潜在事物的一个过渡性概念。为了统一，本书将概念隐喻一律简称为隐喻。在后文论及的合成生物学的隐喻及其哲学问题，都是指概念隐喻及其哲学问题（乔治·莱考夫、马克·约翰逊，2015：1）。近20年来，合成生物学的发轫和推进与隐喻的使用密不可分，隐喻的科学和哲学作用在生物学领域直到合成生物学时代一直处于被低估的状态，特别是数字隐喻和工程隐喻对于合成生物学实现编写生命代码和合成生物体的构建方面，在认识论上起到了推动知识构建和理解的作用，在方法论上起到了重要的启发性作用（Mcleod and Nerlich，2017；Boudry and Pigliucci，2013）。

近十年，隐喻由于在合成生物学领域的大量使用才引起国外少数学者的注意，但问题主要集中于隐喻在合成生物学的科学传播和科学教育中所起到的负面作用，如约阿希姆·博尔特等认为用人工制品的隐喻来识别有机体"可能会削弱社会对通常被认为值得保护的更高形式生命的尊重"（Boldt and Müller，2008）。隐喻的使用固然引起了一些人对人工生物的本体论和道德地位问题的担忧，对合成生物学中的隐喻的使用进行批判性的思考将有益于该学科的社会形象和科学发展。但不可否认的是，隐喻在合成生物学中起到的认识论作用是主要的，对方法论的启发性作用和对人工生物的本体论的启发性作用也值得探究。目前，鉴于国外还没有文献对合成生物学的隐喻问题进行系统的哲学分析，国内相关研究也阙如已久，本章拟对隐喻在科学中的使用进行追溯，并对合成生物学中的隐喻类型、作用进行梳理与分析，最后通过对概念隐喻进行认识论、方法论和本体论层面的分析，对合成生物学中隐喻的不当使用进行批判性思考，以弥补国内在合成生物学隐喻问题的哲学研究方面的空白。

第一节　科学隐喻及其哲学意涵

在20世纪70年代之前的很长一段时期内，隐喻之于科学的重要性一直被低估。隐喻在科学中的形象正如诗人和画家身处柏拉图的理想国时不受待见那样。隐喻作为诗歌重要的修辞手法，容易被认为代表了不明确或者与事实不太一样。但这并不影响隐喻在科学以及其他领域的广泛使用。即使是最杰出的科学家在提出自己的理论或模型时，也经常通过隐喻来表达。乔治·莱考夫和马克·约翰逊曾提出科学中的隐喻倾向，并且举例伯特兰·罗素（Bertrand Russell）在《数学原理》（*Principles of Mathematics*）中的"力是数学的虚构，并非物理实体""加速度仅是数学上的极限，并不表达加速粒子的确切状态"的观点来说明隐喻在科学概念建构和发现科学定律中的作用；他们还进一步认为阿尔伯特·爱因斯坦（Albert Einstein）就是通过成功地创造了"时间作为空间维度"（Time As A Spatial Dimension）这一隐喻，才使得他通过黎曼几何的数学运算把力概念化为时空曲率，实现了数学上的完美统一，为他的时空弯曲理论与万有引力理论对抗提供了测试的机会（乔治·莱考夫、马克·约翰逊，2017a：243）。

一　科学中的隐喻

隐喻是进行科学思维和科学传播的重要工具。它在近现代科学中的作用远比人们对它的重视程度大得多。尼古拉·哥白尼（Nicolaus Copernicus）在《天体运行论》（*De Revolutionibus Orbium Celestium*）中描述它的宇宙理论时这样写道（丹皮尔，2010：124）："有人把太阳叫作宇宙的灯，有人叫作宇宙的心，更有人叫作宇宙的统治者，都没有什么不恰当。特里斯梅季塔斯（Trismegistus）称它为可见的神，索福克勒斯称它为埃勒克特拉（Electra），即万物的心。这些称号都很正确，因为太阳就坐在皇帝宝座上，管理着周围的恒星家庭。"很清楚，这段话中的"灯""心""统治者""皇帝宝座""恒星家庭"都是隐喻手法。查尔斯·达尔文（Charles Darwin）在《物种起源》（*On the Origin of Species by Means of Natural Selection, or the Preservation of Favoured Races in the Struggle for Life*）中描述物种变异时这样写道（达尔文，1997：98—99）："自然选择在世界上每日每时都在仔细检查着最微细的变异，把坏的排斥掉，把好的保存下来加以积累；无论什么时候，无论什么地方，只要有机会，它就静静地、极其缓慢地进行工作，把各种生物同有机的和无机的生活条件的关系加以改进。"这段话中的"选择""排斥""积累""工作""改进"等也均是隐喻手法。威廉·哈维（William Harvey）在其著作《心血运动论》(*Anatomical Essay on the Motion of the Heart and Blood in Animals*) 开卷
描述心脏的结构和功能时写道 (Schultz, 2002): "动物的心脏是它们生
命的基础,是它们内部一切事物的最高统治者,所有的力量都来自于
此。" (The heart of animals is the foundation of their life, the sovereign of eve-
rything within them. . . from which all power proceeds.) 这里的 "最高统治
者" 同样是隐喻手法。

　　隐喻广泛存在于科学的每个角落,凡是科学需要思维和交流的地方,
隐喻就会以巧妙的方式出现。电磁学中的 "电流",植物学中的 "塔朗特
舞" (Tarantella),地质学中的 "大陆漂移" (Continental Drift),量子物
理学中的 "超弦" (Superstring)、"量子跃迁" (quantum transition)、"黑
洞" (Black Hole),生物学中的 "DNA 密码本" "信使 RNA" "蛋白质折
叠" 等,都是隐喻性的概念。互联网时代,隐喻更加盛行, "网管"
(network administrator)、"网络防火墙" (Internet Firewall)、"网络水军"
(Spammers)、"赛博空间" (Cyberspace)、"虚拟社区" (Virtual communi-
ty)、"信息高速公路" (Information Highway)、"鼠标" (mouse)、"计算
机病毒" (Computer Virus) 等充斥在媒体报道和科学文献中,并逐渐形
成互联网的概念系统和变成人们的日常语言。隐喻不仅成了我们认识亘
古未有的新生事物或知识革新时的重要工具,也融入了我们这个世界各
个领域的概念系统,在科学层面产生了发明、解释、交流等重要的认识
论和方法论价值。

　　隐喻在科学领域的应用超出了修辞学的功能,与人们对科学事物的
思维、解释和理解密切相关。在 20 世纪,认知科学、科学哲学领域均不
约而同地将隐喻作为重要的研究对象。在认知科学领域,安德鲁・奥托
尼 (Andrew Ortony)、麦克斯・布莱克 (Max Black) 等人试图建立喻体
和本体之间的映射模型来探究隐喻的理解过程。莱考夫和约翰逊则跳出
语言学范畴,研究隐喻背后概念系统和思维方式,通过将隐喻理解为从
概念域 (源域) 到相对的另一概念域 (目标域) 的结构关系来阐释隐喻
背后人类的认知机制 (唐世民,2008)。在科学哲学领域,托马斯・库恩
(Thomas Kuhn) 指出在建立科学语言与世界的联系中,隐喻发挥了基础
作用,而科学理论的转换也往往对应着相关隐喻的转换 (Kuhn, 1993)。
保罗・利科 (Paul Ricoeur) 提出隐喻的本体论和认识论意义,隐喻以及

基于隐喻建构的模型是对现实的重新描述，不仅具有启发性和创造性，还体现了隐喻与现实的同构关系（汪堂家，2004）。约翰·塞尔（John Searle）提出在话语行为理论的基础上来解释隐喻，隐喻不仅是其字面意思，还包括说话者的意图（何书卿，2016），即言外之意，如"你真是个狗皮膏药"这句话除了字面意思外，还有"请你不要再黏着我"的意思。此外，唐纳德·戴维森（Donald Davidson）、雅克·德里达（Jacques Derrida）、玛丽·赫西（Mary Hesse）等哲学家也对隐喻进行了研究（Hallberg，2017）。总体上看，与以莱考夫和约翰逊为代表的认知科学家对科学中的隐喻问题进行了系统研究不同，科学哲学家对隐喻的关注则主要还是基于20世纪哲学的"语言学转向"的影响，他们的论著中鲜有对科学隐喻进行针对性的研究。

二 科学隐喻的哲学意涵

进入21世纪，科技进入了再次快速发展的阶段，互联网、人工智能、自动化、基因编辑、生物制造、纳米超材料等新兴领域占据了世界上最主要的经济社会发展领域，并以颠覆以往的迭代更新的速度刷新人们的感官以及对新知识、新技术的认知。不同学科和技术领域之间的协作与整合体现了高度颠覆性和会聚性的时代特征，大量隐喻的使用也遍布于新兴学科或技术的科学假说与科学模型之中。隐喻成为驱动科技创新、探索未知事物和解释科学新现象的重要手段，无论是在认识论、方法论还是本体论的层面，都有着不可忽视的作用和地位。因此，仅从哲学层面考察隐喻在科学中的意涵，围绕隐喻与科学解释的关系、隐喻和科学活动的关系以及喻体和本体的关系，本书认为可以分别从认识论、方法论和本体论角度进行探究。

（一）认识论角度

从认识论角度来看，隐喻作为一种科学解释是为了描述和把握科学对象，帮助科学研究者和公众认识隐喻指向的本体及其活动和功能机制。在认识论的层面，隐喻的概念化还具有表征、说明、评价和交流的功能，体现了隐喻的表征性、说明性、意向性和媒介性（郭贵春，2004：92）。

1. 隐喻的表征性

科学隐喻通过对科学实体、活动过程和具体事件的概念化表征，使它们得以进入人们可以理解和接受的认知领域，并在进一步的研究和实验中验证隐喻概念的逼真性。尤其在前科学时期，科学家需要凭借自己的直觉把握研究对象的本质，但又无法立刻从理论和实践层面清楚地解释和证实他们的直觉，因此隐喻的选择、发明和创造可以通过相似性将这种研究对象的本质特征锚定。而在进一步的研究过程中，随着科学家对研究对象的不断深入理解，隐喻也会帮助科学家认识更多关联性的隐喻，或者发现隐喻需要调整。因此，不仅科学家通过隐喻的概念化、模型化使研究对象在世界中得以表征，同样隐喻也以自身揭示的意义通过多次验证将经验世界中的喻体与潜在的本体之间的相似性或错误的关联性向科学家彰显，从而推动科学理论的发展和科学活动的进行。例如，物理学中的分子、原子、质子、中子、电子、光子、胶子、夸克、超弦等具有隐喻性的概念就体现了这种表征功能。当粒子模型建立起来，科学家又发现所指称的物理实在还可以有更好的表征方式——波动模型，直到建立在波动模型基础上的超弦理论被提出来，指称世界最小物质实在的隐喻转换成只是振动能量的超弦。

2. 隐喻的说明性

科学隐喻在概念化之后还具有说明的功能，这种说明性往往以隐喻之间互相关联的方式呈现，如基因和"生命之书"、染色体和"遗传密码本"之间就是相互关联的两对隐喻，"生命之书"隐喻是为了进一步说明基因的本质和属性，"遗传密码本"隐喻是进一步说明染色体的本质和属性。"生命之书"隐喻说明基因可以被人读—编—写，基因组学和合成生物学的发展即是基于这一科学隐喻的创造。"遗传密码本"隐喻说明染色体包含了生命繁衍和活动的终极奥秘，破解了染色体中的奥秘或控制了染色体，就能理解生命的本质以及实现控制生命的目的。当然，这种隐喻关联并不是固定恒久的，如一些科学家认为"生命之书"的隐喻不能准确地说明基因的本质和属性，又提出"菜谱"的隐喻。但不管怎样，隐喻概念的说明性在相互关联的两个隐喻之间确实存在，而且推动着科学理论和科学技术的进步。

3. 隐喻的意向性

隐喻概念的意向性表现为评价功能。有些科学隐喻具有明显的价值倾向，它同时体现了隐喻选择者或创造者的情感和心理，如"弗兰肯斯坦"（Frankenstein）（Belt，2009）作为人造生命或科学怪物（如克隆人）的隐喻代表了一类人的担忧。弗兰肯斯坦本来是英国小说家玛丽·雪莱（Mary Shelley）作品中的男主，作为一位热衷研究生命起源的生物学家，他用不同人的尸体经过复杂的过程拼凑出一个巨大的人形怪物，结果怪物杀死了他的亲人并制造了一系列的事故。后来，弗兰肯斯坦就被当成科学隐喻来代表人造生命和那些制造人工生命的科学家。人们用弗兰肯斯坦这一隐喻表达对滥用科技创造生命的行为的担忧和抵制，同时也指出了科学研究的道德维度，即科学技术的发展和应用必须用来帮助人类整体趋利避害和谋求福祉，且不能不顾及伦理后果。此外，具有类似意向性的科学隐喻还有中世纪医生、炼金术士帕拉塞尔苏斯（Paracelsus）制造的"侏儒"（Pachter，1951）。

4. 隐喻的媒介性

科学隐喻体现了科学思维，具有科学内涵，因而与文学作品、日常交流中的隐喻不同。但科学隐喻扮演了科学传播和科学普及的角色，起到了很好的交流和媒介作用。尤其在前科学时期，科学隐喻的使用有助于科学家共同体之间、科学与不同学科领域之间以及科学面向公众时的相互理解与协作。使用科学隐喻讲好科学故事也是现今很多科学家获取更多研究资金的重要方法。其都是为了科学研究活动能够被社会不同群体快速地了解和接受。对于科学共同体成员之间，科学隐喻所达成的交流功能可以促进合作、推动科学研究的发展和新的科学理论的构建。对于跨学科领域，科学隐喻可以帮助其他领域的学者快速把握最前沿的科学工作，从而展开交叉学科的研究。对于社会公众，科学隐喻能够被大众媒体接受，从而起到科学传播和公众参与的作用。这意味着科学隐喻的使用不单是科学家自上而下地做出解释，以方便其他群体的认知；同时跨领域学者的反馈和社会公众的参与，反过来也推动了科学家的理论创新和研究工作，最终促进科技朝向更快更好的方向发展。

（二）方法论角度

从方法论角度来看，隐喻不仅作为一种修辞方法，还具有作为科学解释、科学发明以及类比迁移等方法论意义，它对于科学概念的建构和科学模型的建立具有经验性价值。科学家往往通过隐喻建立起科学概念与客观世界之间的内在联结（郭贵春，2004）。科学隐喻的创造或选择不是偶然的，它们通常也不是单独出现的，在描述一个实在时，隐喻一般是以群或簇的方式出现的，最终形成一个由科学隐喻构成的概念框架，并取得科学家共同体的认同。例如，在工程生物学的语境中描述某一微生物时，科学家们将它称为"细胞工厂"，而这一微生物的各种组成部分被称为"基因线路""基因网络""代谢通路""启动密码子""终止密码子""底盘细胞""DNA 软件""细胞硬件""程序代码""生物零件""生物积木""生物装置"等。这些典型的生物学隐喻构成了一个概念系统，现今被广泛使用于科学文献和媒体报告中。科学家创造出这些科学隐喻群是为了类比工程学和计算机的原理和方法，将生物细胞打造成像汽车生产车间那样的产品生产或加工厂。科学家不仅通过构造隐喻群建立起工程生物学的概念系统，且通过隐喻群将生物系统类比为工程和机器系统，建立起工程生物学的方法和模型，既快又好地将生物学工程化、机械化、自动化、智能化，从而设计和构建出标准化的生物元件、生物电路和生物装置，以及组装出可以满足人类特殊需要的生物系统，实现目标产品生产的低价、高效、环保和节能。

（三）本体论角度

从本体论角度来看，科学中的隐喻使用往往与科学革命的前期相关，此时新的科学假说、科学理论具有革命性的特征，使用新的科学隐喻要么是为了代替旧的科学隐喻，要么是指称从未出现过的新事物。在新的科学假说、理论和隐喻出现的同时，旧的假说、理论和隐喻则面临淘汰或被改造和吸收的命运，如"以太说"被以阿尔伯特·爱因斯坦为代表的现代物理学家推翻，并被量子场论代替，源于亚里士多德的以太隐喻也遭到了抛弃；"燃素说"因为安托万·洛朗·拉瓦锡（Antoine-Laurent de Lavoisier）通过实验发现氧气而被推翻，新的氧气概念得到确立，燃素隐喻也在使用近百年后谢幕历史。但也有些新的科学隐喻是综合了旧的科学隐喻，并且旧的科学隐喻得到了保留，如进化生物学在重新描述"自然"这一概念时，虽然保留了机械唯物主义的"生命机器"的思想，但也否定了神创论（Creationism）和智能设计论（Intelligent Design）的上帝或智能主体"设计"的思想，而是选择更具有说服力的达尔文进化论，将"设计机器"这一隐喻变成了"进化机器"。机器隐喻所指称的自然实在是在这两个新旧隐喻的转换中得到了保留，而变化的只是自然的某一重要属性。由此可见，虽然科学隐喻的命运各不相同，但它们具有相似的本体论作用，即用于指称和建构自然现象背后的物理实在。尽管被指称的实在可能不存在，这种描述和建构的失败最终导致科学理论的非连续性，但不可否认，科学隐喻从一开始就为科学假说、科学理论提供了本体论承诺，它也使科学家通过试错的科学方法实现了科学革命，以逐步实现对实在的正确描述。事实上，更多的旧的科学隐喻是在新的科学隐喻诞生之后，因为新的科学假说得到成功验证或新的科学理论能够成功做出解释而被替换，但其所指称的背后实在并没有发生改变。

第二节　合成生物学的隐喻类型和本体

合成生物学的快速发展和在生命科学领域取得的成功离不开隐喻的构建和使用，甚至可以说，比起物理学和化学等领域中的隐喻所起到的作用不遑多让。在 2018 年发表的一篇论文中，其研究覆盖了从 2004 年至 2015 年总计 11867 篇关于合成生物学的德语和英语文章，研究发现，所使用的隐喻大多源自工艺、工程、信息技术和艺术等领域，这些隐喻体现了当前和未来合成生物学发展的新颖性改变社会价值观以及人们关于生命与自然的文化观念具有潜在的影响作用（Matthias et al.，2018）。实际上，合成生物学领域的诸多隐喻并非都是即时构建的，其中不少隐喻继承自早先的基因工程和基因组学，并且在合成生物学时代这些隐喻才焕发了真正的生机。因为直到合成生物学出现，基因工程的诸多计划才得以实施，这些隐喻的价值和功能才完全体现出来。

这些隐喻纷繁复杂，却恰好体现了合成生物学作为交叉学科、会聚技术以及科学实践领域的典型特征。不同隐喻的使用通常对应着不同领域的共识和争议，以及这些隐喻所指称的背后的本体。对这些隐喻的类型划分和本体识别有助于人们在探讨合成生物学的科学、哲学、伦理和社会等问题时厘清哪些是可以达成的科学共识，哪些是具有哲学或伦理争议的问题，这些隐喻在科学研究中具体发挥了怎样的作用。本书将这些问题统称为合成生物学概念隐喻的哲学问题。

一　合成生物学的隐喻类型

根据本书的梳理，合成生物学的隐喻类型大致可以分为以下几种：宗教隐喻、书籍隐喻、数字隐喻、机器隐喻和工程隐喻。这些隐喻多数构成了合成生物学的概念系统和交流语言。尽管这些隐喻性概念的定义由于这门新兴学科年资尚浅并未统一，但基本上在科学共同体成员之间达成了共识，形成了一定的操作定义，成为描述科学研究和阐释科学理论的过渡性术语。

（一）宗教隐喻

宗教隐喻往往涉及神学家、哲学家和科学家之间关于生命是否可以人造的争辩。20 世纪中后期，基因重组技术取得了重要发展，可以对细胞乃至基因水平的生命进行修饰和改造，而克隆技术更是使人类造出了首个克隆生命——"多莉"（Dolly）羊。2008 年，素有"科学怪人"之称的美国科学家克雷格·文特尔团队成功合成世界上第一个由人工基因组驱动细胞生命活性的人造生命——"辛西娅"，自此再次引发学界和社会对科学家"扮演上帝"（playing god）（邱仁宗，2017）的指责。《纽约时报》曾评论道（Matthias et al.，2018）："合成生物学领域的蓬勃发展为开发新的抗生素和其他药物带来了希望。这也引起了人们的担忧。科学家们在某种程度上是在'扮演上帝'，创造出可以从实验室逃到外部世界的生物，在那里他们没有天敌，也没有什么可以阻止它们扩散的东西。""扮演上帝"遂成了合成生物学的一个重要隐喻，并且富有浓烈的神学色彩。其实，自基因编辑技术和克隆技术诞生时，关于"扮演上帝"的隐喻使用就已经开始。由此，关于"创造生命"（creating life）（Taylor，2009；Venter，2006）的隐喻开始普及于文献和媒体报道，继而关于人造人的担忧和伦理争议也日益增加。这种担忧甚至被搬到了荧屏上，其中美国著名的好莱坞电影《银翼杀手》（Blade Runner）中的"复制人"就是这样一个由科学家创造出来的与自然人智能和感觉完全相同的人造人。然而，"扮演上帝"和"创造生命"这样的隐喻只有在合成生物学的伦理争议中才得到了最明确的指称，因为合成生物学初步实现了借助计算机并完全利用化学和生物学的方法从头合成一个完整的生命体。这个生命体尽管目前还只是一个最小基因组或一条完整的染色体，但基因包含了最根本的生命指令。人类掌握了合成和组装 DNA 的技术，也就意味着离人工创造一个真正的活细胞不远了。这远不同于科学家对 DNA 的修饰、改造和利用那么简单，与克隆技术仍需依赖自然生命细胞为母本相比更是本质上的不同。也正是在此意义上，科学家被认为坐实了"扮演上帝"、创造生命的"罪名"。而在古希腊和中世纪时代，能够创造生命的只有上帝、神或造物主（上帝造人、普罗米修斯造人等），即"神创论"（Ayala，2008）。即使是在达尔文进化论成为科学主流的今天，依然有不少科学家和其他领域人士认为生物是由伟大的智能设计的。在神创论和智能设计论者看来，人类"扮演上帝"以至创造生命的行为是僭越的且不合法的。

（二）书籍隐喻

20 世纪很多科学家认为生物机制和现象可以通过物理学和化学原理得到解释，著名物理学家、诺贝尔奖得主埃尔温·薛定谔（Erwin Schrödinger）就曾指出生命的基础分子可以被描述为一种非周期性晶体。他的《生命是什么——生命细胞的物理学观》（*WHAT IS LIFE？—The Physical Aspect of The Living Cell*）因此推动了分子生物学的诞生和发展。DNA 双螺旋结构的发现者、诺贝尔奖得主詹姆斯·沃森（James Watson）和弗朗西斯·克里克（Francis Crick）就是在薛定谔的这本小册子的影响下致力于破解生命的分子结构、遗传密码和中心法则（genetic central dogma），从而揭示生命的本质的（詹姆斯·沃森、安德鲁·贝瑞，2010：30—31）。以薛定谔为首的科学家们认为，生命细胞的基本构成分子应该是像元素周期表和化学键那样有规律的遗传密码。而随着 DNA 重组技术的发明，人们认识到在掌握了生物分子机制的基础上，可以对 DNA、RNA 这些包含遗传密码的生命分子进行修饰和重组，他们把构成 DNA 的 4 个碱基对 A、T、C、G（A 与 T 配对，C 与 G 配对）称为生命的字母表，利用这些字母就可以进行生命的书写，因此 DNA 又被称为"生命天书"。不仅如此，2019 年发表于《科学》（*Science*）杂志的最新研究成果表明，美国科学家、进化基金会创始人史蒂文·本纳（Steven Benner）团队通过调整 A、T、C、G 四个碱基的分子结构，构建出了与天然碱基属性相同的两对新碱基：S 和 B、P 和 Z，并通过将合成碱基与天然碱基相结合首次合成出含有 8 个碱基的 DNA。这意味着人类可以书写出亘古未有的"生命之书",参与制定生命的遗传法则(Hoshika,2019)。"生命字母"和"生命天书"隐喻的使用体现了人们改造和操纵生命的意图,这一意图被"生命蓝图"隐喻概括。这一意图到了基因测序计划的完成、基因编辑技术的成熟,以及 DNA 合成、组装技术的诞生,终于得以从构想走向实践。通过基因测序技术,动物、植物乃至人类的"基因图谱"得以完成,人类实现了对生命天书"读"的目标。通过基因重组技术、基因编辑技术,人类在基于生命规律的基础上实现了对生命之书"编"的目标。通过 DNA 的化学合成、生物合成技术、DNA 组装技术以及借助计算机辅助技术,人类实现了对生命天书"写"的目标。生命的书籍隐喻到了合成生物学时代,不仅保留和完成了它的使命与功能,还进入了按照"写"好的"生命之书"对生命实体加以建造的新阶段。书籍隐喻虽然仍在使用,但正如伊娜·赫尔斯滕(Iina Hellsten)和布丽吉特·内利希(Brigitte Nerlich)所说,"随着基因组学和合成生物学的进步,焦点已经从单纯的阅读转向更有活力的写作"(Lsten and Nerlich,2011;Stelmach and Nerlich,2015),是合成生物学赋予了书籍隐喻新的生机。

(三)数字隐喻

基因组测序加速了 DNA 数字化的进程,合成生物学则实现了将新的代码指令写入 DNA 以便创造全新的生命。基因信息能够被完整读取的同时,也开始能够被程序员写出来。不仅如此,程序员还能将新的代码指令写入 DNA 以实现人类的目的。在克雷格·文特尔这样的科学家看来,未来人们只需要拷贝优盘里某物种个体的"生命代码"传送到遥远的他国或其他星球上,就可以通过那里的生命制造器将该物种个体再造出来。这种做法与德里克·帕菲特(Derek Parfit)的"远程传送"(Teletransportation)(Parfit,1984)思想实验的复制原理相同。虽然,现在还做不到再造出细胞水平之上的生物体,但人类距离从头设计和构建一个全新的活细胞已经不远了。由此可见,数字隐喻的诞生其实有赖于现代生物技术的创新。尤其在合成生物学领域,"生命代码""生命脚本""生命软件""DNA 程序""DNA 计算""DNA 逻辑门"等这些数字隐喻被广泛使用,用以描述和指称基于计算机辅助技术进行人工设计和构建的 DNA、基因组或生命体。数字隐喻其实影射了生命的本质是遗传代码以及 DNA 合成的目的是像软件一样服务于某种实际应用或解决特定问题这两种不同层次的观点。其实，DNA 是遗传代码的观点最早可以追溯至古希腊毕达哥拉斯学派的"数本原说"（林夏水，1989）或"存在即数字"隐喻（乔治·莱考夫、马克·约翰逊，2017b：568），即世界的本原是数字，他们把数学对象的本体投射到一般存在物的本体上，声称由数字构成了点、线、面、体、时间、空间以至世间万物。因此，直至今天，在多数科学家看来，数学依然是各分科科学的理想归宿，一门科学要达到极致和完美的程度，就是全部用数学公式来表达。

（四）机器隐喻

机器隐喻根植于西方传统科学和哲学思想之中。现在普遍认为 17 世纪哲学家勒内·笛卡尔、罗伯特·博伊尔（Robert Boyle）等人引入的"自然是一台机器"（Ruse，2005）、"世界是一台机器"（Ruse，2003）是机器隐喻的早期代表。笛卡尔在 1662 年《论人》（Treatise of Man）的著作中记录了自己的一场经历（Kogge and Richter，2013）：青年时期的他在以机械雕像闻名的圣杰曼·昂·雷（Saint Germain en Laye）皇家花园中散步时，看见了一个栩栩如生的机器人（喷泉）好像在跟他打招呼。好奇心驱使他想要一探究竟，于是工匠给他展示了机器人的内部结构。原来该机器人由液压控制，只要打开对应的阀门，就会有水注入，从而让机器人做出相应的动作。经此启发，笛卡尔认为不要假设灵魂以及其他运动或生命的原理，完全可以将动物的身体当作机器，这样动物的行为就可以用机器原理加以解释，并指出动物身体内可以产生一种被称作"动物精气"（Animal spirits）的物质，身体就是靠它沿着神经管以类似液压控制的方式驱动身体肌肉的活动。于是，"身体机器"隐喻因为笛卡尔而诞生。几十年后，1747 年法国哲学家、医生拉·梅特里（Le Mettrie）在他匿名发表的著作《人是机器》（L'homme-Machine）中认为人和动物一样，"是一架巨大的极其精细、极其巧妙的钟表"。他通过自己丰富的人体解剖经验，提出身体活动的一切都足以用身体组织来说明，"人是一架机器，在整个宇宙里只存在一个实体，只是它的形式有各种变化"（田崇勤等，1989：139—140）。机器隐喻体现了近代科学早期的机器思维（machine thinking）特征（Holm and Powell，2013），尽管机器思维将人们引向智能设计者的存在，同时面临着生命复杂性的诘难，但及至今天，科学家依然没有放弃这种巧妙的隐喻，尤其是在合成生物学领域，机器思维及其隐喻的作用和地位十分突出，将人工生物系统及其部件等称作"活机器"（living machines）（Deplazes and Huppenbauer，2009），"生命机器"（Life Machine）、"生存机器"（survival machines）（Rasetti，2017）或"遗传机器"（Genetic Machine）（Gibbs，2004）已经司空见惯。机器意味着可以设计、预测和操控，合成生物学将人工生命体或生物系统称作生命机器，不仅体现了科学家试图理解和操纵生命的目的，也体现了合成生物学建物致用的现实需求。通过机器隐喻实现自然生命的机器类比，确实可以帮助人们更好地理解生命机制，从而更好地与工程学相结合，服务于现实中对特需产品工业化生产的迫切需求。在合成生物学的机器隐喻中，"计算机隐喻"（computer metaphor）（张炳照等，2015）很好地说明了这一目的。"计算机隐喻"意在把生命当作电脑，强调过去分子生物学的方法重在拆卸生命零件，以分析和描述的方式来理解生命组分之间的相互作用关系已经不足以把握生命的本质，合成生物学采取相反的策略，利用已经掌握的生物学知识，从头设计和构建这些生命零件，好比制造出电脑的装配零件，然后通过将零件进行组装的方式来完全了解生命体或生物系统（电脑）的本质与特性。简言之，合成生物学的机器隐喻就是想要通过制造人工制品来解释和操纵生命。

（五）工程隐喻

合成生物学的工程隐喻跟机器隐喻是密切相关的一组隐喻。如果说机器隐喻关注的是生物的内部机制，旨在通过机器类比来揭示生命本质的"黑匣子"，根本上还是为了了解生命本质及其内在目的和功能，那么工程隐喻更进一步，直接将生物当作可以由工程部件组装而成的功能系统，即以人作为设计主体实现外在目的的功能预测和调控。因此，人们也经常将合成生物学称作工程生物学（Engineering Biology）（Keasling，2006）或生物工程，认为工程化是合成生物学的本质特征，即合成生物学的工程本质。合成生物学的奠基人德鲁·恩迪（Drew Endy）认为合成生物学作为工程科学成功建造的基础取决于三个方面（Endy，2005）：（1）存在一组有限的预先定义的精炼材料，它们可以按需交付，并按预期运行；（2）描述材料如何组合使用（或其他使用）的一般有用规则（简单模型）；（3）具有应用这些规则的知识和手段的熟练人员。在此基础上，合成生物学被进一步要求设计合成标准化的生物元件或生物积木

（BioBricks，通常就是 DNA，也称作"生物砖"）、生物模块，以及类比电子工程元器件那样的基因钟（毕锦云、李皖，2001：57）、基因线路/基因电路、基因振荡器、基因调控开关、人工调控网络、人工代谢网络等，从而构建"正交遗传系统"［在合成生物学中，正交（化）主要是指合成生物无法与天然生物交换遗传物质和/或代谢物。它在工程学中是指，如果技术系统和设备彼此完全分离并且不会出现任何不需要的交互或串扰，则它们被称为正交］（葛永斌等，2014）、生物装置以及更复杂的生物系统。这些具有典型电子和建筑工程学色彩的隐喻概念，生动而鲜明地阐释了合成生物学的主题：生命有机体和生物系统的标准化、模块化、工程化设计和构建（Vilanova and Porcar，2014）。由此还衍生了订制DNA、搭建生命乐高/积木的一系列隐喻。需要指出的是，合成生物学的工程隐喻和工程方法是建立在遵循自然和科学规律基础上的（Wei-Lung，2002），因此才能做到对设计和构建的精确预测和控制，但这并不意味着合成生物学已经实现了它的工程学目标。这是因为，目前人们对生命内在机制的了解还处于最基本的细胞层次内，生命的复杂性难题依然是横亘在合成生物学面前的一道屏障，以及人们必须考虑到那些在构建生命的过程中潜在的生物风险和其他不确定因素。

二 合成生物学的隐喻本体

在科学哲学的语境中，实在（Reality）是指科学理论实体的存在，本体（ontology）是关于实在的知识，属于科学实在论（Scientific Realism）的范畴，被科学共同体成员普遍接受。基本上，所有的科学实在论者认为，世界上没有不可知的实在，只有尚未知的实在，随着科学工具和实验观察的进步，会促进科学理论的发展以及科学知识的增长。但科学实在论的各种理论和观点主要针对物理学领域，是否适用于生物学领域至今没有定论，需要进一步探究。而在生物学领域，尤其是本体概念，往往是在语义学意义上使用，是指从生物学研究活动中抽象出来的一个概念模型，它主要包括生物学领域词汇的基本术语及其关系。这些术语及其关系构成了该领域内公认的概念集合，推动了知识的构建和理解。

根据前面合成生物学隐喻及其类型的介绍，我们知道合成生物学的各种隐喻主要关联研究者（合成生物学家）和研究对象（生命体及生物系统）这两类实体，而基于语义学的本体含义，合成生物学的隐喻本体主要是指科学研究对象这一客观实在。研究者作为观察者、实验者和科学理论的构建者是作为主体存在的实体，从"观察"和"理论"的关系来看，是客观实在本体的揭示者和本体概念的构建者，也是使用隐喻指称现象背后实体的责任者。美国著名科学哲学家诺伍德·汉森（Norwood Hanson）的"观察渗透理论"就曾认为科学观察不可避免地渗透着人的主观视角和主观理论（龚艳，2010：61—63）。观察渗透理论最终导致了相对主义真理观，这不符合科学实在论的基本立场，在这里姑且不论。

本书要探讨的是与研究对象有关的隐喻本体，包括书籍隐喻、数字隐喻、机器隐喻和工程隐喻。这类隐喻在合成生物学领域推动了新的本体概念的构建，或者需要对原有的本体概念进行重新定义。至于与研究者相关的宗教隐喻，无论是"扮演上帝"还是"创造生命"隐喻，都是指称合成生物学家及其同事的科学行为，这类隐喻关切的核心主题主要是科学技术与人类的关系问题以及科学家的责任伦理问题。

（一）宗教隐喻本体

在科学基础研究层次，合成生物学与传统生物学的最大差异即在于强调人工构建对生命知识的贡献。以往分子生物学、基因组学时代，对生物系统不同层次的研究常用的方法是假设、实验、观察、描述和分析。人们对生命体结构和功能的认知难以突破旧的方法论造成的"瓶颈"。活的生命体不同于死的物质体，生物系统同一层次内部以及不同层次之间的复杂性、非线性关系无法仅仅靠取得的数据和建立的模型完美地说明。因此，系统生物学才提出对生物系统进行整体性、系统性研究，强调在原有分析和还原方法的基础上对生物系统采取综合的策略，以实现对生物系统不同层次之间的整合，从而获取对生物系统的整体性知识。系统生物学的另一研究策略，即自下而上的人工构建策略，则被合成生物学继承并发扬光大。人工构建 DNA、基因组以及生命体和生物系统的目标使得合成生物学被认为是"弗兰肯斯坦的创造"（Frankenstein's creation），当然遭人贬抑的同时，也有不少人认为合成生物学为解决人类各种世界性难题带来了新的希望，是"救难英雄"（knight in shining armour）（Gschmeidler and Seiringer，2012）。

无论是"扮演上帝""创造生命"这种宗教隐喻，还是"科学怪人"

"弗兰肯斯坦的创造""救难英雄"这些褒贬色彩明显的文学隐喻，都指向了喻体背后的本体——科学家使用合成生物技术创造人工生命的行为事件。然而，尽管这种隐喻所指称的显而易见的本体人们不难发现，但这一本体并不是人们所认为的单一的物质实体，而是不同实体之间发生的关系或行为，或者说是作为主体的人（科学家）与客体（技术、实验材料、创造物等）之间进行的实践活动这一事件。其次，要特别指出的是，这里宗教隐喻的本体并不等同于科学和哲学的本体。合成生物学宗教隐喻的本体无关世界的本原或基质，它体现的只是与喻体的映射关系或相似性。除此以外，这类隐喻的本体也体现了使用者的意向性。使用这类宗教隐喻的神学家或具有宗教信仰背景（或没有宗教信仰）的学者是为了表达他们的信仰立场和价值立场。用"扮演上帝""创造生命"或"弗兰肯斯坦的创造""科学怪"人这类隐喻，明显地表达了他们将科学家创造生命的行为视为离经叛道或危险之举，会给人类社会带来类似文学作品中的报复性和毁灭性的灾难。同时，也是提醒人们再次正视人类与技术的关系，看清技术的本质及其双重用途的特点。

在阿尔伯特·爱因斯坦这样的科学家看来，科学可以看作宗教圣殿，而科学研究就是"我们时代唯一的创造性宗教活动"（Jammer，1999）。在这个意义上，关于宗教隐喻的使用，无论是在科学的其他领域，还是在合成生物学领域，关于本体的指涉，并非都是消极的。对于基督教神学家而言，人类作为上帝的代理人，是上帝按照自己的样子制造出来的，自然也分有上帝的属性和职能。人类用合成生物技术创造生命与上帝创造人类一样具有一定的合理性。那些将上帝视作唯一创造者的人其实不必将科学家的这一行为看作"扮演上帝"或"弗兰肯斯坦的创造"，而是应当视作与上帝的共同创造（Hefner，1993）。当然，肯定人类科学创造的合理性，不等于人类可以肆意妄为。人类必须认识到自身的局限性和技术的两面性，能够创造生命不等于能够随意操纵生命或者应该创造生命。任何技术都应该在用于造福人类社会的同时规避潜在的风险。尤其是要警惕那些掌握了权力、资金和技术的人，通过建立伦理规范、完善立法和监管，禁止他们利用技术只为达成个人的野心和欲望，而损害人类整体和社会集体的福祉与利益（Carter et al.，2014）。

（二）书籍隐喻本体

自 19 世纪中后期"遗传学之父"格雷戈尔·孟德尔（Gregor Mendel）发现生命的遗传因子以来，关于生命的本体是基因的猜想逐步得到证实。到了分子生物学时代，DNA 双螺旋结构的发现、中心法则的提出使人们了解到基因的结构和功能。而遗传学与细胞学的结合，也为人们可以从细胞水平理解基因在细胞内的作用提供了理论基础。基因组学时代更进一步，实现了对人类、动物和植物的基因测序，海量的遗传数据和信息为人们探究基因在繁衍过程中的规律提供了数据支持。而将构成 DNA 的四种碱基称作"生命字母"，将由这些字母组成的 DNA 以及由 DNA 连接而成的染色体称作"生命天书"，将 DNA 视作可以"读""编""写"的词、句、段落或基因图谱，则体现了基因组学时代以来人们对生命认知的不断深化。到了合成生物学时代，"编""写""生命天书"已经不是神话。在这一语境下，使用书籍隐喻来指称背后的本体具有了新的现实意义。因为，现在"生命字母"隐喻的本体不仅包括天然核碱基，也包括人工核碱基，"生命天书"隐喻的本体不仅包括天然 DNA，也包括人工合成 DNA。碱基作为形成核酸的含氮化合物，是"生命字母"隐喻的本体，DNA 作为携带遗传基因的生物大分子，是"生命之书"隐喻的本体。既然人工碱基与合成 DNA 经过科学实验证明在结构和功能上与天然碱基、天然 DNA 基本一致，那么人工碱基与合成 DNA 就应该享有同样的本体地位。

（三）数字隐喻本体

合成生物学的数字隐喻主要体现了生命数字化的时代特征。合成生物学利用计算机科学和信息科学技术，实现了对生命代码与程序的设计、生命脚本的编写、生命软件与硬件的开发，甚至早就开始关于 DNA 计算器的研究。这些关于生命的数字隐喻，在研究层面驱动了人工生命体的合成与人工生物系统的构建。在语义学的层面，则为合成生物学的数字化、工程化提供了本体概念。无论是生命代码、生命脚本，还是生命软件、生命硬件、DNA 逻辑门、DNA 存储器等，这些把生物学概念与计算机科学概念相结合的隐喻概念，其本体都是生命体内部的各种组分、功能和过程，如生命代码隐喻的本体是可以数字化的 DNA。通过数字隐喻，科学家可以为生命体和生物系统建立适用于计算机系统的本体概念，从而推动合成生物学往自动化与智能化方向发展。

（四）机器隐喻本体

机器隐喻经历了第一次和第二次工业革命，引发了各种争议。生命有机体是否能够作为一台机器，自然是否像人类那样作为一个智能设计者？这些具有争议性的问题至今莫衷一是。但在科学技术领域，机器隐喻的影响和作用始终存在并一直作为重要的科学研究方法，直到走向今天的人工智能和合成生物学时代。在合成生物学领域，机器隐喻不仅作为生命科学研究提出科学假设、建立科学模型加强认知生命活动的方法，以及作为解释和理解生命本质的思想基础，更是致力于造出类似于自然生命机体的"活机器""生命机器"。机器隐喻的本体也因此发生了变化，它不仅是用机器来指称自然生命有机体，而且用机器来指称人工合成生命有机体，如由合成 DNA 拼装（Kludge）（O'Malley，2009）而成的最小基因组构建而成的活细胞"辛西娅"。

不过，有人可能会提出这样的问题：如果机器隐喻的本体既是自然生命也是人造生命，那么就会存在逻辑上的矛盾，因为 A 是 B 同时 A 是 C 会推出 B 是 C 的结论。这就是说，如果自然生命和人造生命是同一个本体，自然生命与人造生命就别无二致。事实上，这种矛盾在一些人看来或许并不成立，因为他们可能根本不承认机器隐喻的合理性。既然关于机器隐喻本身就是一个开放性的争议话题，那么"生命 =（或 ≠）机器？"（Pigliucci and Boudry，2011）就会导致上述问题有不同的结论。如果机器隐喻本身就不合理的话，即持"生命 ≠ 机器"的观点，那么机器这一喻体所指称的本体是生命也就不合理。进一步的问题是，即使人们接受"生命 ≠ 机器"的观点，也不代表合成生物学中的机器隐喻不合理，即不代表"人造生命 ≠ 机器"的观点也能成立。人们可以接受这样一种观点，即过去生命科学研究中的机器隐喻是不恰当的，因为"生命 ≠ 机器"；在合成生物学中的机器隐喻是恰当的，因为合成生物学致力于建造的并不是与自然生命别无二致的同等生命，而是比生命更像机器的机器。反之，如果人们接受"生命 = 机器"的观点，那么就会造成刚开始提出的那个矛盾。机器隐喻同时指称自然生命和人造生命，就意味着自然生命和人造生命没有区别，合成生物学中的机器隐喻与传统生物学中的机器隐喻没有本质上的区别。

　　然而，人们可能忽略了一个根本的事实。一直以来人们对隐喻的确切理解是，隐喻表达的只是相似性，从相似性的角度出发来看待机器隐喻才是恰当的。就像人们形容一个人性格时说张三的爸爸是一块木头疙瘩，又说张三也是一块木头疙瘩。即使张三从长相到性格都很像他的爸爸，"木头疙瘩"这一喻体可以同时指称张三和他的爸爸，张三和他的爸爸也不可能是同一个人，且不必是同一个人。因为相似性与实然性是不同的问题。从语义学的层面来看也是如此，因为这里涉及的本体与喻体属于语义学范畴，而不是实在论范畴。否则，不单是机器隐喻会面临逻辑不自洽的问题，书籍隐喻、数字隐喻也会如此。前面一开始的问题之所以被提出，是因为混淆了实在论范畴的本体和语义学范畴的本体之间的区别。实在论范畴的本体指的是事物的本质或实在的本原/基质，如说生命的本质是字母、数字或机器。语义学范畴的本体指的是喻体所指称的另一与喻体具有相似性的事物。因此，机器隐喻同时指称自然生命和人造生命没有逻辑上的矛盾，因为机器隐喻诉诸的是相似性，而不是实然性，是 A 与 B 的比拟，而不是 A 与 B 的等同。当然，从认识论和实在论的角度看，也可以探讨机器与生命以及机器与自然生命、人造生命的关系，但要将机器隐喻与机器解释、机械本体严格区分开来，因为机器隐喻和机器解释、机械本体所处的语境和所发挥的作用是并不相同的。关于生命的机器解释和机械本体的哲学问题，本书会在后面的章节中有所涉及。

（五）工程隐喻本体

　　马腾·布德里和马西莫·皮廖奇指出，合成生物学是将活的有机体视作复杂的机器，试图通过拆卸成各种生物零件以及孤立它们的各种功能成分，再以逆向工程实现生物部件的设计和组装，"用严格的工程原理来形成一种新的生命形式来理解它们"（Boudry and Pigliucci, 2013）。本书认为，这也是合成生物学工程隐喻能够获得成功的信念基础。工程隐喻旨在将生命有机体进行标准化、模块化和工程化的改造和构建，将活的有机体的组分当作标准化的配件和功能化的模块，将细胞当作生产车间和充满分子机器的工厂，体现了生命科学的类比思维。不言而喻，工程隐喻指称的语义学本体是整个生命有机体内部的组织系统。大家也可以看出，工程隐喻是基于机器隐喻在合成生物学领域的进一步运用。因而，工程隐喻与机器隐喻面临着相似的哲学问题，即工程设计的方法能否使用于对生命有机体的构建，又能在多大程度上说明自然生命的结构、功能和复杂的突现性。就目前而言，合成生物学的工程化更多是为了人类现实的目的，致力于解决各个应用领域的生产和创新问题。在这个意义上，工程隐喻没有机器隐喻那样被迫直面生物系统是否等同于机器系统的尖锐诘问。工程隐喻在合成生物学中的作用决定了后者主要是借助于隐喻相似性这一特征进行生物工程的研究，而很少涉及关于生命的本体论立场。当然，关于工程隐喻的哲学问题并非仅限于方法论方面，20世纪还原论在生命科学中产生的影响和成果以及机器隐喻自从工业时代以来在科学和工程领域的渗透和作用，合成生物学试图利用机器和工程原理来构建新的生命形式去理解生命的本质所引起的本体论和认识论问题，也会日益突出。对此，本书拟在后面的章节进行初步探讨。

第三节　合成生物学概念隐喻的哲学分析

隐喻在科学中的作用，前文已经述及，这为进一步从哲学层面分析合成生物学中隐喻所起到的作用提供了一个可能适用的框架。这一节将结合前文对科学隐喻的哲学意涵以及合成生物学中的隐喻类型与本体等内容进行合成生物学概念隐喻的哲学分析。初步探究隐喻的使用对合成生物学的研究和发展总体起到了怎样的积极作用，是概念隐喻哲学分析的主要内容。

一　认识论意义上的隐喻分析

隐喻这种语言机制不仅在过去很长的历史长河中深刻影响了人们理解世界的方式，如今在生物学领域更是影响着人们对生命或活的物体的解释和理解。合成生物学是一个尚待开发和构建的领域，科学家的设想在细节上还有诸多未知的地方。根据初步设想，借用隐喻来描述合成生物学中的事物和过程，确实能够帮助人们通过熟悉的对象来理解科学家的工作及其目的。乌尔里希·科赫（Ulrich Koch）指出"隐喻与科学发现的不确定性和新认识对象的出现有关"（Koch，2015）。乌尔里希·查帕（Ulrich Charpa）认为隐喻的主要功能是通过明喻将一些属性从一个对象转移到另一个对象，从而帮助人们描述和理解事物中的对象和过程，特别是"提供了对于我们未知或还未充分理解的事物的临时访问"（Ulrich，2012）的机会。

维克多·德·洛伦佐（Víctor de Lorenzo）很好地总结了隐喻的这些作用，他认为："每一种描述性语言不仅是隐喻性和解释性的，而且是为实现某一特定议程而发展（或采用）的一种特殊语言。即使是数学和物理学的核心科学语言也不是完全中立的——更不用说生物学更柔和的术语了。我们在科学中一直使用隐喻，这是有用的，只要它们能很好地服务于它们的目的，而且我们也意识到它们。"（Lorenzo，2011）

然而，机器隐喻、计算机隐喻、工程隐喻等无一不包含了控制的思想。对自然和生活世界的掌控反映了人类对从古至今设计和制造工艺的一种延续。这种控制的思想多少与人类中心主义或人的主体能动性相关。在合成生物学中，科学家的意图更多的是想通过类比机器或工艺的设计与控制来理解自然和生命。通过隐喻和类比来表达这种意图，可以更好地被决策者、投资者、公众等不同主体理解。

隐喻确实实现了这样一种目的，它们帮助大家认识到合成生物学这个新兴和陌生的领域，并快速地知道科学家的蓝图和他们在这一领域所能创造的各种价值。如果说机器隐喻、计算机隐喻、工程隐喻等对于大家把握科学家的研究对象和工作目的，将大家带入广阔的应用前景的展望中，体现了以应用驱动为主的科学技术化需求，那么生命隐喻则似乎向大家展现了科学所追求的真理性。在合成生物学中，科学家经常用生命隐喻表达生物学从描述到操纵再到创造生命实体来理解生命本质和过程的观念和方法的变革。至少在已发表的论文中，生命隐喻确实包含了科学家的这一意图。在实验室中，他们则试图通过创造新的生命形式为实现这一意图提供经验上的证明。

然而，隐喻的认识论作用是有限的。隐喻只是一种指向事物本质的方式，它的作用是通过类比来理解未知的事物。至于合成生物学从头设计和构建新的生命体以及人工制造、组建具有特定功能的生物模块、装置或生物系统，是否能够实现理解生命深层机制乃至其本质，就目前而言，尚未有定论。生命隐喻所关切的人工生命和自然生命之间是否具有相同的本质，既面临着理论上的质疑和诘难，也存在着技术上的巨大困难。丹尼尔·尼科尔森（Nicholson，2013）就认为机器虽然与生命有机体存在一些有趣的相似之处，但它们根本上是不同的。机器的机械系统和生命有机体的组织系统各自遵循不同的目的论，机器遵循的是外在目的论，有机体遵循的是内在目的论，它们之间的关键区别在于它们的内部组织动力不同。机器遵循外在目的论，是因为机器是人为设计和制造的，其功能和目的是设计者和制造者所赋予的，机器所指向的目的是由外部代理人所决定。有机体遵循内在目的论，是因为有机体的目的是其内在本来固有的，它们与机器完全不同的地方就在于它们是自组织、自繁衍和自维持的系统。因此，合成生物学生命隐喻的类比在认识论上是失败的。其次，自然生命体是一个复杂的系统，计算、设计和控制的方法难以适用生命进化中的突现和异变，而忽视这种重要的现象，只追求设计和构建出稳定可控的像机器一样的人工生物，又能在多大程度上揭示生命的奥秘，也实在值得怀疑。毕竟人工生物更像生命还是更像机器，按照科学家的描述，显然更倾向于后者。虽然有人认为合成生物学的目的是"制造比生命更像机器的机器"，但这种表述是基于对生命的机械解释和理解，生命与机器之辩至今没有结论，要想以此来说服人们相信生命的机器隐喻所指向的人工生命与自然生命本质上相同或具有同构关系，显然就目前的科学证据和取得的进步还远远不够。即使在经验上，合成生物学已经能够制造出可以类比天然生物的人工生物，关于人工生物的本质是生命还是机器仍是难以回答的问题。

因此，合成生物学的隐喻使用目前只能限定于理解生命本质的一种可能方式，它具有一定程度上的认识论作用，但过分夸大这种作用，会导致人们低估生命在自然界中作为最具复杂性存在的地位和价值，甚至导致一部分人对生命的不尊重，包括人类对自身和其他具有生命的物种的肆意操纵与戕害。这在合成生物学的宗教隐喻中得以体现，如"扮演上帝"的隐喻表达了一些科学家、哲学家和社会公众对创造生命、干预自然进化的担心。因为，生命不仅仅是一堆化学物质或是一堆机器零件的巧妙组合，它有着从低等到高等的不同生命形式，如人类不仅具有自我维持、繁衍和进化的能力，还具有感觉快乐和疼痛的能力以及自我意识、语言表达和社会交往等各种高级能力。随意操纵、控制和创造生命的行为，有可能会导致人们丧失对自然和生命的敬畏，忽略不同生命主体存在的价值性和多元性，而这种担心和警惕并非毫无道理。

相反，人们也无须反对合成生物学的隐喻使用，认为隐喻对人们认知世界和生命具有严重的误导作用乃至产生恶劣而深远的影响。这种担心在科学领域显然是不符合事实的。因为科学中的隐喻使用由来已久，并非合成生物学首开先河。如前所述，在任何一门新兴科学诞生伊始，都存在隐喻的身影。隐喻作为科学思维和科学传播的工具，不仅在科学家提出自己的理论和建立模型的工作中起到了重要作用，也在其他社会主体理解科学知识和探索科学真理的过程中成为重要工具。可以说，科学中的隐喻使用为科学家和其他人建立知识的信念和获取知识的途径提供了方便。对此，人们应该持这样一种观点：错误或恶意的隐喻使用会误导科学家和公众，因此科学家应该谨慎使用；但因噎废食，而忽视隐喻对探索和发现科学新知识及其在科学传播、公众教育和认知中的积极作用，也是不可取的。隐喻促进理解、教育和传播。例如，马丁·德林等（Döring et al.，2015）认为隐喻的使用有利于突出合成生物学的研究主题和讨论域是一种具有创造性、启发性的认知结构和认知映射过程，使研究对象和目标在语义上、认知上和实践上能够更好地被构造、访问与理解。弗兰克·塞克瑞斯（Frank Sekeris）则认为，虽然隐喻具有抽象性和隐蔽性，但对于清楚地传达合成生物学的内涵十分重要，有助于在教育和传播中阐明合成生物学这一抽象而复杂的领域，并指出最为常用的合成生物学隐喻是书籍隐喻、工业隐喻和计算机隐喻（Sekeris，2015）。

二　方法论意义上的隐喻分析

安德里亚·洛特格斯（Andrea Loettgers）认为隐喻、类比和概念对于推进科学研究至关重要。像逻辑门、振荡器、开关等隐喻，在工程学中有着精确的意义，被应用到合成生物学中，实际上是一种方法论意义上的类比迁移。它们与"自私的基因""自然之家"这样的隐喻的不同之处在于它们实在地影响了科学家对生命体的理解和操作方式，改变了生物学的研究范式，具有革命性意义（Loettgers，2013）。

如今，人们谈到合成生物学会自然地将其与工程化、标准化、模块化、解耦、抽象等工程学概念联系起来，科学家也经常用"有机体是底

盘""代谢途径是电子线路""细胞是工厂"（Mcleod and Nerlich，2017）
这样的隐喻性表述来表达他们对生命体内部结构和功能的理解与设计思
路。工程隐喻成为合成生物学有关隐喻中最重要的一组隐喻群。它们启
发了科学家将工程原理和方法运用于生命体的认识、设计、改造与合成。
恰如莫琳·奥马利（Morien O'Malley）所说："合成生物学是一个非常大
的保护伞，虽然存在截然不同的方法，但都有着明显的工程维度（engi-
neering dimension）。"（O'Malley，2008）为此，他还将合成生物学的目标
分为三种生物学的工程类型："DNA 机器的构建""基因组尺度上的细胞
工程""原始细胞的创造"（原始细胞是由膜边界在空间上划定的细胞样
结构，并包含可以复制的生物材料。理想情况下，它们由能够繁殖的自
组装化学系统组成）（Bölker，2016）。诚然，人们从合成生物学的定义也
可以发现，"工程观点在生物结构各个层次上的应用——从单个分子到整
个细胞、组织和生物体"（Heams，2015）。

　　人们无法明确指出隐喻是何时进入合成生物学领域的，但在生命科
学背景下，从早期遗传学、分子生物学到基因组学，再到后基因组学，
以及从克隆研究、干细胞研究、人工生命研究到合成生命研究，隐喻在
科学和社会中的使用始终保持着相当稳定的状态。然而，在合成生物学
之前，隐喻的使用更多只是具有本体论和认识论的哲学作用。到了合成
生物学时代，隐喻不仅具有本体论和认识论意义，而且驱动了生物学方
法论的创新与变革。例如，计算机隐喻（数字隐喻）和工程隐喻，读取
和编写生命代码完全可以通过数字计算机进行，利用工程原理和方法可
以将人工合成的"生物砖"组装成具有特定功能的生物机器（biological
machines）。数据驱动和工程驱动的科学研究已经从合成生物学扩大到了
生命科学的各个分支领域。更重要的是，合成生物学的工程实践让人类
从过去仅限于生命的操纵转向了生命的合成。关于生命的各种隐喻从抽
象理解或模糊概念获得了客观而实在的生命实体。正如伊娜·赫尔斯滕
（Iina Hellsten）和布里吉特·奈利希（Brigitte Nerlich）所指出的那样：
"最重要的是，那些在合成生物学中工作的人使用基因，或者更确切地说
是编码基本生物学功能的标准 DNA 部件，这不仅是隐喻性的，而且字面
上近乎视作'生命的基石'，有时被称为'Bioricks'。这增加了隐喻和真
实之间的交融，是合成生物学的特征之一。"（Hellsten and Nerlich，2011）

　　合成生物学通过计算机隐喻和工程隐喻让生物学研究真正与第三次工业革命——计算机或信息革命充分结合。生命的数字化、信息化、程序化经历了从"读"到"写"的阶段，并在 21 世纪合成生物学的工程隐喻的启发下，进入了"造"的新阶段。因此，合成生物学被认为具有高度的革命性，是第四次工业革命的关键部分，它提供了"通过编写 DNA 来定制生物体"的创新力量（Schwab，2016）。虽然，合成生物学也包括书籍隐喻（对应于 19 世纪由古腾堡发起的印刷革命）、机器隐喻（对应于 19 世纪以新型发动机和机器为基础的工业革命）这两大隐喻，但正如一些学者所言，这两种陈旧、过时的隐喻不能代表合成生物学的革新，因此不构成合成生物学的关键隐喻。因为与旧的"生命之书"隐喻相比，合成生物学更强调的是从对"生命之书"的阅读转向依靠计算机和工程方法对生命进行编写和建造；与旧的"机器隐喻"将有机体看作一台机器相比，合成生物学正在寻求和"利用工程和进化之间的联盟作为指导工具"，这一差别则基于人类创造的机器技术系统和生物系统之间的明显差异（Porcar and Pereto，2015）。

　　合成生物学隐喻的这一转向体现了合成生物学的目标和方法与以往生物学研究的重要区别。在基础研究领域，合成生物学打破了过去对生命研究的观察、分析和描述的途径，力图通过设计与合成新的生命形式来理解生命的起源、进化和突现性质，为人类认识和改造生命和自然提供了新的方法和途径；在转化应用领域，合成生物学承诺不仅在生物医学和制药方面关注治疗人类疾病，而且力图为环境治理、生物修复、新能源和新材料开发以及食品生产等方面提供便利。然而，人们可以看到，合成生物学是一门新的开放的学科领域，计算机隐喻和工程隐喻所关切的研究方法并不是唯一的。在与物理、化学等学科以及诸多技术领域的不断融合、会聚中，科学家们还在寻求其他新的方法和建立新的目标。这些新方法、新变革的结果可能是颠覆性的，不仅会颠覆人们对生命和自然的传统观念，产生新的知识，而且会颠覆人类传统的生活和生产方式，引发许多未曾有过的哲学、伦理、安全和社会问题等，甚至会颠覆人们过去对生物学的一贯认知。这意味着，合成生物学在方法论上的革新作用也必然会进一步引发人们有关隐喻概念的认识论和本体论讨论，并激发起更多的社会话题和争议。为此，人们需要深入合成生物学的隐喻概念和研究实践，不拘泥于过去生物学的隐喻和研究框架，才能真正把握合成生物学所内含的科学、哲学和社会意义。

三　本体论意义上的隐喻分析

2010年5月，当克雷格·文特尔研究团队在《科学》（*Science*）期刊上宣布创建了全球首例人工合成基因组控制的有生命活性特征的细胞"辛西娅"时，关于人工生命的隐喻从概念走向了实体。尽管，在严格意义上，辛西娅还不是一个完整的由人类设计与合成的细胞，而只是一个植入人工合成基因组的细菌，但就基因作为生命遗传和繁衍的核心条件，人类已经离完全人工制造出一个活细胞的目标不甚遥远。

在生命或活体世界，一个个体何以称得上具有生命以及可以作为一个生命体，是没有定论的。关于生命的定义，虽然历史上的科学家和哲学家给出过很多定义，但至今也莫衷一是。最大的争议集中于构成一个生命最重要的是哪些性质？构成生命的遗传物质除了DNA，包不包括RNA、蛋白质等？这些问题最后都回归到一个最基本的问题，即生命的本质是什么？这个问题在哲学上是关于存在的本质的本体论问题。生物学发展到合成生物学时代，以人工合成生命的形式向人们重新提出了这一最基本且最重要的问题。而最初，合成生物学关于生命的本质的问题主要隐藏在生命隐喻的使用中。辛西娅的诞生则推动人们加速思考和回答这样一些问题：人工合成生命细胞与自然生命细胞是否有本质的区别？如果没有本质区别，是否意味着生命的本质就是遗传物质——DNA？既然人类可以合成生命，是否就像科学家所宣称的那样，生命只是一台活的机器（living machine），所有的生命体都是可以合成和组装的DNA机器？

视觉研究专家汤姆斯·米切尔（Thomas Mitchell）2002年曾问道："当装配线上的范例对象不再是一种机械，而是一种工程有机体时，这是什么意思？"（Mitchell，2002）生命机器的隐喻在合成生物学时代已经从本体论承诺变为现实了吗？DNA程序指令、代谢通路、生物砖、底盘细胞、DNA机器、细胞工厂等生命隐喻所包含的机器隐喻、建筑隐喻、计算机隐喻、工程隐喻、工业隐喻都是合理的吗？如果答案是肯定的，在生物学层次上，生命的本质就是一堆类似机器的生物零件的组合，其最基本的零件（哲学上称为"基质"）就是携带了生命遗传信息的 DNA。
然而，这种观点是包括合成生物学家在内的很多科学家和哲学家不能赞
同的。不少学者认为，生命体是有丰富层次的复杂性存在，仅仅合成一
个驱动细胞产生活性的人工基因组，还不足以证明还原论的正确；像克
雷格·文特尔这样的科学家则坚信他们的工作终结了各种形式的活力论，
生命没有什么神秘的东西，生命不过是一堆包含了遗传指令的化学物质
而已。如果合成生物学证明还原论是正确的，那么合成生物技术和其他
"深层次技术"（deep technologies）是否已经导致"本体论灾难"（onto-
logical catastrophe）（Holm and Powell，2013）——消除了自然和人工、有
机体与机器之间的界限？人们是否需要重新审视人类与自然世界的关系？

　　本书认为，合成生物学的生命隐喻重启了人们关于生命本质话题的
讨论。在合成生物学的语境中，生命的本质、活的（living）与非活的
（non-living）、生命与机器、自然与人工的哲学之辩等有了一定的科学根
据（Matthias et al.，2018；Müller，2016）。人工合成基因组以及第一个
人工合成活细胞的诞生，在某种意义上让这些传统的基础科学和哲学问
题得以更深入地探明。但是，如此简单地认为人工合成生命的成功证明
了还原论的成功，依靠目前的科学事实是难以成立的。因为克雷格·文
特尔团队的实验只能证明，在基因水平上，人类实现了最小基因组的合
成，并且将人工合成基因组放入被掏空基因的细菌细胞内，该人工合成
基因组同样可以使该细菌细胞产生活性。并且，辛西娅并不能像天然细
菌细胞那样存活很久，科学家们并不清楚这些合成的最小基因组缺失的
每个重要的功能基因。此外，合成细胞产生活性的关键基础除了基因组
外，也不能排除天然的细胞膜和膜内其他成分也起到了同样的作用。事
实上，辛西娅的诞生只是科学家为实现人工合成生命目标的初步实验，
所选择的受体也只是简单、便于操作的支原体，因而距离真正合成一个
完整的细菌或动物细胞还很遥远。酵母菌染色体的合成计划也是如此。
不过，科学家们从未放弃对于制造一个完全人工合成细胞的目标，对细
胞膜和细胞内机制的设计、研究与合成一直在进行中。

　　即便人们有理由相信，将来有一天科学家可以真正完全合成出一个
细胞，是否就能证明还原论的正确？答案恐怕也是否定的。彻底的本体
还原需要跨越生物、化学、物理的层次，且不说在化学和物理学层次上，

还原论仍然没有获得绝对的成功，即使在生物学层次上，科学证明了人类可以人工合成细胞，也不能证明还原论的成功。因为生物系统的复杂性、层次性和突现性是无法回避的难题。就人体系统而言，在更高的层次上，除了生理或物理系统外，还有精神或心理系统，还原论难以一一解释清楚物理世界和精神或心理世界的对应关系。将人的情感、意识活动彻底还原到大脑神经元的放电和体内多巴胺的分泌等科学解释，也面临着物理事件和精神事件无法一一对应的逻辑与事实困难。这些问题已经涉及心灵哲学的领域。但要探讨合成生物学隐喻的本体论意义，在未来合成生物学与智能、脑科学的结合中，依然无法回避。对此，本书不赘述，留待将来进一步探讨。

基于以上所述，本书可以明确的一点是，合成生物学的生命隐喻提供了丰富的本体论议题，有些问题是对过去探讨的延续，有些问题则在新的语境中产生了重要的本体论问题。尽管，合成生物学的发展，目前还不能给予这些问题以实例证明，但重要的科学进展已经将这些问题推到了人们跟前。大家有必要在合成生物学的视域中，就生命的本质、活的与非活的、生命与机器、自然和人工的问题进行深入的研究。这些问题本书会在后续章节具体展开。

本章小结

首先，本章通过考察隐喻在科学模型和科学理论中所起到的对未知事物的类比和指称作用，分析了科学隐喻与现实事物的同构关系，并认为进入 21 世纪，在生命科学领域，隐喻已经成为驱动科技创新、探索未知事物和解释科学新现象的重要手段。无论是在认识论、方法论还是本体论的层面，隐喻都有着不可忽视的作用和地位。尤其是在合成生物学中，隐喻的构建和使用推动着合成生物学的快速发展。

其次，通过梳理和分析目前合成生物学中主要的隐喻类型：宗教隐喻、书籍隐喻、数字隐喻、机器隐喻和工程隐喻等，以及对这些不同隐喻背后的语义本体和实在本体的澄清，认为这些不同类型的隐喻的构建和使用，不仅为合成生物学设计和构建新的生命实体提供了概念框架、认知途径，还起到了方法论的启发性价值。同时，这些隐喻的传播也引发了许多哲学问题，如"扮演上帝"等宗教隐喻，它体现了宗教学者或神学家对人类创造生命行为的担心；机器隐喻则将将我们带入生命与机器之辩的传统话题，并推动人们进一步思考人工合成生命的本体识别问题；等等。

最后，通过分析合成生物学隐喻的认识论意义，明确隐喻使用的科学认知和传播作用，以及隐喻作为一种类比方式对理解生命造成的本体论混乱；通过分析合成生物学隐喻的方法论意义，指出计算机隐喻（数字隐喻）和工程隐喻提供了一种方法论的类比迁移，使生命有机体通过工程化、数字化的方式取得了创造的途径；通过分析合成生物学隐喻的本体论意义，提出生命隐喻的使用，重启了关于生命本质以及自然与人工、生命与机器之辩等话题的哲学讨论。

第三章

合成生物学的方法论和范式创新问题

《科学》（*Science*）2011 年 9 月第 1 期封面图采用了以乐高积木搭建的细菌图片，这些一个个灰色团状的细菌飘浮在黑紫交融的空间里（见图 3-1）。这幅图片由专门设计和制作科学与工程图像的 Equinox Graph-ics 公司完成，借此表达合成生物学这门蓬勃发展的新学科以及它独特的研究方法和目标。在该特刊的第 1193 页，文章这样描绘道："用玩具砖建造的细菌代表了合成生物学设计和构建基因模块的潜力，这些模块可以用来向现有的生物体引入新的功能，甚至可以用来设计新的生物系统。"（Knuuttila and Loettgers，2013）

设计与工程成为合成生物学核心方法和概念，这与工程隐喻、建筑隐喻、计算机隐喻等隐喻的成功应用有密切关联。这些隐喻起到了为合成生物学在方法论上的启发性作用，使系统生物学与后基因组时代的生物学真正实现了工程化的运用。然而，"几乎立刻，科学家们就面临着细胞环境下工程的不确定性和局限性。工程概念和隐喻只能起到启发的作用；由于生物学的复杂性，它们过去和现在都要进行许多修补。例如，描述遗传系统就好像它们是电系统一样（在这种情况下，基因被打开或关闭）在一定程度上起作用。但是，与只依赖于电流的光开关不同，特定基因的激活依赖于众多的参数，而所有这些不同影响的精确效果往往很难确定"（Pauwels，2013）。合成生物学的创始人之一德鲁·恩迪也曾在他 2005 年发表的《自然》（*Nature*）期刊文章中坦陈：合成生物系统工程还是一个在研究中的问题，生物学的工程仍然很复杂，原因是生物系统太过复杂或是人们对生物系统还不太了解。（Endy，2005）这意味着，合成生物学与工程学等学科的结合，虽然对传统生物学研究范式起到了

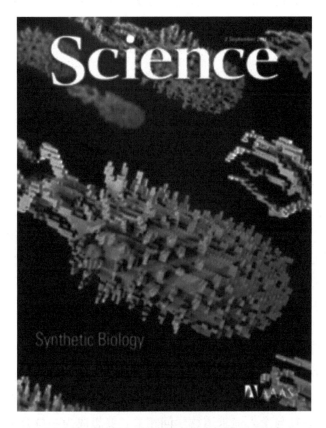

图 3 - 1 《科学》期刊 2011 年 9 月第 1 期封面

革新作用，但这种革新不是没有代价的。它的代价就是必须正视和解决活的生物系统的复杂性问题。

一门新的学科领域诞生，人们总会相较于过去的研究，问它到底带来了怎样不同的革新。这种革新对人们的自然文化观念、对一门学科的重新理解以及对人们的生活生产方式等产生了怎样的影响？21 世纪的合成生物学引领了这些话题的讨论。然而，最重要的莫过于科学家试图人工创造一个新生命以及将生命操控在人类手中以实现现实应用的各种目的这一话题。在科学与哲学的层面上，引发更多思考的是实现科学家们这一宏伟目标的被称为具有颠覆性的方法是否真正可行。合成生物学相较于传统生物学，其研究方法和思路到底具有哪些新颖性？它们是否对引发生物学研究范式的转变，起到了方法论上的革新作用？本章主要围绕这些核心问题对合成生物学研究范式的新颖性与革命性进行阐述和说明，并揭示其在方法论层面所起到的革新意义，从而为将来进一步研究提供有用的素材和观点。

第一节　从"格物致知"到"建物致知"的转变

不管怎样，合成生物学经历近 20 年的快速发展，无论是在探索可能的生命形式方面，还是在扩大生产生活影响的社会领域，切实以其特有的研究进路增益了人们关于生命的知识和在现实领域中的追求。这些科学上的研究成果证明了合成生物学"建物致知"和"建物致用"不仅是可能的，而且正在变成现实。"建物致知"和"建物致用"的定义在第一章已经介绍过。那么，合成生物学的"建物致知"究竟有何不同，以及它与传统的"格物致知"方法有何联系与差异？

一　格物致知

格物致知源于《礼记·大学》，曰："致知在格物，物格而后知至。"意思是通过探究具体事物之理来获取学问和知识。格物致知在中国古代儒家思想中往往与个人追求道德学问相关。要想成为一位合格的儒家士子，必须首先做到格物致知，然后才能真正做到诚意、正心、修身、齐家、治国、平天下。中国宋代理学大儒朱熹在《四书章句集注·大学章句》中说："所谓致知在格物者，言欲致吾之知，在即物而穷理也……而天下之物莫不有理……是以《大学》始教，必使学者即凡天下之物，莫不因其已知之理而益穷之，以求至乎其极。"（复旦大学哲学系中国哲学教研室，2011：569—570）朱熹认为，格物致知要落在格物穷理或即物穷理上，即事物要知其然和知其所以然，且这种认知是一个"逐渐积累"以至"豁然开朗"的过程。《朱子语类》卷十四《大学或问》中，曰："若其用力之方，则或考之事为之著，或察之念虑之微……以至天地鬼神之变，鸟兽草木之宜，自其一物之中……必其表里精粗无所不尽，而又益推其类以通之……"（复旦大学哲学系中国哲学教研室，2011：569—570）可见，朱熹的格物致知方法中包含了深刻的科学观察、类比推理等要素。由此，近代思想家胡适在其《先秦名学史》一书中曾将"格物"翻译为"investigate"（观测、探究、考察等）（郑天祥、王克喜，2021）。

　　清初思想家颜元则提出"实习实行"的求知途径，并从"习行以致知"和"习行以致用"两方面出发，来论证实习实行的必要性。实习实行，在颜元看来，就是他在《习斋四存编·存学编》中所言："学而不习，徒学也""见理于事，则已彻上彻下"。颜元所提的"习""行"强调学习不能限于书本知识，而要获得真正的知识，必须通过具体的事物，"亲手下手一番"，即强调实践和操作经验的重要性。颜元把格物解释为"犯手（动手）实做其事"，认为"手格其物而后知至"，则体现了他对实践出真知的朴素理解。他在读书笔记《四书正误》卷一中又说"习而行之，以济当世"，则突出他学以致用、"习行以致用"的务实倾向（复旦大学哲学系中国哲学教研室，2011：802—803）。

　　有学者指出，格物致知体现的是中国哲学文化传统中强调的一种认识事物的直觉思维方式，认为直觉即直观体验，与强调逻辑的科学观察与实验方法不能约同（王前、李贤中，2014）。因为直觉的本义就是不通过逻辑思考和推理而直接洞察事物的本质和规律的一种认知方式，是一种心领神会或"悟"，难以真正说清楚，而科学研究遵循的观察和实验方法具有严格的逻辑步骤，是清晰而且可以讲明白的。这种观点当然有其可取之处，它提醒人们中国传统思想背景与西方科学文化背景的差异，而任意比附格物致知与科学的关系，不但于科学和哲学研究没有裨益，甚至脱离实际，形成有害的观点。例如，中国近代学者严复在翻译穆勒的《逻辑体系》时译作《穆勒名学》，并在文中将科学逻辑代以"格物致知"一词（郑天祥、王克喜，2021）。以至，在西学东渐的近代中国，有学者最初就把"科学"翻译为"格致之学"。这种情况具有特定的历史背景和文化条件，因此那时在翻译上出现的问题可以理解。但本书认为，由此走向另一种极端，即认为格物致知与科学毫无关系，甚至被视为非科学的东西加以排斥，则也有问题。如前所述，中国思想家对于格物致知的理解和解释在不同时代确实有不同的阐述和发展，因而没有形成严格、成熟而完整的逻辑理路，但这不意味着中国传统的格致之学丝毫没有科学所具备的那些形成要素，格物致知概念和方法的发展过程中实际上可以找到体现科学精神、科学方法和科学思维的重要特征。中国科学史家席泽宗院士就认为中国古代没有"科学"一词，但因此说中国古代没有科学，这是毫无道理的。例如，在中国古代，朱中有将研究潮汐看作格物，王原斋等将植物学研究看作格物，宋云公、刘元素将医学看作格物，等等（席泽宗，2013）。学者乐爱国等也认为，自宋代以后，研究自然界事物就已被认为是"格物致知"的旨中之义，因此关于"科学"的概念，不可否认，有一部分是从宋明理学的"格物致知"中发展而来（乐爱国、周翔，2004）。

二　建物致知

科学家刘陈立等认为，格物致知提倡通过观察来探究事物及其规律，这与传统生物学研究的方法论基本类似［刘陈立等认为中国儒家传统中的格物致知与传统生物学研究的方法论基本类似，这一观点并不代表我们的观点。正如前文所述，在学界内，关于将格物致知约同于现代西方科学方法论或涵括其部分要素的观点仍存在争议，没有定论。但我们的意图并不在于强调格物致知作为科学方法论的一面是否成立，而是为了反映科学家这种表述背后的真实意涵：被科学家称为"格物致知"的传统生物学方法论向合成生物学建物致知的新方法论的转变。这也为后面我们探讨传统生物学到合成生物学的方法论变革做了铺垫。在下文论述合成生物学的方法论变革部分，笔者指出了传统生物学方法论即"格物致知"与合成生物学的新方法论即"建物致知"之间的逻辑关联，即从还原向系统、从分析向综合、从定性向定量的转变，并且两种方法论之间并非对立关系，合成生物学建物致知的方法论是基于格物致知的方法论——传统生物学方法论——提出来的。例如，分子生物学、基因组学读取和分析（格物致知）基因、蛋白质等生物分子信息，为合成生物学编写 DNA 密码和从头设计与构建（建物致知）生物体提供了重要的数据信息和相关分析方法的支撑］（刘立中等，2017）。

以分子生物学为例，它研究生物的方式犹如庖丁解牛，由表及里、层层深入，将整体到部分的生物系统的各个层次都极尽其微，从群体、个体、器官、组织直到细胞和分子，通过观察、分析、归纳、假设和实验验证等来解释与描述群体和个体生命的生物结构功能、内在运行机制以及自然活动规律。这种方法论为人们提供了丰富的生物学知识，但一个明显的问题是，对于研究一个个体，在活的状态下与死亡的状态下的研究一定有所不同。因为，即使从常识出发，一头被宰了的猪，它的四肢、内脏纵然再拼凑在一起，它也不是原来那个活蹦乱跳、总是发出"呼噜呼噜"声音的猪了。关于生命的研究，分子生物学的方法论与传统物理学别无二致，还原论的特征明显。这种思路导致了生物学中的基因决定论，认为生物体的物质和精神活动及其特征全然归于基因决定，因为基因承载了生命遗传的所有密码。这种观点现在仍然具有一定的市场。对此，著名的英国神经学家科林·布莱克莫尔（Colin Blakemore）曾评论说："生命只是基因信息——只是一组 DNA 碱基序列，无论写在书上、在互联网上展示还是通过电子邮件发送，这些信息都是一样的——这一观点发人深思。我记得弗朗西斯·克里克（Francis Crick）嘲笑某种'生命力'的概念，他说，在他和詹姆斯·沃森（James Watson）一起发现DNA 结构很久之后，这个概念仍然出现在科学期刊的版面上。但生命真的只是一本化学烹饪书吗？"（Blakemore，2008）然而，即使基因决定论是正确的，也不足以表明人们对生命各个层次的把握是完全正确的。生命的复杂性不仅源于自身结构和功能、内部相互作用的复杂，还与周边的环境交互作用、紧密相关。这也是为什么生命体的基因型与表现型并不是一一对应的关系。事实也如此，在分子生物学领域，对生命起源、生命本质、生命整体、生命层次与突现的研究，格物致知的传统进路已经难以取得更多的进展。科学家和哲学家们看到了这一点，于是他们从传统研究中的其他进路寻找突破，化学合成、人工生命、工程设计等给了他们新的思路。

合成生物学的建物致知则提供了另一种不同的了解生命的途径（这里"建物致知"的"物"特指生物体或活的物体。"建物致知"最初由刘陈立等人从"Build life to understand it"翻译而来。事实上，在合成生物学领域，这里的"物"也包括那些构成生命体或生物系统的核心部件）（Elowitz and Lim，2010；张炳照等，2015）。它力图建立一种以创造促理解的方法论来认识和改造生命。卡尔·马克思说过："哲学家们只是用不同的方式解释世界，问题在于改变世界。"（中共中央马克思恩格斯列宁斯大林著作编译局，2009：502）在科学领域，过去几个世纪，科学家们也在用不同的方式解释自然和生命。如今，不少科学家认为人们需要革命性的方式来理解、改造和重新合成生命。在合成生物学领域，生命科学家们经常提到 20 世纪著名的物理学家理查德·费曼的那句名言："我无法创造的事物，我就无法理解。"这种观点启发了生命科学家面对生命难题时另辟蹊径的想法。阿尔弗雷德·诺德曼（Alfred Nordmann）就认为，理查德·费曼的这句话为理解事物的含义阐明了一个必要但不充分的条件，即"无论我们的科学模型或解释性和预测性理论有多好，只要另一个条件尚未满足，它们追求的'理解'就还不够。这一必要条件是要求在这些模型或理论的帮助下，人们可以在自己的头脑中或在实验室中创建所讨论的过程或现象"（Nordmann，2015）。阿尔弗雷德·诺德曼进一步指出，如果改变双重否定句式为肯定句式，即"我能创造的事物，我理解"，此时创造能力将变成理解事物的充分条件，这将"表明理解可以超越解释和预测，并且它源于更直接的认识和制造关系"（Nordmann，2015）。这一观点也被阐释为"制造即了解"（making is knowing）和"建造即了解"（building is understanding）（Way et al. , 2014）的工程和知识理念，正是这一理念构成了合成生物学建物致知的信念内核，并让一些学者认为"知识创造可以说是合成生物学的第一个信条"（Keller，2009）。然而，令人担心的问题在于，活的生物不同于玩具、高楼大厦或机器人等人工制品，试图从头设计和创造出一个可以类比自然生物的生命实体，即使能够建立合理的科学理论和模型，是否在技术和方法上也可行？

目前，合成生物学的建构进路主要提供了三种方法来构建生命。

第一种方法以德鲁·恩迪、汤姆·奈特等人为代表，他们致力于构建被称为"生物砖"的可互换的生物部件和装置，并建立一个可访问的标准化生物部件在线注册中心，从而使生物学成为一个工程学科。他们强调共同设计和制造的必要性，认为成功的生物系统构建就要实现特定生物过程的完全控制以及需要降低生物的复杂性。为此，德鲁·恩迪提出了标准化、解耦和抽象三位一体的方法：标准化要求生物部件的明确描述和表征；解耦是将复杂实体的构造分解为可管理的半独立任务的过程；抽象是关于功能单元（主要分为 DNA、部件、设备和系统）的层次识别，主要是为了便于设计过程（Endy，2005）。德鲁·恩迪认为部件和设备独立于它们所发生的系统是标准化承诺的一部分，在其他工程领域，组件必须是可互换的、功能独立且能够结合容易模块化的方式。这种方法通过解构（deconstructing）生命，将这些生物砖组装起来，然后整合到细菌或酵母中，让其达到科学家所需要的功能。这种方法将生物体当作执行程序的代理，将基因相互作用网络类比为逻辑电子电路（a logical electronic circuit），当一个基因在表达指令时，同时另一个基因的表达会被抑制，从而精确地表现细胞的某一功能（Heams，2015）。这种方法的构建目标通常被称为 DNA 机器，它是一个生物体或生物系统，也可以是一个部件或装置，其策略是"通过合理的基因工程，使生物体适应理想的环境或功能"（Heams，2015）。作为标准化的生物砖则是基础零件，可以视作生命的基石。生物砖的构建策略是通过合理设计添加或减少一些基因以及设计、构建相应的调控网络、代谢途径等，从而制造出可以通过组装实现特定生物设备或系统功能的标准化生物砖。例如，设计一个合成细胞振荡器（能够在修饰过的细胞中发挥作用），通过其中三个基因的相互抑制，产生出具有发光特性的细菌；通过表达萘脱氢酶或生产丙二醇来获得产生靛蓝色泽的细菌；等等。其他项目还通过设计和构建出可以生产青蒿素的前体青蒿素酸来促进疟疾的药物的生产与治疗，或是致力于一些具有特殊功能的新的生物燃料等（欧亚昆、雷瑞鹏，2016）。这类方法适合制造出比自然生物更像机器的生命实体，遵循着人类的需求和目标进行设计与合成，展现了丰富而充满前景的应用价值，为地球上出现非自然的可能生命形式提供了方法论和本体论的基础。在机械论和还原论的语境中，人们关于生命是一台机器的理解，可以从这种建物致知进路的研究策略和人工合成的生物制品中寻找到可能的依据。

第二种方法以克雷格·文特尔、杰夫·博克、覃重军等为代表，他们致力于基因组水平的细胞工程。他们使用自上而下的策略（从基因组开始）和自下而上的策略（从核苷酸开始）来进行最小的基因组分析、全基因组合成以及将"外来"或修饰的基因组移植到细胞中（O'Malley et al.，2008）。这种方法得益于从人类到其他生物的基因测序计划提供的精确序列以及破译的遗传信息。2009 年，对 1000 种生物实现了完全测序后，克雷格·文特尔便选择了其中的生殖支原体作为研究对象，试图通过人工合成最小基因组来重建活细胞（王冬梅、洪洄，2011）。他的研究团队通过逐个去除生殖支原体的每个基因的功能，然后观察突变的细菌是否存活，由此提出最小基因组或最小基因集（a minimum set of genes, MGS）的概念，并定义为一旦缺失就会导致细胞不能存活的基因集合。他们的工作指出生殖支原体中这样的基因数量为265—350（总共480个基因）（Heams，2015）。尽管，这一数量被高估，后面仍在精减之中，但这种思路推动了被称为"最小基因组"的研究领域的诞生。克雷格·文特尔团队的方法是一种技术创新，在地球生命史上，他们第一次用机器重组并合成了一个功能基因组，而它的父母不是自然亲本，而是计算机和四瓶化学物质。虽然人工合成生命仍然存在如插入脂质包膜、建立正确的蛋白质表达水平等诸多挑战，但它实现了从原来有限地观察、分析、修饰生命到创造生命的飞跃式进步，开启了用创造生命以理解生命的新的途径。如果说克雷格·文特尔团队人工合成生殖支原体的最小基因组突破了对原核生命的构建与更深入的理解，那么杰夫·博克和覃重军这两个团队则通过合成酵母染色体实现了从头设计和构建真核生物的历史性跨越，并且打破了原核生物和真核生物之间的界限。2018年，杰夫·博克和覃重军都在《自然》（Nature）刊登了他们各自成功将酿酒酵母16条染色体分别连成2条和1条的重要成果（刘辰，2020）。实验表明，他们人工合成的2条和1条染色体所驱动的酿酒酵母能够发挥正常的功能。由上可见，科学家正在逐步向合成生命的一个又一个更高的目标迈进。他们改变了生物学研究的方法论基础，提出了新的研究范式——工程、设计和创造，生命的解读和理解不再限于传统的有机与无机、原核与真核、生命与机器、自然和人工之间的对立，而是通过创造生命的方式使人们重新深入这些二分法的合理性基础到底存不存在。不仅如此，关于基因组的合成已经跨进人类这个高级物种。2016年6月，杰夫·伯克、乔治·丘奇（George Church）等25人在《科学》期刊宣布筹资1亿美元启动人类基因组编写计划，他们的目标之一就是在10年内从头开始合成一条完整的人类基因组，直至从头开始合成人类基因组的全部约30亿个碱基对。该计划对于人们改变输入、观察输出，从而打开生命的黑匣子去寻找生命的规律具有重要意义（林小春，2016）。这种通过人工合成最小基因组来探寻构成生命活性最少的基因组成，是合成生物学建物致知进路的第二种方法。

第三种方法是原始细胞的探索和创造，以乔治·丘奇与佩特拉·施威勒为代表。对原始细胞的研究主要是为了探索生命的起源和早期进化问题，在合成生物学领域，这一研究与工业或应用问题无甚关联。它反映的是科学追求真理的崇高目标。该研究方法主要致力于从脂囊泡等简单成分中创造"原始细胞"，并被认为与斯坦利·米勒（Stanley Miller）在1953年探究生命起源于无机物的著名实验有关（Calvert，2010）。莫琳·奥马利等梳理了该方法的两种策略：第一种是自下而上构建最小细胞的策略，首先是合成自我复制生物系统所需的基本分子成分，然后将该系统插入囊泡或在体外培养（Noireaux et al.，2005；Szostak et al.，2001）；第二种是"中间"策略（不同于自上而下或自下而上的策略），其实是一种"半合成"的方法，它将现存的基因和酶放入囊泡（通常是脂质体）中，以产生"半人工"细胞，从而试图捕捉细胞动力学和分子自组装的基本原理，以便更有效地指导实验工作（Sole et al.，2007；Luisi et al.，2006）。莫琳·奥马利等认为这类方法与前两种方法的不同之处在于：一是它将因果关系平等地归因于细胞膜、代谢和遗传信息（而不是按照后者的指示来看待细胞事件），且重视生物系统突现特性的进化；二是明确地使用新颖或改良的自然系统来测试和改进生物现象的理论模型（O'Malley et al.，2008）。关于原始细胞的重建或创造，对于揭示生命的起源、进化基础和作为一个活的生命的基本特征，是十分重要的。科学家们构建原始细胞的不同策略却反映了两种不同的关于生命的立场：自下而上的策略明显倾向于基因决定论的观点，至少在细胞水平上，该策略相信生命的诞生基础是基因，基因指示和决定了一系列细胞事件。中间的策略则倾向于一种整体论或系统论的生命观，认为生命的诞生、进化与突现乃至环境等都有密切的关联。但总体上说，人工合成的方法是原始细胞创造的基本方法，策略上的不同只是为了更好地探索生命的本质规律，在根本的目标上它们是一致的。更重要的是，重建或创造原始细胞同样贯彻了"建物致知"的基本思路，从而帮助人们真正深入生命机制，了解它的本质以及丰富关于它的知识。

综上，我们知道了合成生物学建物致知进路的三种不同方法。这些方法通过实验初步证明了创造一个类比自然生物的人工合成生命的可行性。在基因组水平上，技术和策略的成熟以及最小基因组的创建和迭代已经让人们看到了完全人工构建合成细胞的可能性。随着合成生物学的研究议程不断丰富和推进，这三种方法之间的融合将有助于一个真正意义上的人工合成细胞的出现。通过将各种过程叠加起来，在 38 亿年前地球生命第一次起源后的第二次起源有望将在人类的实验室中出现（Mojzsis et al.，1996；Deamer，2005）。当然，人工合成细胞要想像天然细胞那样具有自我复制、新陈代谢和进化的能力，在技术上还有很长的路要走。但毫无疑问的是，"建物致知"为人们深入了解生命机制和开启可能生命形式提供了一条创造的途径，这在科学乃至人类史上都是具有革命性的一步。

三　建物致知的方法论原则

在合成生物学领域，生物学经历了从格物致知到建物致知的转变。虽然说合成生物学建物致知的进路有明显不同的三种方法，相关研究几乎同步进行，并有望在将来融合，从头开始合成和构建出一个足以类比甚至性能超出自然细胞的人工活细胞。但说到底，这三种方法都渗透着工程思想，设计和工程的原理在创造生命的方法中占据了主要。因此，人们普遍认为合成生物学的革命性在于工程化，是有其深刻的道理的。这让人们不得不去思考，建物致知中创造生命去理解它的这种方法论基础究竟是什么？既然生命可以制造，它与一般的工艺品的制造又有何区别？

（一）奥卡姆剃刀原则

在一个关于研究"合成生物学基础"项目的论文中，作者曼努埃尔·波尔卡（Manuel Porcar）和朱莉·佩雷托（Juli Pereto）写道：

> 合成生物学的工程理念假定有机体是由标准的、可互换的和可预测行为的部件组成的。总之，有机体被认为是机器。然而，有生命的物体是进化过程的结果，没有任何目的性，而不是外部主体的设计。生物成分表现出大量的重叠和功能简并、无标准复杂性、内在变异和语境相关的性能。然而，尽管有机体不是完全成熟的机器，合成生物学家仍然渴望从人工修饰的生物系统中获得类似机器的行为。（Porcar and Peretó，2015）

这段话明确指出了合成生物学的工程特征和制造目的。它也提到了传统生物学关于有机体的解释是遵循进化的、没有目的性的、非设计的生物实体。除此以外，生物内部的复杂性、生物本身的可变性和异质性也是常见的特征。这与合成生物学追求的标准化的、同质的、可控的、人工设计的生物系统大不一样。合成生物学的工程理念更倾向于从工艺制品中寻找灵感，试图通过将生命解构、抽象的方式进行处理。这也是德鲁·恩迪提出合成生物学作为工程生物学的题中之义。对此，笔者想用一个看上去简单甚至蹩脚的故事来描述这种工程设计灵感。

大家知道，一个好奇的孩子拿到一只新奇的乐高搭建的房子，大人告诉他房子里有很多好玩的各色各样的小玩具。但他只能通过"小窗口"隐约的光影，模模糊糊地看到一些让他好奇的边角。他很想知道里面到底有些什么，在他苦于无法拿到时，他的胳膊突然撞倒了房屋的烟囱，烟囱掉了下来，并碎成了一个个规则的小方块。小孩很聪明，发现外面的房子都是由这些差不多的木块构成的，于是动手拆起了房子。等房子拆完了，他的好奇心又开始了。他发现里面的玩具也是由如此差不多的木块构成的，奇形怪状且各不相同，他很好奇这些玩具是怎么组装起来的，于是他把房子里所有的玩具也都拆了，最后只剩下一堆五颜六色的小木块。可是，小孩突然大哭起来，因为他怀念那个漂亮的房子和各式各样的玩具了。更糟糕的是，被拆下来的这些木块与其他拼搭剩下来的木块混在了一起。这时候，妈妈想到应该有玩具说明书，她翻箱倒柜，果然找到玩具的几张图纸。她拿着几张图纸走来，温柔地抚慰着小孩并告诉他不要紧，只要按照她给的图纸上指示的模型和步骤，找出需要的木块，剔除冗余的木块，耐心地多尝试几次，就可以还原出房子和玩具了。小孩听着妈妈的话，停止了哭泣，接过了图纸，照着最简单的一只玩具船模型，果然拼出了一排模型。他高兴地看着妈妈，妈妈继续告诉他，在他拼装的时候，她还即兴画了一些其他玩具的模型图纸，只要他喜欢，他也可以用这些木块照着她画的模型搭建出来。孩子开心地接过图纸，挑了一张小鸟的模型，果然又成功了。妈妈开心地为他鼓掌，并继续鼓励他，如果有自己喜欢的东西，可以拿空白纸或在电脑上照着其他图纸模型的画法，自己画出喜欢的东西的模型，再用这些木块组装出来。如果他能自己制造出所需的小木块，会更棒。小孩于是……

　　在这个故事中，玩具制造商最初设计了玩具模型的图纸以及制造出可以按照图纸模型成功拼装的各种榫卯结构的小木块。小孩就像一个好奇的生物学家，他看到这些新奇的玩具，一开始并不知道它们是木块搭建的。当偶然发现这个秘密后，他迅速拆掉了所有的乐高玩具。当他怀念那些玩具时，才发现自己无法再拼回去。妈妈就像一位工程师，她找出了图纸。于是走过来告诉孩子，按照图纸上画的模型就可以重新拼出来，但是他要剔除混杂在其中的那些不需要的木块。当孩子选择最简单的模型尝试成功后。妈妈告诉他，她还画了一些其他玩具的图纸模型，他可以按照自己的心意选择拼装出喜欢的玩具。当他再次成功时，妈妈继续鼓励他，可以自己画一张玩具模型，也可以自己制造可以拼装的小木块来组装他喜欢的玩具。

　　结合上面的故事，人们可以将它看作从分子生物学到合成生物学的发展简史。在这段故事中，如果人们将生命看作乐高积木，便需要问：最初设计了生命模型的图纸和制造生命积木的制造商指称谁呢？如果熟悉科学史和哲学史的话，不难回答这个问题。在历史上，关于生命的神创论和自然选择的争论由来已久。关于这个问题，本书留待后续章节再探讨。这里的重点是，故事中作为生物学家的小孩与作为妈妈的工程师合作，开启了生物学的工程化进程，生命被类比为像乐高积木一样的基础元件，而设计、建模以及从头开始制造这些生物元件，最后按照设计好的模型进行组装、调试以达到工程师追求的功能系统和生物产品，是合成生物学的核心。然而，在这个故事中，要真正实现生命的重头设计和创造，需要满足两个原则：一是奥卡姆剃刀原则；二是类比原则。

　　奥卡姆剃刀（Occam's Razor，又译"奥康的剃刀"），是由 14 世纪英格兰的逻辑学家、圣方济各会修士奥卡姆的威廉（William of Occam，约1285—1349）提出，即简单有效原理。他的基本观点是："如果用较少的东西同样可以做好的事情，切勿浪费较多的东西去做。"（Zbilut, 2008）这种思维经济原则被引入生物学中，目的就是要删繁就简，使得生命系统可以借由类比宏观世界中的机器、建筑、乐高等人工制品进行解构、抽象理解和重建。这样可便于像工程系统那样进行标准化、模块化的设计和制造可控制、可预测且可互换的生物元件。这好比上述故事中，重新组装玩具所必需的积木块与非必需的其他积木块混杂在了一起，小孩要重新按照最初设计者的图纸或自己新设计的图纸进行搭建，必须辨别和剔除那些不需要的积木块，留下必需的功能木块，才是有效而经济的做法。在工程师和一些科学家的观点中，自然的设计（自然选择）并非完美的，有很多设计冗余的部件难以捉摸它们实际的功能，而在人类有限的目的中，严格遵循目的是为了实现设计所要达成的现实功能。因此，遵循奥卡姆剃刀原则的工程师和科学家的目的，并不是要模仿和重建自然生物。人工生物要多像自然生物，在合成生物学建物致用的最初目标中，不是最重要的考量。如何使人工生物为人类服务，满足医疗制药、新能源与新材料的设计和开发等才是目的。换句话说，合成生物学的工程化是为了制造比生命更像机器的且能为人类所控制和需要的生物机器。

（二）类比原则

在合成生物学隐喻问题中，本书提到了工程隐喻、机器隐喻、计算机隐喻等核心隐喻群。这些隐喻具有明显的启发式作用。在方法论层面，这些隐喻适用的基础指向同一个原则：类比原则。类比原则不仅在认识论层面使人们对生命的机械理解得以可能，在方法论层面同样于合成生物学的实践中给予了指导。

这种类比的合理性在于两种不同实体之间有着共同的本体论假设。合成生物学家将理性设计和工程原理引入对生命的构建蓝图中，本质上是相信这种类比原则符合现代自然科学的研究规律。他们相信，如果理解了一个物体，原则上应该能够建立它，并成功地通过实验来支持其设计的理论假设。因此，这种本体论假设的信念基础在于：如果一个人成功地解释了生物体或生物体的某些部分，就好像它们是为了实现某一特定目的而设计的，这就是说，如果它成功地确定了生物体中的因果关系，那么就可以有目的地对它进行重新设计和再造（Köchy，2012）。由此，合成生物学被看作沿着科学自下而上地解释宏观物体及其行为的道路上的最新一步（Boldt，2018）：在最低层次上，物理学通过识别和分析亚原子结构和部件来分析原子的运动和结构。在下一个层次上，化学通过仔细检查简单的分子和原子来分析复杂的分子，确定其中复杂的结构关系。在更高层次上，生物分子成为分析的对象，这是分析的分子生物学研究的领域，它将生物的行为追溯到它们的内部分子遗传结构。在生物体的每个层次，分析方法允许介入技术手段来改变问题的对象和设计新的对象，这是每种分析科学综合（synthetic）的一面。这样，合成生物学家将能够重建自然产生的有机体，并通过 DNA 合成创造自然界不存在的新的有机体（Kastenhofer, 2013）。

约阿希姆·博尔特进一步认为，上述科学进步的事实与本体论假设紧密相关（Boldt, 2018）。这种紧密关系为合成生物学将生命类比为工程机器或乐高积木这样的人工制品提供了新的研究范式。他的理由是：

> 当一个人设计和装配一台机器时，其想法是将部件与可靠和可预测的功能结合起来，从而产生一个复杂的结果，进而由于其部件的可靠性，以可靠和可预测的方式实现特定的功能和目的。因此，如果一个人在合成生物学中所做的事情被上面给出的描述正确地捕捉到了，那么你的研究对象必须被认为与那些你称之为"机器"的实体有着共同的重要的本体论方面。如果将机器范式的相关特征转移到合成生物学和单细胞有机体领域，那么，这就是最终的清单：首先，单细胞有机体的行为应参照其分子、遗传部件加以解释。这样，单细胞生物就可以被部分地设计和建造。其次，设计和建造一个有机体是为了在有机体中确立一种特定的功能，从设计者的角度来看，这个功能实现了一个特定的目的。最后，如果对生物体的各个部分有足够的了解，就可以可靠地预测由此产生的生物体的行为。

按照以上陈述以及博尔特的观点，生命有机体与工程机器这两种不同实体之间共同的本体论假设并不在于生物学这一层次上，而是可以还原到最为基础的物理分子及其结构上。在这个意义上，生命和机器乃至其他人工制品一样，都可以通过分析不同层次（物理、化学、生物学）分子的运动及其复杂的结构和功能关系来解释其中的因果。解决了本体论的问题，方法论上，设计和构建一个有机体与设计和装配一台机器也是可以类比的，机器的研究范式可以借用于有机体领域。只要在生物学层次上把握了遗传分子的结构功能之间的因果关系，辅以相应的工程方法和技术手段，就可以设计和构建这些分子部件，只要这些分子部件可靠，并且将它们按照特定的因果关系进行组装、测试，就可以实现这个有机体可预测的功能目的。这种基于类比原则的科学假设具有一定的合理性。但认可这一假设，就等于忽略生物系统的独特性、复杂性、突现性、非因果性和不确定性。在有机体实际的设计和构建活动中，生物分子和物理分子、生命系统与物理系统毕竟有很多的差异，如何克服这些差异带来的理论和技术困难，恐怕是合成生物学不得不进一步考虑的问题。就目前看来，科学家们已经正视这样的问题，并在积极地寻求解决的办法。不过，人们也看到合成生物学至今并没有放弃奥卡姆剃刀原则和类比原则在生命构建中的指导作用，生命工程的努力依然在不断地取得成果。

第二节　传统生物学到合成生物学的方法论变革

合成生物学之所以特别，在于它从概念、技术、方法到应用都具有不同以往的新颖性和革命性，关于生命的解释、生命形式的创造以及合成生物体的转化应用都反映出它是一个新兴的领域。以至于它在概念上的独特性、启发性，技术上的颠覆性、会聚性，研究范式上的新颖性、革命性，应用领域中的广泛性、价值性，都被提升到了历史新高度。近十年来，合成生物学在全球的热度不逊于人工智能和机器人研究。这两个领域共同的特征主要在于它们在技术和方法上的不断更新迭代，分别代表了生物学和计算机两个领域各自的先进和创新。迈克尔·芳克就毫不讳言，认为合成生物学实现了从物理学到生物学新的一般范式、从经典自然科学及其实验到工程与新技术实验室范式以及从研究理论到研究实践的转变（Funk，2016）。这里，先不论合成生物学在方法论上与传统科学之间的关系。其实，由第一章关于合成生物学的理论基础的论述中，人们也可以多少窥见出合成生物学在研究范式上确实受到了其他学科领域的启发和影响。这些传统学科关于有机体或生命系统的研究在重新构建一途上早有论及，只是没能真正发展起来，形成一般的研究理论、研究范式并走向研究实践。这或许就是合成生物学独领风骚的原因之一。

一　生物学方法论的变革

近代以来，物理学发展的成功证明了它是自然科学研究的一个典型而理想的参照。生物学和科学哲学的研究也被物理学的术语、理论和方法影响。20 世纪以来，生物学家们就不断想要像物理学那样发现和提出生物学的基本定律，从而统一纷繁复杂的生物现象。像薛定谔这样著名的物理学家也曾力图从物理学的角度分析生物的遗传变异等现象。例如，他提出著名的"负熵""非周期性晶体"等概念来定义生命和描述生命活动，虽然遭到很多诟病和质疑，但也启发了不少生物学家，推动了分子生物学的发展。然而，这种努力成效有限。生物世界虽然存在于更为普遍的物理世界之中，但生命现象却有别于物理现象。生物学的研究对象终究是活的生命，而不仅仅是一件死物或单个分子。它们属于不同的层次，即使它们都有宏观和微观的区别。生命系统的层次性是特殊而复杂的。生物学的研究也不可能永远停留于生物大分子还原为化学和物理小分子的模式进行解释。这不意味物理学对生物学没有贡献，而是生物学应该有它自己的研究范式。关于这个问题，在 20 世纪的科学家中已然形成较为鲜明的观点。只是，这其中的困难是显而易见的。

众所周知，生物学的目标是理解生命系统的结构、功能以及发展规律，并追求在现实世界的生活和生产中进行转化应用。可以说，生物学的发展最终需要回答的一个基本问题就是：生命是什么。然而，过去生物学的分支学科都在致力于对生物组分的描述性的解读，而关于生命系统内组分之间的相互作用及其因果或非线性关系的研究缓滞。这种不足导致的问题是，传统的分子解释不足以说明生物体内发生的所有现象，尤其是对组分（部分）的性质研究无法完全说明由这些组分构成的整体的性质。这意味着，即使对生物体内所有的分子解释都达到了充分的地步，也不足以解释所有组分和整体之间的结构功能关系。人们习惯于将这一问题抽象为数学上的不等式关系，即"$1 + 1 < 2$"。这一问题，在哲学中业已涉及。亚里士多德关于形式与质料的关系的分析学说为描述和分析这一问题提供了方便。例如，陈刚以椅子和木料的关系为例，认为一把椅子和组成的它的木料之间的不同，就在于椅子的形式不同于木料的形式，而木料还可以组成具有其他功能的设施，如桌子和房子等（陈刚，2007）。同理，椅子的功能也不能从木料的功能中推出，木料的功能多种多样，可以作为燃料，可以用来制成雕塑和筷子，而椅子的功能是给人坐或放东西。在生命系统中，部分和整体的关系也是如此。这意味着必须对复杂系统进行层次分析，并且要对生物学背后的元理论加强探

究。桂起权明确地指出了这一点，认为功能虽然产生于分子，却并非直接存在于分子中，功能产生于分子构成的系统，而并非存在于单个分子之间的加和之中，因此对分子采取单纯的"个体主义"的方法论是无法解释系统整体的功能的，解决这一问题需要人们具备整体论思维或系统思维（桂起权，2015）。

系统生物学的出现回应了这一问题，它致力于综合研究，突出生命的整体性、复杂性和突现性问题，并使生物学的研究方法从粗放转向精细，从定性转向定量，从因果分析转向系统动态分析，以及从单纯的分析转向解析与综合同时进行。在系统论、控制论的基础上，系统生物学利用计算机模拟、数学建模方法等来研究生物系统内部的结构和功能状态以及生命系统的规律。可以说，系统生物学率先开启了生物学的研究范式的转变。为了兼顾从系统和基础两个重要层次来解读生命，系统生物学家提出了"自上而下"和"自下而上"两种不同的方法论。对此，罗伯特·舒尔曼（Robert Shulman）认为系统生物学的这两种方法论之所以共存，是为了避免"从一个对生物系统特性的固定看法出发"或是"不顾它们与功能可能的关联而单纯研究分子特征"（布杰德等，2008：5）。关于这两种方法论，根据弗雷德·布杰德（Fred Boogerd）等人的表述，"自上而下"方法论的具体思路即主要是通过高通量测序来测定细胞分子的类型和表达，再经过数据分析，从分子浓度的相关性中得出生物体的分子组成以及提出相应功能的新假设：而"自下而上"方法论的具体思路，即通过研究分子间的相互作用来确定与生物体的功能行为之间的关联，从而实现精确建模。实际上，这两种方法论在具体研究过程中可以互为参照、彼此促进。

二　合成生物学的方法论革新

合成生物学将生物学的这种研究范式转变进行得更为彻底，尤其是在方法论革新方面，特别强调与工程科学相结合。在合成生物学的这种转变中，保留了系统生物学"自上而下"和"自下而上"这两种方法论思路，并且进行了丰富和改变。

首先，合成生物学继承了系统生物学对特定系统的规律证明所提出的两种方法论，如自上而下的遗传分析和自下而上的生化分析。遗传分析侧重由表及里，将系统视为黑箱，通过扰动观测进而验证预测模型。在合成生物学的研究中，生物学家意识到对绝大多数生物系统内部运作及其与环境之间关联认识的不足，难以实现理性设计所要求的定量可控。生命现象及其规律认知的欠缺，使得对于掌握构建生命的原理存在困难，因此着力于系统表型的研究和黑箱模型的研究，突出利用高通量技术大规模获取标准化的实验数据，并借由机器学习等人工智能手段，来探索和分析系统动态运作及内含的复杂因果关系。生化分析侧重对组分的纯化和重建，强调对组分之间的相互作用和运行规律的清晰认知，直接验证这些组分的功能性质。这种方法也称为白箱模型的研究。它的核心是获取标准化和定量化的数据，这对于揭示系统构成要素之间的相互作用和运行规律是不可或缺的基础（郭昊天，2016；刘陈立等，2021）。

其次，合成生物学发展了自下而上的方法论。基于白箱模型的研究，合成生物学通过给出生命设计原理的构造性证明，由此构建生物实体，最终验证这种研究范式的可行性。这便是前文论及的合成生物学的建物致知，它对于人们在谈到关于生命的知识时，为证明活力论所主张的种种神秘因素已经从有机体领域中彻底消失提供了"最好的方法"，即从头开始合成一个活的有机体（Morange，2009）。当然，这种发展与合成生物学和工程设计、建造方法的结合密不可分。工程和设计方法进入合成生物学实验室中，改变了生物学的一般研究范式，使这种新的研究范式得以确立和推行。正如迈克尔·芳克所言："在合成生物学的实验室实践中，工艺程序和模型占据主导地位。合成生物学是由工程范式形成的生物学。"（Funk，2016）这种转变意味着合成生物学正在实现从古典自然科学及其实验转向工程学新的技术实验室范式，同时也意味着生物学的一般研究范式正在从物理学的方法论中进行演变，以新的研究范式为基础的、属于生物学的方法论正在与工程科学的结合中诞生。

再次，合成生物技术作为具有颠覆性和会聚性的新兴生物技术，不像自然科学的经典实验，一般被作为验证或证伪科学理论的工具。芳克指出，合成生物学通常建立在经验研究必需的所有仪器和技术的基础上，并且结合了信息技术和计算机技术的构成要素与系统应用，实际上，它是将生物学转化成为一种特定的新的技术实践形式，而不是对逻辑理论进行实验证实或证伪。因为，"工程是以技术程序规则为导向。技术实践则需要效率和成功。因此，议事规则排除了孤立的逻辑真理标准，其验证是务实的。这是工程学和自然科学之间的一个普遍区别：工程需要务实地成功，而自然科学要产生理论和普遍的真理"（Funk，2016）。换句话说，自然科学想要通过提出科学理论、发现科学规律，从而正确解释世界的普遍结构，它研究的主要是 What（是什么）或 Why（为什么）的问题；而工程科学是为了找到解决实际问题的办法，关注的是 How（怎么办）的问题。正是因为这种区别，反映了合成生物学由于工程技术实践的主导，实现了从研究理论到研究实践的转变。伯恩哈德·伊尔冈（Bernhard Irrgang）认为："从这个意义上说，技术进步和实验室研究的进步意味着解决问题的进步，这是一个科学发现、技术和经济创新齐头并进的过程。"（Irrgang，2003）

实际上，合成生物学的这种转变反映了 20 世纪后期整个科学界出现的科学技术化（science-based technologies）和技术科学化（the scientifica-tion of technologies）的发展趋势（赵万里，1998）。这里，科学技术化，指的是科学研究日益重视技术转化和应用，科学知识转化为技术知识的周期越来越短，应用驱动成为科学研究的重要动力；技术科学化，指的是新兴技术知识通常汇聚了不同领域的科学知识，它强调技术开发和创新对科学基础的依赖。合成生物学作为一门学科综合和技术整合的新兴学科，科学技术化和技术科学化的特征反映鲜明，在该领域中生物学研究的技术依赖和生物技术的知识依赖日趋加重。其好处也十分明显，它对于科学与技术的创新、融合发展通过将生物技术与工程技术、信息技术、纳米技术以及人工智能等相结合，从而促进了合成生物学方法论的转变，推动了基于建物致知的基础理论研究的发展和基于建物致用的相关技术的创新。

三　理性设计与定向进化的概念分析

合成生物学通常被描述为一门涉及 DNA 设计和构建的设计学科或设计生物系统的科学（Agapakis，2013）。这主要包括微生物基因组的合成（Gibson et al.，2010）、重新设计代谢途径（Keasling，2008）以及合理设计 DNA 部件的基因逻辑器件（Andrianantoandro，2006）等。例如，在一些评论文章中的描述："首先，将遗传接线图转化为可分析的方程式……

接下来，使用应用数学和计算机科学的工具对模型进行分析，以便为期望的输出提取'设计准则'。然后，应用现代重组 DNA 技术，根据设计规范构建活细胞基因调控网络……最后，开发了微型和纳米技术，以获得与模型预测和设计改进相比较所需的精确单细胞测量。"（Cookson et al.，2009）其中，人们可以看到设计在构造合成模型中的重要作用。

关于设计的概念，在合成生物学中使用频繁，它与工程、建模、生物系统、制造等常见的术语一起出现。设计的本义是有目标、有计划地进行技术性的创作与创造活动，它体现的是造物活动前的预先准备计划和过程。在合成生物学中，设计的主体往往是科学家和工程师，设计的对象是生物系统内部的构成要素及其功能网络。合成生物学家提倡理性设计与合成生物学是否能够实现理性设计，既需要设计者对生物系统内部要素之间相互作用和运行规律的清晰把握，也需要通过制定合理的设计准则、针对性的设计方法以及相应的设计工具来完成设计目标。然而，合成生物学真的能够对生命系统实现理性设计的目标吗？生命系统与机器系统毕竟有别，对生命系统进行设计相比对人工制品进行设计，有哪些不同？科学家提倡理性设计的依据是什么？这些问题是需要进一步研究的。

（一）理性设计概念

设计在科学中成为一个重要的概念，设计方法成为科学研究的重要手段，得益于 20 世纪后期美国所谓的设计理想在工程科学中获得了前所未有的重视。关于增加本科生对设计的接触及相关课程的学习甚至在美国掀起了一场全国性的运动（Sheppard et al.，2009）。自此，设计作为新的工程方法被确定下来。奈杰尔·克罗斯（Nigel Cross）由此还研究了科学设计（scientific design）与设计科学（design science）之间的差别。他认为科学设计指的是一种在内容上依赖于科学发现的设计实践，但在方法上仍然遵循一种实用或直观的方法，试图以一种科学的方式使这个"做设计"的过程正规化；设计科学指的是设计不只是使用科学思想，而是被看作一种科学活动本身，一种使用科学数据的科学实践。它试图使人们对设计的理解变成科学的研究，因此研究设计师的人成为科学家（Cross，2001）。在这个问题上，合成生物学家提出的科学工程化、技术化以及"工程即设计"（将合成生物学中的"工程"定义为设计部件、设备或系统）（Simons，2020）的观点实际上既包含了科学设计也包含了设计科学的内涵。既然设计方法在合成生物学的工程化进程中如此被强调，且生物有机体或生物系统的设计作为进一步构建实体的必要前提，那么强调设计在合成生物学方法论中的重要性就是客观的。

然而，人们需要厘清的是，合成生物学的理性设计，为什么要将理性作为前缀限定于设计前面？理性设计究竟有何特别？合成生物学的理性设计与一般的工程设计如建筑工程、机械工程设计有何不同？

一些学者认为设计与工程、机器这些概念一样都应该视为"不自然的狡计"（Unnatural Trick），指狡猾或欺骗的行为。在一些作品中还习惯称呼为"邪恶的工程师"，或者形容"设计者是放置陷阱的狡猾的绘图师""机器是一种旨在欺骗的装置"（Simons，2020）。这种观点是人们针对利用技术、工艺试图控制自然为人类所用行为的妄议之词。与这种观点相呼应的是认为人工设计或制造生命是不自然的行为，持有这种观点的人更担心的是自然被工具化，合成生物学家总是按照他们想要的任何方式将自然简化为可以操纵的资源，这对人性以及大自然的完整性构成了威胁。然而，这种担心是由于错误地归责于科学技术手段，毕竟科学技术存在的风险性和不确定性通过人的运用才会形成。正如哈佛大学前教授伊曼纽尔·梅森（Emmanuel Mesthene）所言："技术产生什么影响、服务于什么目的，这些都不是技术本身所固有的，而是取决于人用技术来做什么。"（赵万里，1998）

科学家的目标往往是利用技术手段辅助科学发现或解决实际的问题，他们更关注事实和真理。虽然技术的转化和应用不可避免地涉及价值问题，但这关乎另一个层面的问题，即技术利益与技术风险的平衡问题。在合成生物学中，理性设计是为了确立一种新的生命研究范式，并利用对生命的改造或从头设计与构建来为人类提供制药、医疗、新能源或新材料的更高效的途径。在这样的目的下，理性设计必须克服自然选择和自然进化的限制（Morange，2015），并且科学家们相信"合成生物学具有创造比自然生物更好的物体或生物体的潜力，至少在特定的生态位上是这样的"（Képès，2011）。伯纳黛特·文森特（Bernadette Vincent）则指出，合成生物学的理性设计方法可能受到了19世纪著名合成化学家马塞林·贝特洛（Marcellin Berthelot）的启发。德鲁·恩迪强调合成生物学的设计要遵循从生物部件到设备再到系统的顺序,与马塞林·贝特洛关于合成化学的发展提出的渐进合成方法,即"首先从碳和氢元素开始合成二元化合物——碳氢化合物——构成所有有机组件的骨架;然后合成三元化合物(醇类);再者通过低级化合物的组合合成四级化合物,等等",在设计策略上是一致的,他们都坚信从简单到复杂的理性设计方法是成功的关键(Vincent,2013)。

那么,理性设计究竟是一种怎样的方法?它是指生物学家旨在为他们想要构建的有机体(例如,包含哪些基因、排除哪些部分等)开发完整蓝图的实践。合成生物学中的理性设计强调的"理性的"(rational),是指一种合理性,这种合理性不是基于物理定律,而是基于生物系统内部组分之间的相互作用与运行规律,在这个意义上,它与一般的工程设计如建筑工程、机械工程的设计是不同的,与包含了随意性和非理性的艺术设计也是不同的。因此,合成生物学的理性设计是有生物学的限制或约束的,至少目前看来,人类的设计只是一种干预或操控生命的方式。这种限制或约束(constraints)来源于人们对生命系统内部所知有限以及生命自身的复杂性。但从另一个角度来看,合成生物学的理性设计作为一种工程方法,其基本原理和其他一般的工程设计没有本质上的区别,其都是为了实现人类的目的。正如欧盟委员会的报告中所言:"合成生物学是生物学的工程:复杂的、以生物为基础的系统的合成,这些系统所显示的功能在自然界中是不存在的。这一工程观点可应用于生物结构的各个层次。……从本质上说,合成生物学将使'生物系统'的设计以合理和系统的方式进行。"(Vancompernolle and Ball,2005)甚至一些科学家明确指出合成生物学的核心即"合理地设计一个完整的生物系统,以实现一个特定的目标,例如生物修复和合成有价值的药物、化学或生物燃料分子"(Cobb et al.,2013)。这种观点无疑与将工程化视为合成生物学的本质和目标有关。

事实上,这种理性设计的灵感来源恰恰与一般工程设计的启发直接相关。只是对于生物学而言,理性设计为新的方法论的形成提供了支撑,并逐渐形成了合成生物学工程方法的理性设计原则。在合成生物学应用平台中,设计已然成为合成生物学中的"设计—构建—测试—学习循环流程"(NASEM,2017)的核心。通过这种设计方法,合成生物学正在发展成为一门生物设计学科。从结构与功能的关系来看，既然经过理性设计构建的生物系统所显示的是大自然不存在的功能，那么这种新的功能必然是设计的结果，即这种新的功能是按照设计者事先计划好的结构导向的结果。因为特定的功能总是与特定的结构相适应。基于这一点，大家容易认为合成生物学设计的生物制品与一般的人工制品没有什么不同（Basl and Sandler，2013）。

（二）定向进化概念

莱恩·科布（Ryan Cobb）等人指出："定向进化是指通过反复循环的遗传多样性和文库筛选，创造出具有理想性状的生物实体的实验过程，已成为基础生物学和应用生物学中最有用和最广泛的工具之一。现代定向进化起源于经典的菌株工程和适应性进化，20 年前，通过多次 PCR 驱动的随机诱变和活性筛选来提高蛋白质的性质，从而使现代定向进化成熟。"（Cobb et al.，2013）定向进化起源于早期选择性育种与驯化的概念（Johannes and Zhao，2006）。在合成生物学中，它作为一种成熟的方法，被用于优化和设计核酸和蛋白质的新功能。例如，合成基因电路就被认为是定向进化的设计。这种理性设计使得合成基因电路"能够实现自然电路所不具备的新功能和新规则的可能性"（Haseltine and Arnold，2007）。这给了人们深入了解自然的基本设计原则、更好地理解自然发生的功能以及实现新颖的生物技术应用以希望。

定向进化如今已经发展成为合成生物学的一个强有力的工具性方法，已被成功地用于分离新的和优化现有功能的天然或合成生物聚合物。定向进化方法分为体内定向进化和体外定向进化。体内定向进化在进化复杂表型（或需要多个步骤观察的表型）方面效果突出，它可以将多样性扩展到代谢途径乃至整个基因组；体外定向进化则倾向于将多样性转到一个单一的目标基因上（Tizei，2016）。它的基本原理是模仿和加速自然进化和选择过程，通过建立变体库和高通量筛选等手段识别出那些具有更好特性的突变体，从而为设计和构建人们需要的具有特定功能的新生物体提供另一种途径。马塞洛·巴萨洛（Marcelo Bassalo）等指出生物技术应用需要设计复杂的多基因性状，然而，缺乏对复杂表型的遗传基础的了解限制了人们理性地设计它们的能力，因此，人们可以在不需要事先了解目标性状的遗传基础的前提下，在系统水平上进行复杂的性状工程（complex trait engineering），利用定向进化的方法使生物系统表现出人们所需要的表型（Bassalo，2016）。多样性是构建生物世界的基础，想要扩大生物技术应用，就得利用遗传多样性挖掘特殊性能和新功能的潜力，这是科学家们一直努力的方向，也是定向进化技术得以快速发展的重要原因（Currin et al.，2021）。

在合成生物学中，定向进化弥补了理性设计对生物复杂性认识不足而受到阻碍的缺陷，与理性设计形成了一对互补的方法。这种方法不仅使有益的突变积累得到迅速扩增，而且极大缩短了突变体进化的时间。同时，定向进化过程中对生物催化剂等的改进也为计算和设计过程中的缺失部分提供了有价值的洞察，为进一步改进设计方法提供了经验。因而，它在合成生物学面对生物复杂性的挑战方面显示出了极大优势（Cobb et al.，2013）。目前，它的强大应用已经体现于生物复杂性的各个层次，这对于科学家实现完整地设计与合成一个有机体的目标是一个强有力的推动工具，对于推进合成生物学的实际应用更是具有重要的经济价值和社会价值。

如上所述，可以知道定向进化方法的一般思路以及定向进化的成功因素，即它使得进化跳过试错阶段，通过设计和添加新的生物模块以"产生功能多样性的能力和正确的筛选或选择方法，以识别具有真正表型改进的变体"（Cobb et al.，2013；Heams，2015）。但关于定向进化的概念分析，以及有关方法论的特征，还需要进一步探讨。

"进化"（evolution），顾名思义，它是生物学的术语，也常被翻译为演化。进化这一概念描述了种群中的遗传性状随着世代更替的变化。进化以自然选择为基础，这种理论源于达尔文的《物种起源》。到了 20 世纪 30 年代，达尔文的自然选择说与孟德尔遗传的结合，形成了被称为新达尔文主义的现代综合进化论（Modern Synthetic Theory of Evolution）。由此，以自然选择为中心的进化机制和以基因为中心的进化单位成了现代最具解释力和预测性的进化理论，进化生物学也由此形成。合成生物学的定向进化方法与现代进化理论相一致，同样以达尔文的自然选择说为基础。从整体来看，是自然选择决定了生物进化的方向，生物的进化从低级到高级、从简单到复杂等。然而，最终决定进化方向的是自然选择和随机突变的统一。自然选择是有方向的，但随机突变是没有方向的，在时间和位置上是不确定的。这样，对于合成生物学构建的合成组件来说，如何解决它们在不同环境和组分之间复杂的相互作用条件下的功能稳定性，是一个难题。定向进化采用"定向"（directed）这一术语，提供了一种指导性的策略，即利用模拟自然选择进行人工选择的方式识别那些具有所需功能性状的生物。这种方法体现了进化修补（tinkering）的思想。科学家们利用定向进化这种修补（在米歇尔·莫兰奇这样的生物哲学家看来，生物工程师的工作和修补匠的工作之间的区别并不明显。他认为合理设计的遗传回路通过定向进化逐步优化正是体现了修补概念所蕴含的创造性的一面），试图让生物展示新的功能，创造遗传多样性。这种方法论的直接灵感是古老而长久的，因为在农耕时代，人类就已经学会对物种进行驯化，如培育产量更高的作物、使奶牛的乳房更大以便更多更好地产奶（Lewens，2013），等等。合成生物学与早期这种以驯化为目标的人工选择不同的是，它试图利用定向进化与理性设计的方法，直接构建出所需功能性状的生物。这种方法实现了人类从干预生命进化到操纵生命进化的转变，有希望将生物真正变成人工选择的制品。这既是科学技术的进步，也是人类征服自然目标的又一个重大创举。

第三节　合成生物学：范式转变还是范式创新

前文论述了合成生物学在生命科学领域中方法论上的革新及其意义。从分子生物学发展到合成生物学，实现了从格物致知到建物致知，从物理方法到工程方法，从对生命的假设、观察、实验、描述和分析到对生命的理性设计、定向进化与合成应用的转变。这种转变向人们展示了科技的进步和掌握生命世界的企图，同时也改变了人们看待和研究生命的方式。这种方法论的革新与补充为探索生命本质、扫除生命学说中的神秘观点提供了有力的证据。总而言之，合成生物学的方法论为人们认识和改造生命提供了解决问题的目标、任务、方法和技术的一般原则。通过对合成生物学方法论的初步探究，基本可以明确这些一般原则所起到的指导性作用，它们反映了合成生物学作为技术科学的进步意义。

在科学哲学的语境中，哲学家所关注的是这一新的生物学分支中的整体性特征，也即它是否形成了托马斯·库恩所认为可以称为范式的理论体系或框架。在托马斯·库恩看来，范式包含了科学共同体对世界观、价值观和方法论的基本共识，是科学实践的基础（杨怀中、邱海英，2008）。合成生物学继往开来，既发明了具有颠覆性、会聚性的生物技术，又整合了不同学科领域的科学知识和工具，并且形成了独特的概念和研究框架。从概念、理论、方法到实践的一以贯之，开创了合成生物学不同于传统生物学的范式雏形。如何理解这种区别，并揭示出这门新兴学科在范式创新中的基本特征，有助于人们进一步厘清它在方法论上的创新以及其他方面的价值。

一 传统生物学的范式

哈佛医学院的生物学家帕梅拉·银（Pamela Silver）在一次讲座中提出：传统生物学强调理解生物过程的原因和机制，但生物工程师将这些知识用于实际应用。我们在理解生命方面的进步，尤其是研究详细的细胞分子生物学，加上新兴技术和计算能力，正开始将生物学从专注于描述的"软"科学转变为专注于量化、预测和控制其性质的"硬"科学（Pamela，2009）。帕梅拉·银的这段话明确指出了以分子生物学为代表的传统生物学与以合成生物学为代表的当代生物学之间的区别是实现了从描述（分析）到构建（综合、合成）、从定性到定量［维克多·德·洛伦佐指出：在这种情况下，定量是指可以测量并给出特定值的东西，无论是在计量情况下作为数值的东西，还是在计算机模拟、几何形状或其他数学设备中作为符号的/虚拟的东西（Víctor，2018）］的转变。这是就方法论层面的改变做出的解释。从范式转变的角度理解，合成生物学与传统生物学对生命世界的科学理论、价值理解以及研究进路都产生了不同程度的变化。那么，关于范式的理解，人们需要注意什么？传统生物学的范式具体又有哪些特点？

（一）关于范式的理解

"范式"（paradigm）一词来源于希腊语中的"paradeigma"，意思是"例子"（example）。科学哲学中的范式概念及其理论是由美国著名的科学哲学家托马斯·库恩1962年在其著作《科学革命的结构》（*The Struc-*

ture of Scientific Revolutions）中首次提出并系统阐述的。托马斯·库恩对范式理解的含义多达 21 种［英国剑桥大学哲学家马斯特曼（Margaret Masterman，1910—1986）在 1966 年的《范式的本质》（The Nature of a Paradigm）一文中指出托马斯·库恩在《科学革命的结构》中对"范式"一词有 21 种不同的用法。托马斯·库恩对此并不完全认可，他本人认为有 22 种不同的用法］，就哲学而言，它是一种形而上学的信念；就社会学而言，它是一种学术习惯或传统；就其构造功能而言，它是一种成熟的工具或方法（Masterman，1970；刘钢，2020）。在后面两种含义上，范式概念被逐渐延伸到各个学科领域，出现了科学范式、经济学范式、教育学范式、实验室范式、技术范式、管理范式等用法。范式还经常冠以研究的前缀，称为研究范式，在一些语境中研究范式等同于范式的用法，在另一些语境中，研究范式仅仅指一种研究方法或规则。在本书中，论及合成生物学时对范式概念的使用主要限于哲学（形而上学的信念）和构造（一种科学研究方法或工具）的含义。

自托马斯·库恩创造性地提出范式概念，其驳杂而混乱的用法就一直遭到诟病，它反映了哲学家本人的一些主观与科学事实上的不符，尤其是托马斯·库恩关于范式转变（paradigm shift）的观点（在《科学革命的结构》中，托马斯·库恩区分了科学的正常进步和科学研究经历"范式转变"的革命阶段。在正常阶段，范式是一种公认的理论框架，在其中发展新的理论和方法。然而，科学研究偶尔会进入一个革命性的阶段，旧的范式不再适合解释新的观察和想法，而是被一种新的范式取代）。他的拥趸肆意的滥用则加剧了这种批判的声音。就连托马斯·库恩本人也自我批评道："范式是一个完美的词，直到我把它搞砸了。"（Kuhn，2000）但不管怎样，范式在提出后的近 60 年来已经被广泛接受，并且成为一种时髦的概念。科学家关于范式的运用在他们的论著和言谈中已经常规化。在合成生物学取得广泛注意的过去 20 年里，生物学家和工程师也经常这样使用。他们认为，合成生物学在研究方法上超越了传统生物学，在塑造新的概念框架、形成新的集体信念、追求新的价值目标等方面都体现了某种范式意义上的创新。关于这种观点是否符合合成生物学发展的事实，还是科学家们高估了他们的工作意义，需要哲学的审视。合成生物学的研究中是否体现了生物学的范式转变，实现了所谓的科学革命，或者像人造生命这样的案例所触发的生命起源问题仅仅是常规生物学研究中的一种反常（abnormal）（科学中的反常是指在常规科学阶段发现的与科学规律、假说、理论等不符或相悖的情况）（王思涛，2012；刘学义，2010）现象，这些问题需要进一步的研究。

（二）生物学的几种范式

生物学的研究和进步经历了漫长的发展时期。从古希腊开始，哲学家率先展开了对自然世界的探索。关于物质世界和生命世界的理解构成了那个时代形成的自然哲学的主题。亚里士多德是这些人中的集大成者。他关于生物学的研究涉及了动物、植物和人体，并最早看到了生物学研究的一般方法：数据的收集、观察、描述和解释。他认为对生物学现象的解释是最终目的（戴维·林德伯格，2001：34）。对此，他将提出的形式、质料、动力、目的等四因作为他的生物学解释的基础，"特别是与目的因相关的功能和目的成分是他的生物学的核心"（戴维·林德伯格，2001：34）。亚里士多德的生物学思想具有强烈的形而上学倾向，尤其是他关于生命的灵魂学说。这种形而上学的解释虽然基于他本人长期而大量地对所搜集的第一手材料的观察和思考，但无疑是粗糙且混杂了有害的杂质。但作为最早的生物学家的亚里士多德，也向人们展现了奠定今后生物学研究的基本纲领，包括了形成一种范式的信念、理论和方法等。

这种对于生物整体与变化朴素的观察和把握一直延续到中世纪。相比同时代物理学和数学的发展成就，生物学的春天到了启蒙运动以后才渐渐到来。这其中的原因在于缺乏科学的分析工具和脱离形而上学束缚的自由土壤。当文艺复兴和启蒙运动后，科学从哲学和宗教的双重桎梏中摆脱出来，实现独立的发展，生物学同其他科学门类一样，实现了前所未有的进步。以列文虎克、拉马克、达尔文、施莱登、施旺、孟德尔等为代表的生物学家确立了生物学的基本理论、观察工具和分析方法。进化论、细胞学说、孟德尔定律为生物学的大厦奠定了发展的基石。特别是达尔文的《物种起源》提出的关于物种的新的进化观，被称为"达尔文革命"，颠覆了特创论（神创论的一种）或物种不变论的学说，实现了范式转变，因此也被称为"达尔文范式"（桂起权，2003：51—52）。

19 世纪，是生物学发展的另一个黄金期。生物学研究不再是散兵游勇，而是诞生了成熟的科学共同体，共同的研究纲领、专业的研究团队、相近的研究旨趣、类似的科学方法和技术开始让那些志同道合的研究者进入生物学的常规研究，如著名的科学共同体——摩尔根学派实现了遗传学与细胞学的结合（董华、卫华，1998：43—47）。1953 年，詹姆斯·沃森和弗朗西斯·克里克进一步提出了 DNA 分子的双螺旋结构模型，随后，克里克又提出被奉为分子生物学教条的中心法则［美国托马斯·杰斐逊大学的理查德·波默兰茨（Richard Pomerantz）团队 2021 年 6 月刊登于《科学进展》的论文首次证明 RNA 也可以被写回 DNA，这被认为挑战了生物学的中心法则］，为分子生物学范式的形成奠定了基础。这门关于研究生物大分子（主要是蛋白质和核酸）的结构与功能关系的科学于是成为解释生命现象本质的新的学科。在分子生物学接下来三四十年的快速发展中，现代化学和物理学理论、方法和技术极大推动了分子水平上这些生物大分子的结构功能研究，分子生物学步入常规研究阶段。物理和化学的研究范式主导了分子生物学的整个发展，确立了其一般的概念框架、理论假设、实验方法和价值目标。这种深受现代物理化学范式影响的生物学范式致力于发现遗传和进化中的一般规律，企图建立像物理学范式那样严密的理论体系。追溯这种物理学范式主导分子生物学的源头，沃森等科学家曾坦言是受到薛定谔关于"生命是什么"的系列讲座及集结讲座发言稿而成的那本经典著作（如前文所述）。在这本著作中，薛定谔将物理学范式引入生物学中，坚定地捍卫了具有生物学教条的观点：尽管生物学很复杂，但可以用物理和化学来解释。这种坚信物理学范式能够发现决定生命的基本实体和规律，实际上反映了物理学的巨大成功使得物理学家试图用物理化学范式统一整个科学的宏愿。因此，持这种观点的科学家通常也被称为还原论者、统一论者、决定论者、物理论者或本质论者（Dupré，1995）。

然而，生物系统是否与世界其他物质一样遵循同样的物理定律，或者具有其特殊的生物定律，在这个问题上并未出现实质性进展。至此，生物学范式基本框定在过去所形成的生物学理论和物理化学范式的糅合之中。分子生物学没有摆脱描述性科学的基本特征，提出假设、实验操作、观察分析、重复验证的研究步骤构成了分子生物学研究的基本流程。

至于在生物进化研究方面，不同生物学分支对进化解释的差异则导致了现代综合进化论或新达尔文主义的诞生，生物学研究实现了从分析到综合、个体到群体、部分到整体的转变，但这种转变并没有脱离生物学作为一门描述性科学的事实，而只是一种为了更好地解释进化现象的理论修补。总体上，传统生物学的物理化学范式占主导地位，它在本体论、认识论和方法论层面都表现为还原论的思想，即涉及这样一种信念：自然最终是由处于最低层次的独立存在的基本粒子组成，受基本定律支配，其他层次上的一切都是遵从这些基本定律构建和生成的。因此，对这些基本组分的孤立发现和对支配这些基本组分的基本定律的研究可以获得构成一个实体的最基本的知识，关于这些实体的复杂现象可以从这些基本定律和基本知识中推导出来（参见斯坦福哲学百科全书词条"Reductionism in biology"）。

二　关于范式转变和科学革命

合成生物学与传统生物学的差异往往被认为集中于它显著的工程范式（engineering paradigm）（Boon，2017a）。事实上，如前文所述，合成生物学的发展吸收了传统生物学常见的理论、方法和技术（参见第一章）。"工程范式"的提法，有时仅仅是指一种新的研究方法，就像科学家通常会用"设计—构建—测试—学习的工程范式"（the engineering paradigm of design-buildtest-learn）（Joel，2016）这样的描述，但这不能等同于认为合成生物学彻底颠覆了传统生物学的一般范式，或者实现了范式转变。在托马斯·库恩看来，相互竞争的范式之间是不可通约的，新范式不是旧范式的扩展或修改，而是完全取而代之。托马斯·库恩关于范式之间不可通约和范式转化只能通过革命发生的观点难以经得起历史上科学案例的质疑。至少目前看来，合成生物学的各项研究中依然存在着传统生物学的基本理论和研究方法，而与有关工程理论相对应的科学事实还有待将来进一步验证，即关于生命的工程理论的解释力还有待提高。再者，"范式"一词用法复杂，很难确定它究竟是与单个概念有关，还是与方法有关，或是与重要理论有关，又或者与整个学科有关。人们很难断定具体要达到怎样的标准，才可以认为合成生物学实现了生物学的范式转变，可以视为一场科学革命。因此，本书可以初步认为，不仅合成生物学在工程建造的实践方面仍面临着诸多理论和技术上的挑战，范式转变言之过早，而且在合成生物学的工程范式还未获得真正的成功之前最好规避这种提法。

但是，人们也不能忽略合成生物学的独特性，在这些独特性方面，它确实体现了一定程度的范式创新。关于这一点，无论是从它的概念框架、研究方法和技术手段，还是从2000年以来涌现的一大批合成生物学家群体所展现的信念基础、理论创见和实际工作，都可见一斑。按照工程范式，合成生物学已经取得了不少重要成绩，尤其是在基因组水平上的设计、合成与构建，使得人们越来越倾向于相信这种新的范式在不远的将来会被证明是正确的。如今，这些人已然形成了初具规模的科学共同体，他们遵循着相同或相似的科学范式进行着合成生物研究。此外，传统生物学的理论在解释生命起源、突现性及基因型与表型关系的长期问题方面确实显露出它的不足，难以适应生物学发展的现实需求，在一定程度上可以视作托马斯·库恩所说的科学危机。因此，急需一种可以打破常规的新的理论或方法。在这一情境下，科学家选择重新审视传统生物学的物理学范式，转向合成生物学的工程范式，无疑是为了克服这一危机找寻新的希望。

然而，正如莱昂内尔·克拉克（Lionel Clarke）所言，"革命性"一词既具有积极的含义，同样具有消极的含义，人们在面向合成生物学时，应该谨慎使用"科学革命""工业革命"这样的提法，以避免不切实际的期望和产生不必要的担忧（Clarke，2018）。因为，在托马斯·库恩那里，革命往往意味着彻底颠覆、取而代之，这与目前的科学事实不符。合成生物学并未否定之前的科学理论，在某些方面甚至有融合的趋势。科技对工业的实际影响则往往在很多年以后才能显现，而现在就断言合成生物学引发了工业革命为时过早。因此，大家不妨使用"范式创新"这样的概念来淡化范式具有的革命性的含义。因为，创新可以是多种形式，不一定是新的事物推翻旧的事物，也可以是在旧的基础上的补充或者修改。由此看来，或许今天人们首先应该做的是探究关于这种范式创新的历史基础和已然显现的具体方面，更进一步的哲学问题应该留待合成生物学进入常规科学阶段以后再讨论。

三 合成生物学的范式创新

(一) 范式创新的基础

21 世纪，生物学的飞跃式发展得益于人类基因组计划和基因组学的诞生。近 30 年来，人类陆续展开了对人、动物、微生物和植物等基因的测序工作，产生了海量的基因序列，绘制了精确的基因组图谱，为破译生物遗传密码的最终目的提供了进一步解读和书写的基础。与此同时，生物学与信息科学等其他学科的结合及相关生物技术的发展则为解读和改写遗传密码提供了先进技术手段。科学家们也不再局限于分子生物学的研究框架，仅专注于对生物大分子的描述性分析，而是转向了对生命系统的理解和研究。这种转变自然而然地导致了这样一种想法：对一个生命系统的全面理解，不仅需要对其进行分析，还需要对其进行综合。这种想法首先出现在系统生物学中，"系统生物学强调量化、建模以及结合使用分析和合成来理解生物体" (Víctor, 2018)，旨在从更高的生物组织水平上理解和预测分子过程。这种想法通过合成生物学与信息技术、有关生物技术的结合具有了落地的可能，正如它一开始的目标所规定的那样——设计和创建用于各种目的的生物系统。

事实上，这种范式创新前期积累的时间可以向前追溯到分子生物学的诞生，即沃森和克里克在 1953 年发现的双螺旋，甚至是薛定谔关于生命细胞的物理学见解。诺贝尔奖获得者悉尼·布伦纳 (Sydney Brenner) 的话可以佐证这一点，他指出生命科学真正的范式转变源于它引入了信息的概念及其在 DNA 序列中的物理体现 (Brenner, 2012)。从思想史的层面，这种联系还可以继续向前追溯，如有机尿素的合成。这种化学合成的方法至今是 DNA 合成的主流方法。但更为重要或紧密的则是让生命走向计算的企图。这种关于生命计算的思想源于图灵和冯·诺依曼。他们致力于发现生命的逻辑，认为正如机器的本质是其逻辑形式，生命的本质同样如此。只不过在冯·诺依曼看来，生命不是一般的机器，而是如他所说的可以"自动推进"的自动机 (李建会, 2004: 15)。悉尼·布伦纳认为，生物学的本质就是非常低能量的物理学和计算，基本理论实际上是图灵在他的通用图灵机概念中制定的，并由冯·诺依曼在他的自我复制机的理论中体现，只要给定任何计算的描述，通用图灵机就可以读取描述并执行计算；同样，冯·诺依曼通用构造函数在提供其描述时可以构建任何机器，但为了保持自我复制的特性，亲代机器（parent machine）必须复制其描述并将副本插入子代机器（progeny machine）（Brenner，2012）。

正是这种生命可以计算的想法，激发了后面的科学家关于生命的本质是遗传密码的推想，而 DNA 就是可以读取和编程的指令代码（悉尼·布伦纳认为图灵和冯·诺依曼的思想与沃森和克里克的思想之间没有因果关系。他的理由是弗朗西斯·克里克曾亲口告诉他，克里克认为它就像莫尔斯电码——将字母表转换为点和线的二进制代码的表格。按照布伦纳的说法，图灵、冯·诺依曼和沃森、克里克思想上的这种惊人相似的联系是偶然的。但我们认为，即使沃森、克里克没有受到图灵、冯·诺依曼的影响，他们的后继者也不可能完全没有受到过影响）。这种推想，让生物学与计算机紧密地结合起来，生命系统俨然成了信息编码、信息流动和信息处理的超级智能机器。直到 1983 年克里斯·兰顿提出人工生命的概念，人工生命哲学首先在智能机器人的领域产生了重要影响。计算机科学家更倾向于制造出类似于生命智能的机器。然而，在人工生命研究中，通过湿实验合成生命的构想已然出现。而过去七八十年影响深远的数字革命的影响还不限于此，它加速了学科的融合和技术的整合，万物互联，将一切数字化的设想和宏愿也深入到科学的其他领域。这一设想切实地推动了物理、生物和数字领域以及不同技术之间的融合，为合成生物学人工合成生命奠定了坚实的理论和操作基础。

当然，人类对于生物的干预和改造的想法一直可以追溯到农耕时代，而真正进入生物内部的底层机制进行设计、改造和合成则开始于分子生物学时代。人类一直以来未曾放弃的关于想要了解生命本质的愿望和改造、构建生命的蓝图，构成了生物学走向理性设计与工程的最根本的内在动力。这与人类始终未曾放弃研究身心关系（当代表现为心灵哲学或大脑与意识的研究）的追求相一致。当然，还有更务实的外在动力，对生命的理解和控制可以帮助人们攻克疾病、延长寿命以及开发基于生物的人工制品，解决社会关切的医药、环境、能源、食品等问题，同时为经济发展提供新的增长点。

（二）工程范式的提出

科学家和哲学家认为合成生物学由工程范式主导，是它与传统生物学的根本区别。但正如前文所述，人们很难剥离合成生物学与传统生物学的继承关系以及罔顾它与其他学科、技术的交叉与融合。工程范式作为生物学的新范式，有其深厚而宽广的历史和理论背景，只是合成生物学给了它茁壮成长的土壤，而且就目前的科学实践和成果来看，它展露了丰富而顽强的生命力。基于这样的看法，也就表明了本书的立场：对于工程范式是否引起生物学的革命，应该保持谨慎的态度；对于工程范式是否可能，应该持乐观的态度。然而，这并不意味着人们就要止步于此，即使工程范式并不必然地像托马斯·库恩所说的取代旧的物理学范式，它也确实贡献了自身的新颖性和创新性。在这个意义上，合成生物学的工程范式对于生物学研究而言是具有革新的进步意义的。接下来，本书就将深入探讨这种新颖性和创新性的具体方面。

基于第二章的介绍，大家了解了合成生物学概念基础是隐喻性的。隐喻概念尽管并非合成生物学独有，但是像合成生物学这样总体上由隐喻组成概念框架的现象实不多见，而概念作为范式理论的基本要素，新颖的工程隐喻概念可以视作合成生物学的范式创新的重要部分。此种工程隐喻概念启发或展现了合成生物学的方法论原则，可以窥见其中关于本体论、认识论和方法论上的连贯性，即它的本体论预设是生命的系统观（它反映了一种关系实在论），它的认识论预设是：生命知识是构建的结果，它的方法论是：生命系统通过设计与合成可以达成理解和实用性目的。

在托马斯·库恩所关注的范式转变问题上，工程范式的提出也展现出了它的一种历史必然性。这与生物学中出现的反常现象直接相关。这种反常在人类基因组计划实现构建完整基因蓝图的条件下尤为突出。因为对整个基因组的解读和把握并不像分子生物学的物理学范式所期许的那样可以推导或预测生物整体的行为，细胞或生物体水平的现象无法完全用基因来解释，构建完整基因图谱的信念并也并没有让人们更接近全面地了解整个生物体之间的差异（Kitano，2002）。这一反常让大家对生物学中盛行几十年的物理学范式的基本原理产生了质疑，生物学可能需要一种新的范式来解释这种反常现象。与此同时，这种质疑也导致了物理学范式的形而上学基础遭到了批判。约翰·杜普雷（John Dupré）就曾指出物理学范式反映了机械论的世界观，即将发生的一切还原到物体的基质加以解释，并坚信一种自下而上的单向因果关系（决定论），这反映了一种形而上的信念：确信世界上有一个先定的结构，世界是由一组独特而客观的自然种类组成（本质主义）（Dupré，1995）。这种对形而上学预设的批判带来的直接结果是认为科学工作不需要这种形而上学预设的概念和方法作为基础，好的概念和方法应该适应人类的认知和理解的需要。例如，面对生物系统的复杂性，人们需要实用的方法、技术和概念来处理这种复杂性，而工程科学中的数学建模和计算机模拟就是理想的方法。

（三）工程范式与物理学范式的比较

在前文曾论及关于合成生物学作为科学、工程还是技术的问题，这一问题通常被描述为科学与技术的关系问题。目前，这是一个没有最终答案的问题。但大家不得不承认，合成生物学学科综合、技术整合的结果是反映了科学与工程、技术的融合趋势，即人们常说的科学技术化和技术科学化并行的状态。传统观点认为科学与技术之间存在着严格的区别，科学的最终目标是真正的知识（true knowledge），而不是有用或适用的知识（useful or applicable knowledge）。按照这种划分，工程科学就不能被称作科学，而是工程与设计意义上的技术（Boon，2011）。这种明确的区分最早可以追溯到柏拉图和亚里士多德关于知识（epistêmê）和技艺（technê）的区分（Werner，2007；李涛，2020；聂敏里，2016）。epistêmê 代表反映事物本质的一种必然性的理论知识，technê 代表有关制造的一种偶然性的实践知识。亚里士多德认为理论知识的对象是普遍的、永恒而不变的事物，而实践知识的对象是生成的、可变而易逝的事物（参见斯坦福哲学百科全书词条“Episteme and Techne”）。这种区分在今天依然被很多学者视作看待科学与技术的关系的重要依据。由此也不难看出，对应于生物学中的两种范式，物理学范式与 epistêmê 所表达的观点一致，但工程范式与 technê 所表达的观点是否也一致呢？

人们很容易这样认为：既然合成生物学由工程范式为主导，其本质就应该是一门工程技术，它属于 technê。它关注的主要问题是实践和应用。事实上，合成生物学家不会认可自己仅仅作为工程师或技术人员的单一身份，他们往往更愿意承认自己是跨学科的从业者（Zwart，2016）。同样，单从工程或技术角度去理解合成生物学，无疑是不了解合成生物学的学科特征。就目前绝大多数文献和媒体报道中的描述以及有关的项目研究内容来看，合成生物学包含了科学、工程和技术多个维度。它的目标中既包括科学发现，也包括技术发明和工程应用等。更重要的问题是，合成生物学的工程范式内含的科学目标与物理学范式并不相悖，它们都有为了获得真正的知识而诉诸科学实践的努力。人们对工程或技术的理解不能再停留于它们作为干预或改变自然事物、制造自然中不存在的事物的工具性认知。人们对知识的划分也同样不能再停留于对理论知识和实践知识的简单划分。当工程技术用于设计和创造自然界中既已存在或未曾存在的事物，如合成生物学致力于人工合成支原体细胞、酿酒酵母菌细胞等，这种基于设计和技术创造的努力中既包含了关于生命本质规律的发现的知识（如必需基因与非必需基因的发现），也包含了关于新生事物（如新的生命形式）或新的功能的知识。这种情况不仅是可能的，而且正在形成事实。在一篇题为《设计合成生物学》的论文中就曾明确指出，设计是合成生物学中科学与技术之间的接口，合成生物学中的设计原则指导着生物学和生物工程技术之间的交融（Agapakis，2013）。因此，当工程范式与生物学相结合时，它与 technê 所代表的有关工艺或制造的一种偶然性的实践知识并不完全相同。工程范式不仅仅是一种技术范式或研究方法，同时它也是诉诸真正知识的一种科学理论，一种因需要而扩展的科学范式，与物理学范式具有同等的地位。

通过图 3-2，比较一下基于物理学范式的分子生物学的中心法则和基于工程范式的合成生物学的核心原则（core tenet），可以发现工程范式与物理学范式之间的关联。分子生物学中细胞内包括代谢结构（metabolism structures）的信息流向遵循中心法则"信息是单向的，从核酸到蛋白质，绝非相反"（Matthew，2017）的规定。这是遵循物理学范式中科学发现和科学描述的结果。合成生物学则不同，它将重点放在生命系统的关系和组成逻辑上，既包括那些已经存在的系统，也包括那些可以在未来设计的系统（Víctor，2018）。这是在原有科学发现和旧的科学理论明显不足的基础上的系统性工程与设计。在物理学范式主导的分子生物学面临生物复杂性的困难时，工程范式则针对性地提出了抽象化、标准化

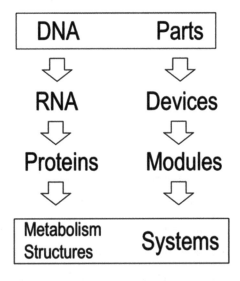

图 3 - 2　分子生物学的中心法则和
合成生物学的核心原则（Víctor，2018）

和模块化地从头设计与构建的理论和原则，如基于"中心法则的合成工程旨在优化和扩展原生细胞机器的能力"（Young1 and Alper，2010）。但同时，它也模仿自然选择的进化过程，如利用定向进化的方法实现分子水平的模拟进化以实现重要功能基因的筛选。这二者之间，前者侧重分析，缺乏综合；后者侧重综合与合成，但兼有分析。工程范式的综合与合成是发生于物理学范式累积的数据分析和理论基础之上的。因此，合成生物学的工程范式与分子生物学的物理学范式之间既有连续性又有互补性。

关于两种范式的比较，米克·布恩（Mieke Boon）引入了托马斯·库恩后期关于弥补范式概念不足的另一个新的概念"学科模式"（disciplinary matrix），不过托马斯·库恩没有列出关于学科模式的详细清单，只是指出了它的主要组成部分，包括他所谓的"符号概括"（symbolic generalizations）（学科的理论内容，如逻辑形式化的定律）、"范式的形而上学"（metaphysical part of paradigms）（关于信念的共同承诺）、用于判断理论的"价值"（values）（例如，他总结了一个好的理论应该具备的价值应该包括准确性、一致性、范围、简单性和成果性）和范例（符号概括的说明）等（Kuhn，1970）。托马斯·库恩关于用学科模式界定范式的描述补充于《科学革命的结构》（第二版）的后记中，他写道："就目前而言，我建议采用'学科模式'：因为'学科'指的是某一特定学科的从业人员共同拥有的东西（common possession）；'模式'则由各种有序元素组成，每种元素都需要进一步地规范。"（Kuhn，1970）

米克·布恩认为托马斯·库恩的范式或学科模式虽然由异质元素（托马斯·库恩称为成分）组成，但在识别这些元素时，他是以物理学理论的革命性为范例的，因而忽略了其他学科中与物理学不同的普遍元素，这些元素解释了更普遍的关于科学与科学实践的其他类型的哲学和规范预设与信念。例如，他认为解决实际问题的"有用性"（usefulness）在科学的工程范式中就比在物理学范式中更重要，而有用性应该被包括在价值元素中；物理学范式所惯持的还原论在生物学中遭遇了反常，其形而上学和认识论预设遭到了哲学批判，以及新兴技术和工程概念的发展，也表明了需要一种新的范式处理更高的复杂性问题和开辟新的研究空间。尽管按照托马斯·库恩的观点，范式本身无法被证实或证伪，但这意味着科学家可能希望放弃或修改范式。为此，米克·布恩开发和扩展了托马斯·库恩的学科模式，并分析了更加符合最新生物学发展需求的工程范式。他指出，新的工程范式并不拒斥物理学范式中的合理元素，如方法论还原并没有在合成生物学的工程范式中被拒绝，而是被理解为一种策略。通过范式的扩展，米克·布恩接下来的工作就是通过物理学范式与工程范式的比较（见表3-1）来证明"工程范式能够识别在物理学范式中仍未被注意到或被忽视甚至拒绝的生物和生物医学科学的方面"（Boon，2017a）。

通过两种范式的比较，米克·布恩主要强调了生物学工程范式的核心是将知识作为认知工具，这与物理学范式将知识作为真理的表征大不相同（表3-1中两种范式的比较，其间的联系和差异一目了然，在此不再赘述。下面主要探讨由他重新构建的工程范式相较于物理学范式存在的优势以及两种范式在当前生物学研究中的实际关系）。

表 3 – 1 　　　　　　　　生物学中的物理学范式与工程范式比较

构成范式的要素	A. 物理学范式（由薛定谔重新构建）	B. 工程范式（由米克·布恩重新构建）
科学研究的认知目标	1. 基本物理实体（自然的基础"积木"）、支配自然的基本原理和一般规律的发现 2. 根据理论（基本原理和一般规律）对观察到的现象进行解释和预测 3. 理论的统一	1. 认知工具的构建：用于实际用途的知识生产（例如，概念、规律和模型），包括旨在发现如何生成和操纵（生物或技术）功能以用于实际用途（如医学、农业和生物技术） 2. 从概念、规律和理论方面对自然和技术产生的现象与功能进行解释和预测，从而生成能够对这些现象和功能进行实际设计、生产和操作的模型 3. 跨学科性（而不是统一性），涉及根据特定认知目的（用于实际用途）生成科学模型的认知目标
接受知识的认知价值和标准（库恩的第三元素）	1. 真理（和经验充分性） 2. 一般意义上的简单性 3. 普遍性 4. 解释和预测能力 5. 逻辑一致性 6. 与公认知识（accepted knowledge）的一致性 7. 从较低层次的知识推导出较高层次的知识 8. 可测试性	1. 鉴于认知目的（用于实际用途），经验的充分性、可靠性和相关性 2. 在可管理性和易处理性意义上的简单性 3. 鉴于认知目标，在普遍性和特殊性之间取得平衡 4. 解释和预测的可靠性 5. 逻辑一致性 6. 与认知用途相关的公认知识的一致性 7. 不同领域和层次的知识的整合 8. 鉴于认知用途的验证

续表

构成范式的要素	A. 物理学范式（由薛定谔重新构建）	B. 工程范式（由米克·布恩重新构建）
基本原理和"调节性"（regulative）原则（指导科学研究的基本假设和规则）	1. 统一："以知识统一为目标" 2. 还原性解释，即"旨在根据一般规律和基本物理实体解释现象"（如在人类基因组计划中） 3. 基于可重复性和其他条件不变原则的泛化（归纳推理），其中涉及如通过在仔细控制和稳定（非动态）环境中的可重复性测试泛化性等 4. 不变性："寻找在各种相关物理条件下稳定的物理现象"	1. 整合多元主义和实用主义 2. 为不同认知目的构建模型（例如，解释、预测、建立实验模型和计算机模拟） 3. 基于可重复性和相同条件—相同效果的调节性原则的泛化，这涉及如在相关的、新的、物理条件下测试知识的泛化性，从而考虑到不可预见的相互作用 4. 不变性（仅次于可重复性）："寻找在各种相关物理条件下稳定的物理现象"
学科的理论原理（库恩的符号概括）	1. 一门学科的基本定律，尤其是物理学，如牛顿运动定律、麦克斯韦电磁定律、热力学基本定律和量子力学中的薛定谔方程 2. 例如定律：PV（T）= c（T）；V = I. R	1. 模型构建中采用了基本定律（针对特定类型的目标系统） 2. 模型构建采用现象学概念和定律（源自特定的实验设置） 3. 在（数学）模型构建中采用了类似基本定律的假设，如质量、能量和原子守恒，或者如热力学中的"热量不能自发地从冷流向热" 4. 为降低复杂性而对特定系统建模的典型工程原则，如在特定的"时间窗"内区分动态、半稳态和稳态
形而上学的预设（库恩的第二元素）	1. 世界有一个简单的层次结构，并且井然有序 2. 世界由基本实体的层次结构和较低层次的一般规律组成，它们在较高层次上"管理"对象和现象 3. 物理主义：每个特定的物理系统（包括生物系统）都是由物理和化学实体及其相互作用构成的	1. 世界有一个复杂的、无等级的结构："大量功能多样且通常是多功能的元素集选择性地和非线性地相互作用，以产生连贯而非复杂的行为" 2. 物理现象由物理和化学实体组成，受自然规律支配。然而，现象不是独立存在或独立出现的，而是与它们的环境相互作用 3. 生物系统受其物理结构及其高阶功能的支配

构成范式的要素	A. 物理学范式（由薛定谔重新构建）	B. 工程范式（由米克·布恩重新构建）
本体论（研究主题是如何概念化的）	1. 物理世界是根据对象、它们的属性和它们的因果作用来概念化的 2. 本体还原论（同意形而上学的预设）：更高层次的对象，它们的属性和它们的因果行为发生在较低层次的物理对象和属性上（在某些潜在物理特性没有差异的情况下，生物特性没有差异），并且每个特定的生物过程在形而上学上等同于一些特定的物理化学过程	1. 在当前的系统生物学和合成生物学中，现象（对象、属性和过程）通常根据其功能进行概念化 2. 从工程角度看生物结构，称它们为复杂的"生物系统"，使用工程类比根据其功能对其进行概念化，如"机制""模块""信息系统""模块化电路"以及不同类型的网络，如"控制论网络""基因/代谢/信号转导网络""分子网络""生物网络"
主题（科学研究中研究的"事物"类型）	1. 自然界中的生物现象。重点是基本的、"因果解释"的基本实体（例如，基因及其分子结构） 2. 基本实体被认为是独立存在的。它们是在受控的静态环境条件下单独研究的	1. 自然界和（材料）合成模型中产生的生物现象和系统。重点是不同种类的实体（例如，基本的遗传和非遗传分子、机制、途径、生物回路和不同种类的网络） 2. 生物现象和系统的动力学 3. 生物功能和正常运转 4. 通过连锁建模技术（使用实验、理论、数学和计算机模型），对（人工）生物现象和功能进行技术生产和操作

续表

构成范式的要素	A. 物理学范式（由薛定谔重新构建）	B. 工程范式（由米克·布恩重新构建）
认识论	1. 科学研究的目的是"真相" 2. 科学研究的目的在于理论和解释。理论和解释还原论：解释需要严格的定律（普遍的、例外的、时空上不受限制的），以及为什么必要的解释（why-necessary explanations）比如何可能的解释（how-possible explanations）更好。更高层次的理论必须还原为较低层次的理论，并从较低层次的理论中推导出来，而对更高层次现象的解释则是用较低层次的理论来解释的 3. 知识的层次结构。基本成分及其属性的知识，这是非时间性的。更高层次的理论必须被还原为较低层次的理论，并从较低层次的理论中推导出来，而对更高层次现象的解释则是用较低层次的理论来解释的 4. 理论和模型旨在成为现实世界的"真实"表示（如 Boogerd 等 2013 年所述："成功的因果模型是一种从'真实'过程和部分明确表达系统行为的机制"）	1. 科学研究旨在"使用"：如何以及如何可能 2. 科学研究的目标是认知工具：认知结果（理论、模型、定律、概念）是为认知用途而构建的认知工具，如解释和预测的构建、模型构建（例如，机械、数学、实验和合成模型）、创造性思维、解决问题、计算机模拟和实验设备设计 3. 知识整合：涉及空间和时间关系的动力学知识。这也允许从更高层次属性的角度对低层次现象进行还原性因果解释。此外，生物现象根据其结构和功能进行概念化 4. 科学知识不一定是"真实"的表示——它一定指的是真实的部分和过程。它可能类似于工程师为研究反馈的一般属性而绘制的控制图

续表

构成范式的要素	A. 物理学范式（由薛定谔重新构建）	B. 工程范式（由米克·布恩重新构建）
方法论	方法论还原是指在尽可能低的水平上对生物系统进行最有成效的研究，并且实验研究应旨在揭示分子和生化原因。此类策略的一个常见示例是将复杂系统分解为多个部分	方法论还原是在受控条件下研究现象的一种实用策略。许多其他策略用于研究生物系统的复杂性
科学范例（而不是理论范例，如库恩的第四元素）	1. 物理学 2. 分析化学和物理化学	1. 合成化学 2. 工程科学，如化学工程、机械工程、电气工程、计算机科学、生物技术和纳米技术
实验和技术仪器的作用	1. 发现和检验理论的实验 2. 开发仪器产生新的现象，研究现象，测量自然现象（Boon 在 2004 年称这些仪器的作用是：制造、模型、测量）	1. 测试模型和量化特定参数的实验，也用于模拟和操作以生成或控制（功能和人工）现象 2. （开发和理解）产生特定（人工和功能）现象的技术工具
科研成果/产品	1. 认识论：理论和规律 2. 物理：物理现象的发现	1. 认识论：数据集、现象学规律、科学概念、机械和数学模型，以及技术仪器和实验装置（工作原理）的科学模型 2. 物理：可能对功能感兴趣的物理现象 3. 材料：技术仪器和实验模型系统 4. 虚拟：数学工具和模型，以及计算机模型
正当性（justification）	1. 目的是检验（证实或证伪）一个假设 2. 基本上，通过假设—演绎方法，该方法通过实验测试从假设中推导出的预测，通常也使用计算机模拟	1. 目的是验证认知结果，如科学模型以及（复杂多级系统的）计算机模型，即评估它们是否满足预期的认知用途 2. 例如，如何验证生物医学应用的计算机模型；Knuuttila 和 Boon 认为，科学模型的大部分论证发生在构建它时（而不是仅通过实验测试）

资料来源：笔者整理和翻译，原来的英文表格请参见 Boon, M. , "An engineering paradigm in the biomedical sciences: Knowledge as epistemic tool", *Progress in Biophysics and Molecular Biology*, Vol. 129, 2017。

米克·布恩认为，"当知识被当作一种认知工具时，人类就会为或多或少特定的认知用途构建科学知识，而不是以某种方式被动地（但客观地！）反映（不可观察的）世界的真实面貌"（Boon，2017b）。米克·布恩的这种观点与他提出的"认识论的建构主义"（epistemological constructivism）［米克·布恩指出："认识论的建构主义被提出作为一种观点，其中科学的目标是为认知用途构建知识。它涉及这样一种思想，即科学知识（数据中的模式、科学定律、模型和概念）的构建是为了支持和指导认识论的使用，这也需要科学实践为满足这一目的的知识的生产制定认识论策略。因此，实践中的科学哲学的任务之一是重构、调查和评估构建知识的认知策略。"（Boon，2017a）］不谋而合，其核心思想在于将科学的目标理解成"为认知用途构建知识"更加符合当前科学实践的现实需要，这种需要即诉诸这样一种旨在将知识用于实际用途的认识论。世界和知识之间的二维关系于是变成了世界、知识和使用者之间的三维关系（Regt and Dieks，2005）。这种三维关系实际上才是科学研究和实践活动的全貌。这种三维关系反映了科学、工程与技术融合的本质在于知识不仅要表征真实的世界，还要能够解决现实世界中的问题以及创造新的事物和功能以实现人们的认知用途（反映了人类为各种认知用途而建构知识的事实）。这也是工程范式优于物理学范式之处，并且使科学家们相信它更适合生物学当前和未来发展的根本原因。

基于认知用途构建知识的主张实际上也反映了作为康德认识论基础的先天综合判断思想在科学哲学中的回归。然而，科学哲学在一开始就拒斥形而上学和心理学，以确保科学不被它们污染。于是，关于科学，人们只需要知道各种事物的经验描述，以及关于它们的数学和逻辑分析陈述。在这种知识完全作为一种表征的认识论前提下，知识的分析方法取得了极大的发展，但知识的综合或构建方法却被排除在科学哲学的范围之外。然而，康德认识论告诉大家科学知识何以可能的标准是先天综合判断（既具有感觉经验的内容，同时具有普遍必然性的知识，这样的知识才是科学知识）（陈嘉明，2004：15—18）。如今，生物学向工程范式的转变、知识的综合、技术的整合、实体的构建都离不开作为主体的人的认知目标，它要求在工程范式中诉诸既具有感觉经验内容又具有普遍必然性的知识（如系统生物学强调系统和功能机制的研究）。这种综合知识不仅在米克·布恩提出的认识论的建构主义中得到了印证，而且在相应的形而上学和本体论预设、方法论和科学目标、理论正当性方面得到了重视和体现（见表 3 - 1）。史蒂文·本纳（Steven Benner）曾用一段话很好地总结了综合对于弥补分析缺陷、验证和发展科学知识的重要性："因为建造一个东西需要对它的各个部分（以及它们之间的相互关系）有深刻的理解，合成也阻止了科学家欺骗自己。在研究人员的分析过程中，数据很少是中立地收集的，他们可能会丢弃一些数据，如果没有达到他们的预期，就会认为数据是错误的。合成有助于处理这个问题。理解的失败意味着合成的失败，通过合成会推动新的发现和范式的改变，而分析却没有这样的作用。"（Benner，2008；Battail，2014）

对于生命的解释和理解，知识的综合和实体的合成反映在系统与合成生物学中，更能弥补观察和分析方法的不足。在合成生物学中，工程范式的实用性和构建性体现得更加彻底，它使人们能够超越经验的限制，允许理论扩展到不可观察的领域中，不仅在理性中构建实体（模型），最后在现实中合成或建造出这个实体。这对于修正科学理论、扩展新的生物学知识、探索生命的可能形式以及在强化知识的有用性方面将会产生深远的影响。只是，这种过于关注实际用途的扩展（追求知识的有用性）是否以科学知识的真实性为代价，现在还未可知。毕竟，在自然界中的生物体，其复杂程度往往难以找到工程方法所要求的对应的标准化、模块化部件。基于工程范式的生命设计与构建即使成功，也难以避免被诟病为是对自然的一种强加。此外，或许更值得诟病的是，康德所批判的机械认识论在合成生物学中竟与认识论的建构主义并存，恰如工程范式主导合成生物学发展的同时，物理学范式同样在起作用。有人可能会认为，这或许恰恰是生物学中新、旧两种范式在各自证明自己的正当性：坚信物理学范式的科学家，不愿意放弃它主导生物学至今的历史地位；提倡工程范式的科学家，则急迫于确立新范式在当代生物学中的绝对地位。更合理的解释是，合成生物学这门新兴学科还处于发展的初级阶段，它在整个生物学中的影响虽大，但实际进展有限。就它目前的理论和实证研究成果来看，新范式推动的生物学研究并没有产生新的重大理论和发现足以颠覆过去以旧范式为特征的经典理论和发现，这意味着生物学的这一所谓新范式，现在不可能完全取代旧范式。相反，在实际研究中，两种范式之间的张力并不为科学家们所重视，科学家们看重的是，通过二者的合作与互补对于构建知识作为认知工具或解决实际问题能力的作用。这表明了米克·布恩扩充托马斯·库恩的范式概念符合当代生物学的发展实际，即比起托马斯·库恩之于范式所强调的革命性特点而言，米克·布恩提出的新的范式概念更强调有用性。因此，在当代生物学范围内，工程范式的创新不影响物理学范式继续发挥它的作用和价值，二者之间也不存在新旧范式转换的那种革命性关系，它们只会在各自强调的维度上共存而互补。

本章小结

本章主要从科学哲学层面考察了合成生物学"建物致知"与传统"格物致知"两种不同方法论之间的关联，介绍了建物致知的两个方法论原则和方法论变革的具体内容，以及探讨了合成生物学范式创新的问题。

首先，通过分析合成生物学建物致知概念与传统的格物致知概念的内涵，指出合成生物学实现了从传统分析方法到合成方法的转变。格物致知强调观察、分析和描述，代表了传统科学发现的分析路径；建物致知则强调设计、构建与合成，代表了实证科学以创造促理解的建构路径。通过分析合成生物学的三种建构方法，提出合成生物学"建物致知"的方法论原则：奥卡姆剃刀原则和类比原则。合成生物学工程原理强调化繁为简，从而降低生物复杂性，是将奥卡姆剃刀的经济思维引入了生物工程学；合成生物学各种类型隐喻的广泛使用，是通过与机器、建筑和计算机等的类比，为构建工程新的功能生命体或生命系统提供认识论和方法论的基础。

其次，通过从传统生物学方法论的变革历史到当代合成生物学的方法论变革，指出了生物学方法论从还原向系统、从分析向综合、从定性向定量研究的转变等，这种转变的历史背景在于生物学想要摆脱物理主义的影响，确立生物学自己的研究范式。通过对理性设计方法与定向进化方法及其基本概念进行考察和辨析，指出理性设计作为一种工程方法获得重视得益于20世纪美国教育界的提倡，而定向进化则为理性设计提供了经验条件，弥补了理性设计对生物复杂性认识不足而受到阻碍的缺陷，与理性设计形成了一对互补的方法，并认为定向进化与早期人类通过驯化或选择育种的人工干预方式之间具有方法论的连续性。

最后，通过将合成生物学的方法论变革置于科学哲学的范式框架中进行更加宏观的分析，认为生物学中一直主导的物理学范式正在向工程范式转变。但同时也指出，在合成生物学发展框架中目前两种范式共存，并没有完成范式转变，因此最好使用"范式创新"的提法。本章还介绍了米克·布恩关于生物学中工程范式的基本观点，认为他提出的认识论的建构主义或知识建构论是他所构建的生物学工程范式的核心理论，即工程范式强调知识构建的认知和实际用途（不仅强调知识的真理性，更强调其有用性），这一点与合成生物学的工程本质所提倡的建物致知与建物致用不谋而合。

第 四 章

合成生物学的合成生命
及其本体论问题

　　关于生命的解释和理解问题是哲学研究的主旋律之一。近代以来，人们不再满足于对存在本质的形而上思考，关于生命实体的存在论和认识论研究也随着物理学和化学的成熟发展开启了科学模式。生命的本质问题与起源和进化问题紧密结合，达尔文的《物种起源》是历史上第一次为科学地研究生命的本质提供了范本，即生命科学中的达尔文范式。自此以后，生命科学一直作为描述性科学对生物不同层次现象进行观察、实验、分析和描述，提出具有不同解释力和预测力的科学理论，积累了丰富的经验和知识。然而，近200年的发展，人类关于生命的知识依然有限。究其根本，生物现象不能等同于物理现象，生物层次的复杂性远甚于物理层次。物理主义遵奉的还原论和决定论对生命实体而言有些失灵。

　　生物的功能研究恰恰需要整体和系统的观点才能得以解释，如被砍掉的手离开了人体，就失去了作为手的功能。同时，生物的复杂性还体现在它内在和外在交互的动态而复杂的信息处理网络，如生物学家理查德·道金斯（Richard Dawkins，《自私的基因》的作者）举过一个例子：如果捡一块石头扔向空中，它会遵循物理定律形成一条抛物线下落，因为它只能对外力做出简单的回应，但如果将一只活鸟扔向空中，它会飞向丛林深处。它虽然也受到外力，却不是像石头那样。这是因为小鸟体内对接收到的信息进行了特定的处理，而不是做出简单的仅有关于力的反馈行为。（李建会，2004：42）人们可以将手砍下来研究它的形态、组织、结构以及分子组成，却难以充分了解它在整体中相应的功能机制。

人们也可以将鸟儿解剖，了解它丰富的生理知识，但却无法解答它到底基于怎样的信息处理机制，导致它不像石头那样呈抛物线下落，而是展翅飞逃。于是，人工生命研究向人们提出了这样一种观点：既然化整为零的方法已经难以推进生命研究走向纵深之处，那么大家采用人工的方式造出可比拟自然生命的生命体和生命系统，应该会有意想不到的发现和用途。这种观点深刻影响了人工生命研究在人工智能领域和合成生物学领域的目标和进展。

在第一章曾提到合成生物学与人工生命研究的关系。简而言之，它们都是一种建物致知的进路，即通过创造来增进理解。因此，无论是致力于硅基生命的软件和硬件途径，还是致力于合成碳基生命的湿件途径，或者是兼容这三者的综合途径，这些被创造出来的生命形式都是基于模仿而至超越自然生命系统行为的人工制品/有机体。因此，科学家相信，只有能够制造出这样的生命，才称得上真正理解了生命，才能更好地操纵生命知识和技术用于实际的用途。这种理论观点涉及了前文论及的物理学范式向工程范式的转变问题。但在认识论层面，更重要的是，它对生命概念、生命本质的哲学和日常理解构成了重要的挑战。尤其是随着克雷格·文特尔"人造生命"的成功，关于生命是什么的追问更加紧迫。合成生物学的工程生命将自然和人工、生命和机器的哲学讨论推向了新的舆论中心。人工合成生命究竟是生命还是机器，还是难以归类的两种不同存在的融合物？人工化学合成基因组是否意味着关于生命本质的活力论解释的终结和机械论解释的胜利？为了探讨这些问题，需要回顾一下人工创造生命的历史和哲学背景，梳理目前关于生命理解持不同立场的哲学观点，最后提出在合成生物学语境下怎样重新理解生命的基本观点。

第一节　人工创造生命与合成生命的哲学反思

在国内，"人工创造生命的哲学"这一概念首次由李建会提出，这种提法的直接来源应该是玛格丽特·博登（Margaret Boden）1996 年出版的编著《人工生命的哲学》（*The philosophy of artificial life*）。李建会认为人工生命对生命本质问题提出了许多新的观点，对这些新观点的研究可以丰富哲学思想（李建会，2004：7）。然而，在1987年克里斯·兰顿等人提出"人工生命"这一概念时，最初人工生命的创造平台仅仅是计算机。在他们的理解中，人工生命是不同于地球上碳基生命的其他可能生命形式，换句话说，他们要创造的是在地球上用计算机实现的硅基生命这种形式。他们的最终目标是在理想的虚拟媒介中创造出"生命"。并且，在他们看来，只要这种由人工基元组成的生命能够与他们模拟的自然过程一样真实且执行与自然生命系统相同的功能作用，即使它与地球上自然进化来的生命物质组成不同，也同样都是真实的生命（Boden，1996）。

但是很快人工生命的研究纲领就不再仅仅限于这种硅基人工生命形式，他们也支持"产生类似生命系统的硬件实现的硬人工生命，以及涉及使用生化材料在实验室中模拟生命系统而创造的湿人工生命"（Bedau，2007）。在本书看来，这种扩充其实体现了人工生命发展的内在逻辑和实践路线，软人工生命是基础，硬人工生命和湿人工生命不过是基于软件途径的实体化构建，区别在于硬人工生命形式是完全的机器生命，而湿人工生命是与自然生命物质组成完全或基本相同的有机生命。

马克·贝多总结了人工生命研究的两个最重要的品质：一是它关注生命系统的基本特征而不是偶然特征，二是它试图通过人为地合成极其简单的生命系统形式来提供对生命系统的理解（Bedau，2007）。从这种概括中，大家很自然地会想到合成生物学关于人工合成细胞的研究与人工生命研究之间的联系绝对不是偶然的。事实上，在翻开克雷格·文特尔的《生命的未来：从双螺旋到合成生命》这本书，就可以发现，这位人工合成细胞研究的主要引领者阐述的思想与人工生命研究的许多方面是不谋而合的，他在书中提到人工生命研究的先驱图灵和冯·诺依曼等，指出冯·诺依曼证明了他构想的元胞自动机可以具有类似于生命的自我复制的能力。并且他的工作和文字表述反映了人工合成生命研究是人工生命湿件途径的实验范例。同时他也认识到在计算机中那些模型化的虚拟生命离现实中的生命还是有巨大差距的，因为"计算机模型内的遗传潜能不是开放式的，而是预先设定的。与生物世界不一样，计算机演化的结果已经被编进它的程序里了"（克雷格·文特尔，2016：34）。

数字终究是数字，它不能自动变成有生命的实体。这是人工生命研究软件途径与湿件途径的巨大差别。毕竟，生物学家的目标与计算机科学家的想法是不完全一致的，生物学家将计算机当作工具，虚拟世界的生命模型只是构建生命实体的工具，而不是像计算机科学家认为的，计算机中的生命同样具有真实性，同样是真正的生命。例如，在系统生物学中非常重视计算建模，但大多数生物学家认为在实验室工作台上进行的"湿"实验仍然具有重要作用，即"你仍然需要做实验来证明你是正确的"（Calvert and Fujimura，2009）。然而，不管将计算机当成工具，还是创造生命的孵化器，计算机与生物学的结合在今天总归达成了一致共识。现在需要考察的是，为什么那些坚持人工生命研究的科学家相信数字生命、模型生命就是真实的生命，这与他们关于生命的理解有着怎样的关系？在他们看来，生命真的可以计算吗？生命的本质难道就是所谓的算法或程序吗？

一　生命的计算主义

计算主义（Computationalism）如今被广泛用于人工智能与认知科学领域，"认知即计算"（Shapiro，1995）或"你不能计算它，你就不能理解它"（Vincent，2013）是计算主义认知观的核心。人工生命研究走向计算主义，与基因测序技术成熟、基因组序列测定取得重大突破密切相关。基因测序产生的序列数据不仅数量庞大，而且蕴藏了生物复杂的生长和发育规律，这些数据的处理和信息的解读需要借助计算机技术进行存储与分析。基因组俨然代表了储存生命密码的信息库与程序库，对生命信息和程序的解读则意味着人类对生命本质的理解会不断深入。将生命看作程序和算法，还源于 DNA 密码是由 A、T、C、G 四种碱基的对应组合与排列而形成，这有理由让人们相信，要理解生命这部四字天书，只要找到可以将它们转换成计算机的基本算符"0"和"1"的算法，生命就可以被计算和设计（计算是符号串之间的变换，算法是符号串变换的规则，李建会认为不同语言文字之间的翻译也类似于这种计算）（李建会，2003b）。既然基因有这种类似于计算机的显著特征，那么生命是否也就一定是可计算的呢？想要通过信息和计算来探索生命本质是人工生命研究的基本任务。然而，当人工生命研究的重点转向湿件途径，那么合成的碳基生命与模拟的硅基生命之间还有共同的计算本质吗？代表自然定律的数学公式可以解释物理化学现象，然而在生命现象领域，这种定律真的存在吗？

这种把世界万物看作数、数学公式即计算的观点，在前文提到过，这是因循了毕达哥拉斯的"数本原说"或"万物皆数"（牛熠等，2004）。用数来解释自然和万物，自然也包含了生命这种存在形式。这种传统与柏拉图和亚里士多德也密切相关，他们的形式概念被人工生命的计算主义观点继承和发展，后者将生命的本质看作一种形式——算法形式。这种形式是一种非物质因素，它反映了一种形式实在论的观点，即形式才是事物的本质，是事物是其所是的根本原因（陈刚，2008b）。现代学者的观点认为计算主义关于生命本质的理解，源于约翰·康韦（John Conway）通过编制名为"生命"的游戏程序证明了冯·诺依曼的元胞自动机与图灵机等价，由此计算主义认为生命的繁殖、演化过程也可以通过计算得到证明（郭垒，2003）。反过来，也可以认为生命就是一台通用计算机，计算机可以按照生命的模式构建自己。这种观点反映了一种计算主义的强纲领，即认为从物理世界到生命过程和心智活动都是可计算的（刘晓力，2003）。

事实上，今天大家已经知道，计算机与生命是有极大的不同的，计算机可以用算法模拟生命活动的一些具体事件，尤其是那些易于模仿的简单的生命事件，但还不能或无法完整地模拟出高级生命体的一些情感、知觉和精神能力，如意向性、疼痛感等。生命的过程如今也不能被简单地认为是自我繁殖活动。自我繁殖只是生命的本质特征之一，生命还具有与环境以及其他生命机体之间相互作用的重要特征。计算主义能否穷尽这些本质特征所包含的算法，是值得质疑的〔郦全民区分了计算主义（Computationalism）与计算机主义（Computerism），认为早期认知科学家关于计算的认知纲领是计算机主义，而不是计算主义。在认知科学中，计算主义依然是理论基础。因此，所谓计算主义的强纲领在人工智能和人工生命研究中遭遇困境，并不等于认知科学中也是如此〕（刘晓力，2003；郦全民，2003）。当然，这种差异取决人们于对生命本质的不同理解，基因决定论者可能会继续支持计算主义，而当前主流的观点是生命的复杂性和系统性解释，计算主义面临的困难是无法忽视的。本书认为，计算主义的强纲领与物理主义的主张异曲同工，物理主义强调宇宙中的万事万物根本上是物理的，可以通过物理定律得到解释；计算主义的强纲领则强调宇宙中的万事万物根本上都是组织形式，都可以由计算得到证明。然而，在科学家没有制造出可完全比拟人的智能机器或可完全比拟自然生命的人工生命之前，人们无法证明或证伪计算主义理论。但是，就其作为一种理论工具而言，它倒是适应了生物学发展的需要。

　　这种需要很快体现于 21 世纪合成与系统生物学的发展中。一些合成与系统生物学家支持计算主义作为工具性的策略，这与他们使生物学变得像物理学和工程学一样具有定量、严谨和可预测性的设想有关，因为他们最终想要致力于设计和构建出这样一个可计算和可预测的生命系统。简·卡尔弗特（Jane Calvert）等明确指出："可预测性与'计算生命'的想法密切相关，对于一些系统生物学家来说，这是他们领域的最终愿望。"（Calvert and Fujimura，2011）当然，为此他们需要面临和积极处理生物学中偶然性和不规则性的问题。同时，计算是不够的，还要辅以其他的理论、工具和方法，如设计与合成的方法（Benner and Sismour，2005）。但无可置疑的是，计算主义在系统和工程生物学的领域十分重要。尤其是在当前数据驱动生物学研究的背景下，"开发并使用算法、软件和数学模型来分析数据以生成生物系统的动态计算机模型"对于"理解由基因组测序项目和其他分子数据生成的大量数据"具有基础性的作用（Calvert and Fujimura，2009）。甚至一些系统生物学依然声称，"他们的最终目标是生成能够预测生命系统涌现特质的计算机模型。他们认为，一旦发生这种情况，生命将变得可计算"（布杰德等，2008：56）。同时，合成生物学也被他们认为是用于验证这种目标的实际测试，并将它们进一步构建为功能性生物系统（Barrett，2006）。

二　生命的合成与最小基因组

　　计算主义将生命视作计算机的认知观导致了两种不同目标的人工生命实践：一是模拟和构建接近或超越生命的智能机器，二是设计与合成比生命更像机器的生命系统。这种划分如今鲜明地体现在人工智能和合成生物学这两个领域。生命的机器隐喻在人们理解 DNA、RNA、核糖体、蛋白质、细胞膜和细胞等这些构成生命的最基本的组分或单元时同样反映了一种计算的认知表征。例如，细胞被视作细胞工厂，DNA 被视作生命的软件，蛋白质被视作生命的硬件。这些软件和硬件的自然合成在无规则的布朗运动中构成了有规则的形式和空间，形成了可以传递和执行指令信息的生命网络结构，俨然一个巧妙而复杂地执行算法的计算机系统。

克雷格·文特尔表明他的初步工作就是致力于攻克细胞这台最重要也是最基础的生命机器，而解读、理解乃至编写与合成基因组是他开发细胞这台微型计算机软件的第一步。他说道：

> 现在我们已经进入数字生物学时代。在细胞中，蛋白质和其他相互作用的分子可以看成是细胞的硬件，而 DNA 被编码的信息则可以被看成是细胞的软件。制造活的、能够自我复制的细胞所需要的全部信息都已被"锁定"在蜿蜒曲折的双螺旋结构中。
>
> 一旦我们读取并翻译了它的密码，久而久之，我们就应该能够完全了解细胞是如何工作的，进而我们就能够通过编写新的生命软件来改变和改进它们。（克雷格·文特尔，2016：68）

显然，克雷格·文特尔和他的同事们在基因测序与合成这条道路上走得更早也更远。对基因组的测、读、编、写到合成的整个过程，他都经历了。这里面既包含了生命的计算主义思想，也包含了非生命物质到生命物质的化学合成方法、最小基因组的概念等具有哲学意蕴的话题。在此，需要回顾他的工作的几个重要历史节点，进而分析他的表述和工作中所体现的哲学思想以及可能的问题。

（一）生命的合成与数字活力论

第一章探讨了合成生物学与合成化学的关系。在合成生物学最重要的进展中，除了工程范式的提出，近十年最受瞩目的当数生命的合成。这项工作从 20 世纪就已经开始，如我国 1965 年人工合成结晶牛胰岛素、美国生物学家阿瑟·科恩伯格（Arthur Kornberg）成功复制并激活噬菌体 phi X174。或者还可以向前推进到更早些时候，如果人们将构成生命的有机质料——尿素的合成——也看作一种潜在生命的话。过去，这些生命分子或生物材料的合成采用的是化学合成方法，这种方法至今仍然是合成生物学人造生命计划的主流方法。但生命的合成意义不在于此，新的合成方法和技术才是产生革命性意义的基础。例如，从桑格测序法到高精度桑格测序法以及全基因组霰弹测序法的开创，实现了基因组测序速度、规模和精度的大幅提升，以及基因组移植技术、基因合成和组装技术中解决的各种难题。

生命的合成在合成生物学时代的体现即是合成基因组和合成细胞，最终的目标是真正从头合成一个完整的生命细胞。这意味着从染色体到细胞膜之间的所有细胞物质都需要人工合成。这在目前还是无法做到的。基于这种标准，克雷格·文特尔在 2010 年合成的人工细胞"辛西娅"（人工合成的辛西娅是一种蓝色细胞，能够生长、繁殖，细胞分裂逾 10 亿次，能够产生一代又一代的人造生命）（佚名，2017）——一种被称为蕈状支原体的新种株（蒋文君、吴超群，2011）——才不能被称作真正意义上的人造生命，而是一种生命细胞的改造，充其量他们只是合成了生命的一个最重要的部件——DNA 拼接成的基因组，并且组成该基因组的片段是被移植到一个天然去核的细胞中进行最后的生物合成才完成的［克雷格·文特尔给他的合成生命（合成细胞）下了一个定义：合成生命是完全由人工合成的 DNA 染色体所控制的生命］（克雷格·文特尔，2016：173）。用克雷格·文特尔自己的话说，"由于合成基因组既需要使用一个已存在的基因组，还需要使用一个自然受体细胞，因此'合成细胞'不能算是从头到尾的真正合成。创造一个'通用受体细胞'，成为摆在科学家面前的一个新课题"（克雷格·文特尔，2016：173）。同样，酿酒酵母菌的合成也是如此（李会珍、翟心慧，2020）。不过，在克雷格·文特尔看来，DNA 是所有生命的基础，相当于计算机的软件，改变了软件，也就改变了物种和细胞的硬件（克雷格·文特尔，2016：147）。这个依靠四瓶化学物质和计算机编码了化学信息的新的细胞，与自然生殖的细胞从起源上也是不同的。从这个意义上而言，这种新的细胞已经发生了质的变化，因此将辛西娅的合成说成是开启人工合成细胞计划最重要的一步，也并不为过。

现有的生命合成案例中选择的基本上都是实验室中惯用的病毒、细菌和真菌，这些结构简单的单细胞生物被认为与 40 亿年前生命的起源有着密切的关联。按照进化论，生命是从简单向复杂、从无序向有序的方向进化的，因此能够构建最简单的生物细胞，对于揭示和理解生命的起源问题具有重要的意义。阿瑟·卡普兰认为生命细胞的人工合成还具有重大的哲学意义，"在制造这种细菌的过程中，他们结束了一场关于生命本质的辩论，这场辩论在生物界和神学界持续了数千年。这一成就可能会被证明与哥白尼、赫顿、达尔文和弗洛伊德的发现一样，对我们认识自己和我们在生物家族中的地位具有重大意义"（Caplan，2010）。他指的这场辩论是关于生命的活力论与机械论解释。活力论者一般认为生命是不可能通过机械的理解得到解释的，因为生命中有一种至关重要的力量——亚里士多德称之为"entelecheia"（隐德莱希），医学家克劳迪亚斯·盖伦（Claudius Galenus）称之为"生命精气"（vital spirit），哲学家亨利·柏格森（Henri Bergson）称之为"动力"（élan），这种力量将有机物与无机物区分开来，让生命只能出现在有机物中。这种神秘的力量是生命存在的根本。事实上，在一些人看来，活力论或者说生命需要一种神秘力量的观点早在1828年维勒人工合成尿素时就被终结和扼杀了。

理查德·琼斯担心，看上去克雷格·文特尔在"将一根木桩插进早已消亡的化学活力论的心脏"，但或许同时他也无意间促成了活力论的一种新的形式——数字活力论（digital vitalism）。他指出，关于从头完全人工合成细胞的想法实际上基于他们对信息传递的看法——中心法则。他们将基因组序列信息存储在计算机上，然后这些信息通过合成携带它们的DNA分子而得到物理实现。在这些DNA分子被插入去核失活的细菌宿主——没有生命的外壳中之前，还只是一种无生命的聚合物。这种聚合物作为细胞读取DNA并合成蛋白质分子的机器，正是它携带的信息在新的DNA的控制下重新成功激活了已经失去活性的细胞。这种工作原理被克雷格·文特尔他们描述为一台操作系统损坏的死机通过一个新的系统磁盘得到了重新启动（正如那个去核的细胞在新的基因组的驱动下恢复了生机）。理查德·琼斯认为这种生命火花由DNA信息传递的观点实际上与他认为的数字活力论十分接近（Jones，2010）。

然而，理查德·琼斯没有阐述他的数字活力论具体包含哪些基本观点，他只是对这种数字活力论表达了质疑。我们也没有查阅到其他关于数字活力论的提法或文献。不过，根据他的描述和数字活力论的基本观点，本书也不难推断，该数字活力论的基本假设在于认定DNA所携带的遗传信息是控制和激活细胞的关键因素，这种因素决定了细胞的存活与否，是区分生命与非生命的标准。

理查德·琼斯提出的质疑理由是：到底是 DNA 控制细胞，还是细胞控制 DNA，可能是难以确定的。因为，在细菌中，DNA 似乎不像是一个控制细胞运作的控制器，更像是细胞在必要时可以利用的资源。他的这种质疑在于人们对 DNA 与细胞及细胞中其他部分之间的关系持有怎样的观点。按照生物学的中心法则，所有细胞结构的生物都遵循一种信息传递的规则，即遗传信息的传递只能沿着 DNA 到 DNA 或 DNA 到 RNA 的方向起作用。中心法则确立了 DNA 绝对是所有生命的核心。但这是否意味着人们要诉诸一种数字活力论来解释生命的本质及其运作。现在的生物学知识告诉我们生命现象可能远远早于 DNA 的形成，如果大家承认在以 DNA 为基础的中心法则形成之前，生命遵循着其他法则，那么就不能确定在生命诞生的早期，DNA 所携带的遗传信息是确定生命与非生命的标准。并且最新的科学研究已经挑战了中心法则关于遗传信息的单向传递，研究人员通过对一种聚合酶的主要功能的研究，证明了"RNA 也可以被写回 DNA"（现代生命科学的基本定律"中心法则"，指明了遗传信息的流动方向，除了极少数的逆转录病毒外，遗传信息从 DNA 到 RNA，RNA 再到蛋白质。负责这种遗传信息单向流动的 DNA 聚合酶无法将 RNA 逆向写回 DNA。然而，一项最新研究首次发现了人类 DNA 聚合酶将 RNA 逆向写回 DNA 的证据，这无疑是对中心法则的颠覆）（Chandramouly et al.，2021）。这至少意味着中心法则并不完善，对于遗传信息的传递人们需要重新理解。

当然，这里面根本的问题是数字活力论是否成立以及人们需不需要它。在关于 DNA 在细胞中的核心作用方面，是毫无疑问的。但数字活力论将 DNA 的信息传递当作区分生命与非生命的标准，正如前文所述，是难以成立的。只是人们可能无法否认的一点是信息的传递过程对于非生命转化为生命而言是至关重要的。在关于生命的起源中，遗传信息无论是藏于 DNA 还是 RNA［RNA 世界假说（RNA World hypothesis）认为生命进化的早期，没有蛋白质（酶），某些 RNA 可以催化 RNA 的复制——也就是说，RNA 是唯一的遗传物质，是生命的源头］（张无敌、刘士清，1996）中，这种信息机制都是存在的。这种容易令人确信的观点，从哲学上对于信息本质的解释来看，很有说服力：一是信息确实作为物质的客观属性普遍地存在于世界之中，它是物质内部和物质之间联系的形式；

二是物质在时空上的变化本质上是物质的属性和运动状态的变化，它表现为时空上的差异和联系（钟月明，1987）。基于这样的观点，大家再来理解合成生命的过程，即宿主细胞从非生命转向生命的过程中，遗传信息确实使得宿主细胞在时空上与合成的基因组产生了联系，并且在新的基因组植入后发生了变化和差异，而这种联系、变化和差异的基础则在于信息的传递。这种解释不仅具有形而上的合理性，而且也已得到科学的证明。因此，似乎数字活力论只要修改一下就能成立，即人们关于生命的理解不是诉诸中心法则所表述的 DNA 所携带的遗传信息，而是诉诸更宽泛意义上的使非生命的物质能够产生生命活性的信息（它包含了物质从无生命到有生命的差异）。只是，活力论因为历史原因，被覆盖上了一层神秘色彩。人们谈论它时，总是与神秘力量或上帝的第一推动力相联系。因此，本书认为理查德·琼斯关于数字活力论的提法是不准确的。由于合成生命的步骤中需要将遗传密码数字化，所以产生数字化生命的提法并不奇怪，克雷格·文特尔也确实在他的论著和采访中经常这样表述。然而，克雷格·文特尔是极力排斥活力论的，他认为他的工作就是为了证明生命产生的过程中没有特殊力量存在的余地。至于克雷格·文特尔他们将人造生命的过程类比为一台操作系统损坏的死机通过一个新的系统磁盘得到了重新启动，恰恰反映了他们对生命的一种机械论解释，反映了他们关于生命软件（DNA）对于生命硬件（蛋白质等）和生命系统（细胞）的重要性。

（二）最小基因组的形而上预设

1999 年，阿卡迪·穆舍吉安（Arcady Mushegian）将最小基因组（minimal genome）定义为包含最少数量的基因元件的基因组，足以构建现代类型的能够独立生存的细胞生物（Mushegian，1999）。因此，最小基因组的概念从根本上与最小细胞的定义相关，它反映了合成生物学最重要的认知目标之一就是合成一个最小版本的生命（Caschera and Noireaux，2014），在这个人工合成的生命系统中可以明确构成它的最小组件集。这种自下而上的合成方向与自然生命的进化方向恰恰相反。自然生命经历了数十亿年的进化，才从最初的简单形式演变成今天的复杂形式，合成生命则希望从复杂的生命形式回归最初简单的生命形式。然而，科学家对今天的细胞呈现出来的复杂性提出了疑问：这种复杂性对于生命是否真的至关重要？如果按照进化理论，科学家有理由相信现今细胞中"一系列的防御和安全机制、冗余和代谢循环在高度宽松的条件下可能是不必要的"，因此或者细胞生命是可以用更少的组件数量实现的（Luisi et al.，2006）。

在合成基因组的过程中探寻最小基因组的构成，意味着它只需提供有关维持生命最低要求的信息。这种策略被克雷格·文特尔最先用于支原体细菌的构建。这种策略与合成生物学的设计和工程思想密切相关，德鲁·恩迪就曾指出："没有一个智能设计师会以进化的方式把生物体的基因组组合在一起……没有组织或层次感。这是因为，进化不像工程师，进化不能回到绘图板，它只能对已经存在的东西进行摆弄。"（Anonymous，2006）在德鲁·恩迪这样的科学家看来，大自然不是一个高明的设计师，它所设计的生命形式还可以进一步精简和优化。如果德鲁·恩迪的想法与阿卡迪·穆舍吉安关于最小基因组的定义恰好契合的话，那么寻找最小基因组的目标并不是为了探寻原始的生命形式，而仅仅只为了构建现代类型的最小生命版本———一种可能的新的生命形式———它在设计和功能上不仅是高明的，而且是高效的。

然而，无论最小基因组的探寻与合成是出于怎样的科学假设，克雷格·文特尔的实质性进展都大大地推进了这项工作。他明确地告诉人们，他的团队试图确定生命的基本基因——他称之为"生命的基本配方"，将理解"最小的自我复制的生命形式"当作研究目标。他们借鉴了诺贝尔奖获得者马里奥·卡佩奇（Mario Capecchi）、奥利弗·史密斯（Oliver Smithies）和马丁·埃文斯（Martin Evarts）开发的基因敲除技术或基因打靶技术用于揭示基因组的功能（岳东方，2011；秦川，2007）。这种技术的原理在于通过移除或关闭一个基因来察看细胞存活与否，从而确定被移除或关闭的基因是否为细胞存活的必需基因。然而，在实际操作中，这种技术对于生殖支原体不起作用。直到克雷格·文特尔他们发现利用转座因子对基因组进行轮番随机插入，才终于得到那些活细胞中没有被插入的对生命而言必不可少的基因（Marshall，2009）。只是，即使找到了这样的最小基因组，也会面临一个严重的问题，即生命现象无法完全通过基因组来确定，因为不同的情境或环境，生命所需要的基因也会不同。这意味着他们在特定情境如实验室环境中确定一个细胞的最小基因组，换个环境，这个最小基因组中的基因及其数量也会发生变化。

于是，克雷格·文特尔他们意识到，要得到这样的最小基因组的唯一方法就是从头开始合成一个这样的基因组，从而使它能够产生一个比任何自然细胞都简单的最小细胞（克雷格·文特尔，2016：77—85；Hutchison et al.，2016）。自 2010 年开始，他们从合成的 JCVI-Syn 1.0 型丝状山羊支原体细胞最初的 901 个基因经过多次试错，不断精减，淘汰掉了那些功能上重合或不太重要且不影响细胞存活的基因，得到了只有 525 个基因的 Syn 2.0 以及只有 473 个基因的 Syn 3.0。据说，Syn 3.0 比当时已知的任何其他细菌的基因都要少（Saey，2016）。人们尚不清楚目前的最小基因组是否能够代表自然界中通用的最小基因组（universal minimal genome），但要确定最小基因组，不得不考虑基因与环境之间的相互作用（Acevedo-Rocha et al.，2013）。不过，科学家的实践进展让大家看到了合成生物学释放的巨大能力，这种能力给予了最小基因组概念从假设变为现实的条件。

目前，哲学家对最小基因组概念还没有予以足够的重视。最小基因组这一研究领域到底向大家提出了怎样的哲学问题，以及这些问题是否重要，目前还缺乏研究。接下来，本书将结合上述最小基因组的背景具体围绕以下问题进行哲学探讨：最小基因组是否指所有不同种类生命细胞中维持生命现象的那些必需基因的最大公约数？这种追求生命组成最小单元的预设是形而上的还是认识论的？这种预设有什么意义？

马西米利亚诺·西蒙斯（Massimiliano Simons）指出，最小基因组和必需基因（essential genes）反映了一种"本质性研究"（essentiality studies）的传统。在哲学上，这种研究的相关形式是生物本质主义（biological essentialism）或物种本质主义：声称物种是由本质特征定义的，如其基因组。根据这种观点，人类倾向于注意到生物种类的成员具有隐藏的本质，在生长和繁殖等外在变化中保持不变（Gelman and Hirschfeld，1999）。然而，在最小基因组研究中，马西米利亚诺·西蒙斯认为合成生物学对本质主义的理解是不同的，它不关注特定的物种，而是关注一般的生命；它不关注生命的构成或被认为活的生物的必要特性是什么，而是关注生命的操作要求，即使生命得以维持和运作什么是不可或缺的，因而它反映或追求的是一种操作本质主义（operational essentialism）（Simons，2021）。

　　将最小基因组研究表达为一种操作本质主义的追求，意味着它的理论基础不是基于内在生物本质主义（Intrinsic biological essentialism，IN-BE）的普遍性主张［INBE 分为温和派（moderate INBE）和激进派（radical INBE），温和派主张走向部分内在的、部分外在的或关系的本质，激进派主张走向完全内在的本质。后者强调"基因种概念"的真实性和优越性，认为主张物种本质应该坚持一元论，而非二元论或多元论。物种的本质是物种成员之共同拥有的内在微观结构——DNA 序列片段，它是物种内在本质属性的典型载体，属于"基因种概念"，体现了物种的"真实本质"，不仅能够解释其他物种概念所能够解释的，而且还能够解释它们所不能解释的，由此可以作为物种唯一的、内在的本质而存在］（肖显静，2016）。因为，这种普遍性主张要求无论环境如何，总有一些特定的基因对于任何生命系统都是具有普遍性的因而是必不可少的。在这个意义上，最小基因组研究的目标就应该是寻找必需基因的集合，该最小基因组的集合应该是所有不同种类生命细胞中维持生命现象的那些必需基因的最大公约数。这种主张往往假设所有物种具有共同的生物学意义上的祖先。然而，生命经过数十亿年的演化，现有基因的环境依赖已经远远超过它们的祖先。在现存条件下，要寻求这样的最小基因组，意味着"可能存在许多完全不同的最小基因组"（Huynen，2000）。换句话说，不同的最小基因组只能适应不同的特定环境。最终，人们可能无法找到那些能够实现区分生命与非生命意义上的必需基因的集合。本书进一步认为，这种普遍性主张实际上反映了关于生命的一种形而上预设，即生命世界具有共同的生物学基础，这种基础性的东西处于生命现象的最底层，也是构成生命最原始、最本质和最基础的东西。人们可以将它理解成乔纳森·夏法尔（Jonathan Schaffer）在物理世界中基础主义预设的生物学应用（Schaffer，2003）。然而，操作本质主义认为这种形而上预设的意义是有限的，证实是困难的，因为就目前来看，它既不可能通过考古方法，也不可能通过合成方法加以实现。

　　科学家们意识到这个问题的后果是放弃谈论必需基因，但同时提出了"基因生态位"和"基因持久性"的概念，他们建议使用"基因持久性指标作为一种构建方式来识别支持稳健细胞生命的最小通用功能"，这表明他们寻找的目标从"必需基因的最小集合"转向"必需功能的最小集合"（Koonin，2000；Acevedo-Rocha et al.，2013）。这种主张与操作本质主义相一致，它将最小基因组解释为生物系统在所需的、通常是人工的环境中可靠和一致地发挥作用所需的那些基因，马西米利亚诺·西蒙斯也称之为"标准性主张"（standardization claim）。马西米利亚诺·西蒙斯进一步认为，从这个角度来看，最小基因组只是一个有用的模型或工具，它只能反映一种有关现有基因组和生物体的经验充分性，即"最小基因组"这个词本身没有意义，除非与一组定义的条件相关，如物种、环境条件（例如，培养基、温度、栖息地）和基因组的目的（Simons，2021）。本书认为，西蒙斯对最小基因组的操作本质主义理解，避免了科学实践中由于形而上预设带来的各种问题，将最小基因组当作一种有用的模型或认知工具，则与上文提及的米克·布恩关于工程范式中有关认识论的观点不谋而合。

三　走向技术乌托邦？

早在 1906 年，雅克·勒布在他的著作《生命物质的动力学》（*The dynamics of Living Matter*）的引言中就明确说过："我们必须承认，没有什么能阻止人工生产生命有朝一日实现的可能性。"（Loeb，1906）这一人工创造生命的愿景百余年来始终没有被放弃，并在合成生物学中逐渐由可能变成现实。然而，一些学者更倾向于从其他角度来评价这一愿景。他们将合成生物学视为一门具有创造性的技术科学，其目标不是描述实际存在的生物系统，而是探寻、描述和实现生物的可能性。泰罗·伊亚斯（Tero Ijäs）等就认为合成生物学是通过构建与自然进化生物的功能不同的新型合成生物来扩展生物的领域（Ijäs and Koskinen，2021）。迈克尔·莫兰奇（Michel Morange）也持有相近的观点，他认为合成生物学家通过探索生物约束和设计系统的边界，从而克服自然进化生物的一些局限性（Morange，2009）。

在合成生物学中"生物学可能性"是一个十分重要的概念。丹尼尔·丹尼特（Daniel Dennett）曾对生物学可能性下过一个定义："当且仅当 X 是可获取基因组的实例化或其表型产物的特征时，X 在生物学上是可能的。"（Dennett，1996：118）该定义被认为与科学实践相距甚远，但不可否认的是，它为探索生物学可能性提供了一种逻辑和物理上的可能性（指内在不矛盾且符合自然规律），这种可能性表现为抽象的生物设计空间（一种可推理、可预测的范围）。因为这一定义潜在的假设是认为 DNA 的许多生物学功能特征实际上取决于其物理结构和化学成分。这一生物学可能性的概念在合成生物学中被整合到设计和工程的概念框架中，并努力从逻辑和物理的可能性转向实践可能性（可行的方案）。

　　然而，对于合成生物学重新设计生命的愿景，哲学家的担心从来不会缺席。在可能和现实之间，科学家相信工程和设计的力量，哲学家则提出合理的怀疑，认为对这种可能的诉求，一定程度上反映了合成生物学正在走向技术乌托邦（technological utopia）。汉斯·乔纳斯（Hans Jonas）曾阐述过这一担心，他说："技术进步的全球动力，如果不是明确的计划的话，其本身就包含着一种内在的趋势，即乌托邦主义。"（Boyer，2013）乌托邦往往被理解为一个最理想状态下的国家或社会，它源于柏拉图的"理想国"，发展成为圣西门、傅立叶和欧文等人代表的空想社会主义（星河，2008；韩连庆，2005：8—10）。约瑟夫·科茨（Joseph Coates）认为如果将乌托邦理解为一种未来的理想状态或某种想象中的社会、政治、制度和个人生活的完美的一般条件，那么"乌托邦"就是一个过时的概念，因为无论在历史或当下，它都不存在（Coates，2016）。霍华德·西格尔（Howard Segal）指出，乌托邦思维是一种社会批评形式，主要旨在阐明现实世界与理想世界之间的差距，以改善现状（Gilbert，1985）。技术乌托邦是指关于技术的看法是乌托邦式的，相信国家或社会的进步乃至人类未来的幸福主要通过技术进步的形式（如技术创新）得以实现（Coates，2016；Braun，1994）。

　　将技术科学与技术乌托邦联系在一起的原因是显而易见的，它们都不满足于现状，想要解决现实中的问题，诉诸一个可能的更好的生活世界。在合成生物学的蓝图上，正如向人们展示的那样，对它的投资将使医疗、制药、环保、能源、材料、食品、经济和社会等人类关切的最重要的主题领域带来巨大的利好。例如，"最小细胞的构建明确针对两个相互交织的目标：解决生命起源的基本问题和提供一个标准的'底盘'，可以在其上实施各种功能，从而可预测地按需提供特定性能。同样，微型机器是根据细胞运动模型设计的，其双重目的是更好地了解活细胞的复杂行为，并引导体内的微型机器人进行诊断或治疗"（Vincent，2018）。
更令人异想天开的是，合成生物学竟然已经被视为太空探索和地外殖民
的有力工具，而十年前美国国家航空航天局（National Aeronautics and
Space Administration，NASA）就对合成生物学产生了兴趣，认为可以使用
合成生物学来增加外星前哨生物的适应性，并赋予它们新的功能，从而
使这些工程生物可以在地外星球（如火星）生存，而它们的应用将满足
基本的生命支持功能（Verseux，2016）。然而，如何理解科学家将合成生
物学作为技术科学的基本目标理解为探索可能现象而不是实际现象？生
物真的走向技术乌托邦了吗？

在一些科学家如迈克尔·埃洛维茨（Michael Elowitz）和温德尔·林
（Wendell Lim）的描述中，他们认为合成生物学是从作为关注自然生物的
学科扩展到包括潜在生物的新的学科（Elowitz and Lim，2010）。这一描
述实际上是将传统生物学与合成生物学加以区分。马西米利亚诺·西蒙
斯以最小基因组的研究为例，指出克雷格·文特尔等生物学家主要关注
可能的最小生命系统，而不是实际存在的最小生命系统，这种对生物学
可能性表现出的兴趣表明它们是形而上的可能性，而非认识论的可能性。
马西米利亚诺·西蒙斯写道："技术科学家有兴趣探索世界上可能存在的
东西，即使它还不存在。这些未实现的实体提供了新的基本见解和实际
应用的前景。此外，为了使对这些模态性质的研究有意义，还需要其他
方法，如合成，可以实现这些可能性。"（Simons，2021）在马西米利亚
诺·西蒙斯看来，合成生物学之所以不同于早期的分子生物学（包括基
因工程），是因为后者仍然按照历史路径关注地球生物学（terrestrial biol-
ogy），即探索、分析和描述生命在历史上是如何出现在地球上的，而合
成生物学作为一门技术科学的目标是不同的，它的抱负是成为一门普遍
生物学（universal biology），即它不关注生命是如何出现在地球上的，而
是诉诸一种关于任何生命形式的理论，包括未来可能出现的生命形式。
同样，"合成生物学家更感兴趣的是探索生命系统可能做什么，而不是它
们实际做什么"（Simons，2021）。这种目标的差异性明显地体现于合成
生物学的未来愿景中。

然而，在伯纳黛特·文森特（Bernadette Vincent）看来，如果从历史
视角出发，合成生物学的未来主义（Futurism）倾向表明了它对技术史的

淡漠和对过去经验与教训的罔顾，因为它总是宣传自己是新颖的、革命性的，通过它，世界可以变得更加美好，而忘记了在更广阔的科学和技术背景中，它可能面临着类似的问题。相反，如果今天的科学家能够从过去的技术来看合成生物技术，那么合成生物学家的未来主义式的愿景，看起来确实就像一个自我实现的预言，而他们计划和掌控未来的能力就像一个乌托邦。如果从形而上层面考察，他认为新生命形式的乌托邦是最直接的说明。因为合成生物学的一个重要目标是致力于构建与自然生物系统交叉很少甚至是没有交叉的正交遗传系统（orthogonal genetic system）（葛永斌等，2014），这意味着"非天然核酸需要非天然氨基酸、新的细胞机制，以及……必须为它们的实际存在创造一个与自然世界平行的整个世界"（Vincent，2013）。同样，将生物砖设计成相互独立存在的标准化、模块化的功能性人工制品，这些生物砖不仅能够执行良好控制的功能，而且独立于它们的环境，意味着与自然的隔离（Isolation）。这里且不说这种人工系统及其生物制品能否真正做到与自然生物系统之间相互隔离，这字面意思的表达就已经让人觉得非常的乌托邦化。伯纳黛特·文森特认为，这些目标背后的基本假设反映了一种理想主义特征。本书认为，合成生物学关于新生命形式、人工生物系统的基本假设确实反映了一种形而上观点，因为，它虽然预设了新生命形式和人工生物系统的可能性，但它忽略了生物系统的复杂性以及满足这些可能性的条件。在这个意义上，如果大家承认合成生物学走向技术乌托邦，可能得到的是一种批判的观点。因为，怀疑它的人并不相信（至少不完全相信）它能证明它的那些基本假设以及实现那些相应的充满理想主义色彩的目标。

伯纳黛特·文森特进一步指出，合成生物学对生物学可能性的关注，尽管在形而上学方面表现更甚，但在认识论方面并非没有表现。他认为想象力是合成生物学认识论中的一个突出特征。科学与想象力似乎很难结合在一起，而与文学和艺术更接近。因为想象力通常被认为是一种远离实际的虚构能力。但想象力也有创造性的一面，它并非总是天马行空。尤其是在生命的设计与构建方面，想象力弥合了新生命形式的可能与现实的差距，扮演了积极而重要的角色。尽管想象力在标准的科学方法中被严格限制，但正是它对可能与现实之间的距离的这种联系与拉近，才激发了合成生物学家对非自然生命形式的设计与合成（Vincent，2013）。

　　伯纳黛特·文森特肯定了想象力在合成生物学认识论中的关键作用，认为它启发和指导了非自然的可能生命形式的设计。本书认同伯纳黛特·文森特的观点。自从 20 世纪以来，现代科技与人文的交融已经形成事实，这种交融不仅体现在影响深刻的文学、影视以及一些跨学科领域方面，而且深入到了科学技术的内核方面——理论和方法层面。正如隐喻被当作类比、启发和表征等合理的方法为科学所接受，想象力与隐喻一样在新兴的合成生物学领域，渗透了它的本体论、认识论和方法论，用于构建非实体的模型和隐喻本体，用于构建新的认知工具以及用于启发和形成新的方法论策略等。尤其是在探索生物学可能性的工程制造与物理实现方面，科学家们相信，科学想象力与理性设计和推理的结合，为合成生物学走向普遍生物学，探索自然选择丢弃的视野，以及在想象中的未来创造一个新生物的平行世界提供了机会。然而，这种机会代表了多大的可能性，目前的答案是不确定的，因为在可能与现实之间，如果科学技术完全可及，就根本不需要想象力的存在。正是因为科技难以弥合可能与现实之间的缝隙或鸿沟，才让人们产生期望和规划未来的愿景，使他们依靠想象力来扩展认识论工具，并在形而上学层面打开生物学可能性的大门。

　　由此，大家不得不承认，在生物世界，这种想象力与推理的结合，很容易产生技术乌托邦。但本书认为，大家没有必要过分担心合成生物学正在走向技术乌托邦——如果人们认为技术乌托邦带有贬义色彩的话。因为一个由技术人工物构成的世界早已存在，合成生物学只是在不断完善它。即使合成生物学的目标和愿景在有些方面显得不切实际，也不意味着它们只是停留在科学家或工程师大脑中的艺术灵感、文学构思乃至空想。相反，大家应该要看到充满想象力和灵感构思的思想，正是驱动技术创新和科学实践的重要力量。在这个意义上，不仅是合成生物学，关切当下和未来生活世界的所有技术科学领域（如人工智能、纳米技术等），都有技术乌托邦的理想色彩。事实上，人们不应该再将技术乌托邦理解成一种空想主义，而是应该将其看作一种科学的理想精神，正如它旨中之义所涵括的，这种理想其实是为了探索未知和改善现状的美好愿望。在理想面前，即使这种现实的条件与可能的理想之间差距较大，或者未来也根本无法完全达成，人们也不应该放弃。当然，人们也要警惕，技术虽然是为了实现人类追求真理和善的目的，但它具有利益与风险并存的显著特征，尤其是像合成生物学这样将技术用于干预自然和生命，容易出现很多新的和不确定的伦理治理问题。为此，人们需要对这类技术应用进行价值权衡，不至于使合成生物学从技术乌托邦转向技术敌托邦（technological dystopia）［技术敌托邦，由乌托邦（utopia）的对立概念敌托邦或反乌托邦（dystopia）衍生而来，它是指由于对新兴技术的过度迷恋或迷狂，产生极端的创新和想象，以致造成与理想社会追求相反的不可逆或毁灭性的灾难］（马兆俐、陈红兵，2004）。

第二节 合成生命与"生命是什么"的问题

合成生物学人工合成基因组被认为反映了生命的化学本质，而工程生物的提出则意味着要努力让生物系统变得像机器系统一样可以设计和组装。关于生命本质的还原论和机械论解释似乎正在新的合成生物学领域中寻求经验上的证实。但也有学者指出，生命现象是一个过程，而不是一堆表现为特定结构的物理化学物质。肯定 DNA 可以化学合成以及它在遗传中的核心地位，不等于承认自然生物系统就是一台复杂的机器。随着合成生物学朝向工程生物学的目标持续迈进，关于生命与机器、人工与自然之间联系与区别的讨论再次成为关注的焦点。虽然关于生命是什么、生命与机器之辩的争论在哲学领域早已不是什么新鲜的话题，但合成生物学赋予了这些旧话题许多新意，并衍生了一些新的问题。过去关于生命本质的讨论都是描述性的，人们只能依靠不同观点之间的碰撞来思考和比较哪种观点更有解释力和说服力。今天却不一样了，合成生物学向人们证明它可以直接带领大家用科学实践验证这些观点。它用"我无法创造的，我就无法理解"的宣言向人们表明"Build life to understand it"（创造生命以理解生命，同"建物致知"）才是理解生命是什么的最佳途径（Elowitz and Lim，2010）。然而，由于它的工程特性使得人工生命与自然生命之间难以进行有效区分，人工合成生命到底是生物还是机器，它与一般的技术人工物到底有什么不同和相同？这种新颖的话题之所以难以回答，即在于人工合成生命是介于机器和生物之间的一种混合实体，它既有生物的特性，又有机器的特性，它既要符合自然规律，也要符合人工目的。这种介于二者之间的混合状态，被认为是人工合成生命的模糊性所在。接下来，本书将结合历史上关于生命是什么的讨论来展开对人工合成生命的生命与机器之辩。

生命的合成与人类始终关切的一个经典问题相关——生命是什么？生命是什么的问题一般包含两个子问题：一是生命的起源问题，二是生命的本质问题。对这两个问题的回答，又直接关系到生命的定义问题。一直以来，"生命"被认为是一个所涉广泛的概念，它在生物学、哲学、医学、宗教、心理学等不同领域皆有不同的描述、定义和解释。至今，科学关于生命是什么的问题依然没有给出最终的答案。对于给生命概念一个清晰的界定，科学界也有两种对立的声音：一是认为没有必要纠缠生命的概念问题，对生命如何定义并不会影响他们对生命的直觉和有关生命研究的判断；二是认为对生命本质的探究是人类追求真理的目标之一，而为生命下一个准确而清晰的定义，是这个目标分内的事情，因为人们都坚信，能够被理解的事物也一定能够被说清楚。关于生命是什么的理解，经历了 2000 多年文字记载的历史，因为"人造生命"事件再次引起人们的关注，所以本书有必要在这一新的历史情境中重新回顾和了解一下这个跨越了哲学与科学、混合了理解与误解的过程。

一　生命的起源问题

都说关于人的一生，哲学有终极三问：我是谁？我从哪里来？我往哪里去？在生命科学哲学领域，关于生命也有终极三问：生命（的本质）是什么？生命从哪里来？生命的最终目的是什么？生命从哪里来即生命的起源问题。关于生命的起源问题，20 世纪 80 年代美国《科学文摘》杂志曾将其列为 20 世纪 20 个重大课题之首（范林，1987：46）。在过去的讨论里，生命的起源问题总是与生命的本质问题混为一谈，事实上，二者之间确实紧密关联。弄清楚一个具体事物的起因，有助于人们很好地理解它的本质，但起因充其量只是一个必要条件。因此弄清楚生命的起源问题，不等于弄清楚生命的本质问题。在科学的理解中，生命的起源是一次重大的自然事件，它属于起源学（Origins）和发生学（Phylogenetics）的研究内容（发生学和起源学分别对应观念的发生与事件的发生，是两个不同的概念，却经常被混淆。发生学强调人的主观认识，起源学强调自然的客观现象。相应地，发生学主要研究人类知识结构的生成，而起源学主要研究事件在历史中的出现）。因此，像有关生命起源的"灵魂说""神创论""活力论""智能设计论"等皆属于早期朴素的发生学的研究，这类理论主要产生于哲学领域，它的概念和理论基础是单一的逻辑推理；像有关生命起源的自然发生说、化学起源说、宇宙来源说等则皆属于生命的起源学与发生学的融合性研究，这类理论主要产生于科学领域，它的概念和理论基础既包含了逻辑推理，也参照了考古证据和科学实验。由此，人们可以将关于生命起源的探究分为哲学和科学两方面：一是生命起源的哲学观；二是生命起源的科学观。

（一）生命起源的哲学观

1. 灵魂说

灵魂，希腊文用 psychê（英文为 soul）表示，它的本义是呼吸（breathe）或者活着（尚新建、杜度，2004）。"灵魂"在古希腊时代是一个十分重要的概念，反映了人类早期文明对生命起源和形成的基本认知。亚里士多德的生命观被认为是关于生命的哲学辩论最重要的参考之一（Toellner and Leben，1980）。因为迈克尔·芳克、丹尼尔·福克纳（Daniel Falkner）等认为，自亚里士多德开始，灵魂才被确定为位于有机体内作为生命体或身体的原因和原理（the reason and principle of lived bodies）。它作为一种基本形式，导致了具体生命体的实现和结果（Funk et al.，2019）。该观点表明，亚里士多德开始将灵魂这种形式因作为生命的起因。因为，亚里士多德认为，质料因不能单独地构成个体，而灵魂作为形式因可以将"潜在的存在转化为现实的存在"，即让质料在转化过程中获得规定性，从"一般的东西变成了个别的东西"（陈也奔，2003：17—21）。然而，在本书看来，亚里士多德的灵魂说已经偏离了自然哲学对生命起源的解释，而是转向了对生命本质的解释。真正有关生命起源的灵魂说源自爱奥尼亚（Ionia）的科学传统。伊奥尼亚哲学家们，如泰勒斯（Thales）、阿那克西曼德（Anaximandros）、阿那克西美尼（Anaximenes）、赫拉克提特（Herakleitus）等，从自然现象出发，认为世间万物源于水，包含对立现象的"无定"、气与火等。虽然他们的思想中也包含了关于万物本质的观点，但他们关于事物的理解始于对自然现象的观察和思考。他们将 psychê 理解为关在体内的蕴含了生命的自然之气，一种纯粹的物质，它是生命现象的源头，也是生命运动的源泉（尚新建、杜度，2004）。以至于后来原子论的先驱——阿克拉格斯（Acragas）的恩培多克勒（Empedocles）提出"四根说（包括生命在内所有事物由四种元素组成）"，认为世界从这四种元素中"产生出所有过去、现在和将来都存在的事物，树木、男人女人、野兽、鸟和水生的鱼，以及享有至高特权的神。因为这些东西存在，通过相互渗透，它们就产生了许多形状"（Kirk and Raven，1961）。从中，大家已经可以清楚地看到恩培多克勒继承了爱奥尼亚哲学家的自然主义传统，而他的这种关于万物本质学说的发生学基础，正是对于自然中生命起源的朴素观察、想象和推理。

2. 活力论

活力论与机械论或还原论之间的争论由来已久，它们被认为是解释生命时两种对立的认识论。对于活力论者与机械论者漫长而反复的争辩过程，伦纳德·惠勒（Leonard Wheeler）总结道："机械论者认为所有重要的事情都已经知道，至少在原则上已经知道，只有次要的细节有待发现。活力论者认为现有的知识只是次要的细节，重要的一切都未被发现。"（Wheeler，1940）上文也曾提及，活力论反对对生命进行机械的理解，认为一些重要的生命现象（生物体的复杂性）不能仅通过解释的还原论诉诸物理化学的概念或规律加以解释（桂起权等，2003：93），而是应该诉诸一种生命力。这种生命力被认为是一种神秘的力量，它是一种精神力或内在的驱动力，有如灵魂、智慧（Fontecave，2010）。18 世纪末，法国生理学家玛丽·比查特（Marie Bichat）就曾认为："有机物的科学不应该像无机物的科学那样被对待……物理和化学现象遵循同样的规律；但这些规律与生命规律之间存在巨大差距。"这种巨大差距就体现在有无生命力上。但实际上，早期活力论（18、19 世纪）关注的不仅是惰性物质与生命物质、无机物和有机物之间的区分，它也解释了生命的起源或形成的问题。在这一点上，它脱胎于古希腊的灵魂说。在生命的起源问题上，早期活力论认为，在从无机物向有机物的转化过程中，一种具有目的性或指导性的生命力或活力使得无机物形成了有活性的有机物，且这种活力是先于生命过程之前就已经存在的。然而，这种活力却无法通过科学的方法加以检验或证实。如今，这种早期活力论的观点已经被放弃，但新的活力论正在以整体论的形式对抗着还原论和机械论的解释传统，尤其是关于生命系统的机器类比存在明显的局限（Kirschner et al.，2000）。本书认为，新的活力论不仅放弃了那种神秘力量的观点，而且也不再注重对于生命起源的解释，而是被当作一种认识论的工具，以试图从整体论的视角来解释生命系统的部分与整体之间的关系。丹尼尔·尼科尔森在他 2010 年博士学位论文的摘要中也曾持有类似观点，他声称："生物学中被忽视的活力论传统实际上拥有最好的概念工具来适应生命系统的本质。"（Nicholson，2010）

3. 神创论

神创论，由英文 Creationism 翻译而来，或称"特创论"（theory of special creation）。在生命起源的问题上，早期科学和宗教截然相反的立场体现在进化论与神创论的针锋相对中。神创论的思想代表了早期生命起源的宗教观点，它源于《旧约·圣经》第一章"创世记"，认为世界上从光、空气、水、土壤、植物、动物到人类的一切都是万能的上帝耶和华在六天时间内依次有目的地创造出来的。神创论主导了基督教时代的哲学和科学领域，如撰写了《自然神学》（*Natural Theology*）和《神的存在和属性的证据》（*Evidences of the Existence and Attributes of the Deity*）的哲学家威廉·佩利（William Paley）就认为对自然的观察为上帝存在及其行为提供了直接证据（Petto，2015）。神创论在科学中理论变体是物种不变论，认为所有物种自产生起就再也不能产生新的物种，也不会有数量上的增减，有限的变化只能发生在同一物种范围内。后来，达尔文《物种起源》的发表和以自然选择为核心的进化理论的提出，使物种不变论被淘汰，但神创论的思想依然没有消失，而是隐藏在新的对抗进化论的理论中，如智能设计论。神创论将生命的起源和发展归于一个超自然的造物主——上帝，属于一种宗教文化的观点，而不是自然的科学观点。基于宗教信仰，神创论是信仰自由的选择，属于一种特殊的文化现象（harvey Siegel and Mitja Sardoč，2020）。基于自然事实，神创论的一些观点虽然对于科学研究具有启发，但对于追求科学的真理同样是一种障碍。

4. 智能设计论

Intelligent Design（"ID"），一般翻译为智能设计论，亦翻译为智慧设讨论。1984年，一部质疑进化论和否定生命自然起源的著作《生命起源的奥秘》（*The Mystery of Life's Origin*）由三位科学家合著出版。2008年，一部名为《智慧设计论禁令》（*Expelled：No Intelligence Allowed*）的美国电影，反映了美国本土长期以来"达尔文进化论"和"智能设计论"之间的对峙（Lawrence，2008）。电影是为了控诉进化论带来的人类和社会危机，尤其是与德国纳粹主义的联系，从而引发观众对智能设计论的同情和支持。智能设计论的反进化运动（Intelligent Design Movement，译为智能设计运动、ID运动）主要发生在20世纪80年代中期以后，最初由加利福尼亚大学伯克利分校的法学教授菲利普·约翰逊（Philip Johnson）领导，现在由探索研究所的科学和文化中心（the Discovery Institute's Center for Science and Culture）的成员领导。智能设计论的基本观点是生物具有"不可简化的复杂性"（irreducible complexity），这些包含了"复杂的特定信息"（complex specified information）的生物系统，无法通过无目的、无方向的自然选择进行解释，而这些复杂特性用智能原因则可以很好地得到解释（Pennock，2003）。智能设计论者认为它不是一种变换包装的神创论，而他们也不承认自己是神创论者。宾夕法尼亚州利哈伊大学生物科学教授兼任探索研究所科学与文化中心高级研究员迈克尔·贝赫（Michael Behe）就明确否认自己是神创论者，智能设计论也不是神创论。他指出"生物学文献中充斥着大卫·德罗西耶（David DeRosier）在《细胞》（*Cell*）杂志上的言论：'鞭毛比其他马达更像是人类设计的机器'"，这种生物学中的智能设计可以经验检测到，那么究竟为什么认为这样的观察可能是正确的观点要被否定呢？（Derosier，1998；Behe，2000）事实上，智能设计论被认为不同于神创论的原因还是在于它对生命起源和发展的解释并非诉诸超自然的上帝，因为它没有做这种预设，而且它也不否定生物存在进化的过程，它只是认为生物系统表现出来的特定复杂性是达尔文的自然选择无法充分解释的，而智能设计的因果律可以在科学上做出更加合理的解释（胡大琴、金新政，2005：394—398）。本书认为，这种观点不仅具有逻辑上的合理性，而且符合科学观察和应用。因此，尽管智能设计具有明显的形而上学色彩，因为它容易让人联想到一个智能设计的代理人，但就其经验性和有用性方面而言，大家可以将它作为一种认识论和方法论工具，就像工程设计应用于合成生物学一样。毕竟，从满足人类需求的角度来看，生物可应用是发展趋势，而"达尔文进化论不能构建任何新事物"（Watts and Kutschera，2021），智能设计论恰好弥补了这一点。

（二）生命起源的科学观

1. 自然发生说

自然发生说（Theory of Spontaneous Generation），也称自生论或自发生成理论。该学说认为生命是由非生命物质偶然自发地产生的。例如，腐草化萤、腐肉生蛆。自生论是谁提出的？学界一般认为是亚里士多德。他的自生论描述了五种生物的产生方式，自然发生（蛆）处于最低的等级，然后是不完美的卵生、完美的卵生、体内成卵后完美的胎生、完美的胎生（戴维·林德伯格，2001：66—69）。经过将标准的动物世代（animal generation）与"自发世代"（spontaneous generation）进行对比，他认为后者发生在某些物质腐烂并开始产生新的有机体的时候（Kress，2020）。无独有偶，佛教经典《金刚般若波罗蜜经》第三品"大乘正宗分"也曾提到"所有一切众生之类：若卵生、若胎生、若湿生、若化生"，其中化生生物描述的就是自然产生的生命，如谷子放久了生出虫；道家经典《列子》也有云"乌足之根为蛴螬，其叶为胡蝶"（乌足草的根变为土蚕，它的叶子则变为蝴蝶），认为生命是"自生自化"的自然产物（杨庭颂，2020）；儒家经典《荀子·劝学》中也有"肉腐出虫，鱼枯生蠹"的记载。从时间跨度来看，除了荀子晚于亚里士多德，佛教的乔达摩·悉达多比亚里士多德早近300年，道家的列子也比他早近100年就提出了自生论的思想。然而，在古代，为什么在不同地域的学者们提出了这种几乎同样的观点？主要原因还是类似的自然现象在不同地域不同时期经常发生，而这些学者们无一例外对这些自然现象有着朴素而细致的观察。只是，生命起源这样复杂的问题仅靠人的肉眼是无法洞察的。这意味着，日常生活的观察和总结是远远不够的，还需要对自然生命的历史演进以及由宏观而微观的深入探索。因此，随着科学的进步，这种学说终会因检验而证伪。

2. 生源说

生源说（Biogenesis），也称生生论，由法国生物学家、化学家路易斯·巴斯德（Louis Pasteur）提出，其基本观点是生命只能由其同类产生，即生命只能产自生命，而不能从非生命物质产生（Gillen and Iii，2008）。生源论被认为是对自生论的否定。最初动摇自生论的科学家是 17 世纪的一位意大利医生弗朗西斯科·雷迪（Francesco Redi），他率先通过科学实验，验证了蛆不是直接产生自腐肉，而是由苍蝇所产的卵形成，即"腐肉生蛆"是错误的观点。然而，显微镜的发明，让人们认识到，即使雷迪的实验证明腐肉没有生蛆，但他没有证明肉为何会腐烂以及为何生出了比蛆还要小得多的微生物。于是，"微生物自然发生说"作为自生论的新形式再次兴起（周俊，1997a）。距雷迪实验将近 100 年后，巴斯德通过著名的鹅颈烧瓶实验（Gooseneck flask experiment or S-Shaped Flask Experiment）证明了细菌（微生物）不是自然产生的。他通过一只瓶口竖直朝上的普通烧瓶和一只瓶口被拉长弯曲的鹅颈烧瓶进行对比，两只瓶子在放置同样的肉汤后，随着时间的推移，普通烧瓶里的肉汤早已腐败变质，而鹅颈烧瓶里的肉汤始终清澈透明。由此他推断，微生物是从空气中直接进入肉汤中的，而鹅颈烧瓶由于瓶颈被拉长弯曲，所以微生物只能落在瓶颈上，才不致肉汤变质。自此，自然发生说被彻底驳倒。然而，生源论也由此否定了生命由非生命物质发展而来的可能性。

3. 化学起源说

化学起源说，按照其英文 Theory of chemical evolution 的翻译，也称化学进化论。它的提出者是苏联生物化学家亚历山大·伊万诺维奇·奥巴林（Oparin，Alexander Ivanovich）。奥巴林认为生命是地球温度逐渐降低后在漫长的时期中由非生命物质经过极其复杂的化学过程一步一步演变或进化而来的。奥巴林的化学进化论脱胎于达尔文进化论。达尔文的《物种起源》未能直接回答生命起源的问题，但是在 1871 年 2 月他写给好友植物学家约瑟夫·胡克（Joseph Hooker）的信中提出了他的大胆的猜想——生命极有可能起源于"温暖的小池塘"："人们常说，生命有机体第一次产生的所有条件都是存在的，而这些条件本来是可能存在的。但是如果（哦！多大的一个假设啊！）我们可以想象，在一个温暖的小池塘里，存在着各种氨和磷盐、光、热、电等，一种蛋白质化合物在化学上形成，准备经历更复杂的变化；而如果在今天这样的情况下，这种物质在生命形成之前会被立即吞食或吸收了。"（Maurel，2017）这对于像奥巴林这样坚定历史唯物主义的苏联科学家而言，无疑是关于生命起源最合理的解释。尽管，这种初步的猜想离揭示生命起源的真相还很遥远。从奥巴林《生命的起源》（1952）一文中可知，他在生命起源的问题上继承了恩格斯的科学的辩证的唯物主义思想，认为恩格斯"在他优秀的自然科学成就的总结中，提供了生命起源问题的唯一可靠的科学启示和研讨方法"（奥巴林、周邦立，1952：66—73）。在综合当时最先进的生物化学成就后，他提出生命的起源可以分为三个历史阶段：首先，是类似于达尔文"生命小池塘"的猜想，无机物在自然条件下偶然地形成了有机小分子；其次，落入原始海洋中的有机小分子逐渐形成了氨基酸、蛋白质以及核酸等高分子聚合物——有机化合物；最后，这些有机化合物在环境中通过自然选择逐步演变出具有生命的结构和形态，形成能够新陈代谢和自我复制的原始生命，直至细胞诞生。1953 年，著名的米勒模拟实验为化学起源说提供了科学上的证据。芝加哥大学研究生斯坦利·米勒（Stanley Miller）在导师哈罗德·尤里（Harold Urey）的协助下进行论证生命起源的化学实验。该实验模拟原始地球还原性大气中雷电情况下从无到有产生生命有机体特别是氨基酸等构成蛋白质和核酸的生物小分子。实验结果是，烧瓶内火花放电一周最后确实从无到有生成了 20 种有机物，其中包含了多种氨基酸。这个实验说明在原始地球条件下，无机物到有机物的天然合成是极有可能的，地球经过上亿年的物理化学反应，出现生命也是极有可能的（郭晓强，2009）。由此，生命是由非生命物质通过化学反应演变而来的起源说一时拥趸无数，同时也更加坚定了像薛定谔这样认为生物现象可以通过物理化学得到解释的科学家们的还原论立场。

化学起源说在 20 世纪下半叶，由于科学家的考古和探索发现，又出现了多种具体的猜想："黏土说"，认为黏土矿物是原始生命形成和原始基因产生的地方（颜佳新，1986：113）；"火山说"，源于在火山喷发物中发现有机物，因而认为生命源于火山喷发（胡德良，2009：42）；"硫化物说"，源于硫化物是生命起源的必备条件，因此生命可能起源于富含硫化物的原始海洋（史晓颖等，2016）；"海底热泉说"，主要源于原始生命古细菌的发现和热泉系统与地球早期环境相似，因而认为生命起源于海底热泉喷口（冯军等，2004；Martin et al.，2008）。这些关于生命起源的具体猜想或假说，虽然都有科学上有利的证据，但都显片面性（周俊，1997b）。不过，这似乎也意味着在科学家的认知领域，关于生命的化学起源说已经成为主流，且他们中的多数人认为生命的起源就在原始地球上的某个阶段。1988 年以来，科学家们在化学起源说的基础上还提出了一种新的假说——"地球—生命同源说"（周俊，2006）。这种观点认为，原始生命不是单一地出现在地球上的某处，也不是单一地受到地表、地内或地外的影响，而是在地球形成和环境变化的过程中共同演化出来的。在地球和生命演化的不同时期，生命受到来自宇宙因素、地球内部因素和地表因素的影响所构成的比重是不同的。同源说强调生命的起因与地球的成因不仅同源，而且生命起源在不同历史阶段的表现形态（如简单有机物→复杂的生命有机物→生命活体）所依赖的环境和构成因素也是综合的、复杂的，不能简单论之。

4. 地外起源说

如果说化学起源说还停留于在地表发现生命的化学起源证据，地外起源说则将生命的起源推向了地球以外。地外起源说的最早形式是宇宙胚种论（Panspermia），也称星际胚种论、宇宙撒种论、泛种论、外源论（exogenesis）。宇宙胚种论据说是诺贝尔化学奖得主、瑞典化学家斯万特·阿累尼乌斯（Svante Arrhenius）于 1907 年首次提出。他认为地球上的原始生命是 38 亿年前宇宙中被称为微生物孢子的物种，即地球生命的起源来自地外。这些孢子借着流星或小行星在宇宙中自由漂流，它们可以在极端环境中保持休眠状态（最新的科学证据表明，固定在国际空间站外的微生物至少可以存活 3 年，这表明生命有可能在从地球到火星的太空旅行中存活）（Kawaguchi et al., 2020），在遇到适合的行星环境时，就会演化出不同的生命形态（谢平，2014：194）。近百年来，已经出现过关于地球生命起源于月球、彗星和火星等地外星球的某次撞击的各种假说，它们代表了地外起源说的不同观点和泛种论的不同版本。1972 年，双螺旋结构的发现者之一弗朗西斯·克里克和英国化学家莱斯利·奥格尔（Leslie Orgel）就曾提出泛种论的另一个版本——定向泛种论（Directed Panspermia），他们认为生命有机体是被另一个星球上的智慧生物故意传播到地球上的（Crick and Orgel，1973）。英国著名天文学家弗雷德·霍伊尔（Fred Hoyle）和他的学生卡迪夫大学教授钱德拉·维克拉马辛

(Chandra Wickramasinghe）也曾共同提出过一个假说，被称为"霍伊尔—维克拉马辛假说"（Hoyle-Wickramasinghe Hypothesis）（Hoyle and Wickra-masinghe，1986）。据说，在维克拉马辛所在的卡迪夫大学天体生物学中心官网上有这样一段话表达了这一假说的主要观点：生命在一颗彗星上诞生，然后它就像传染一样，从一颗彗星传播到另一颗彗星，从一个恒星系统到另一个恒星系统，甚至遍布一直持续膨胀的宇宙各处（Kawagu-chi et al.，2020）。简言之，该假说认为地球上的生命起源自彗星。"彗星可能包含相当复杂的有机分子"（Irvine et al.，1980），它在地球生命起源和演化的过程中发挥了重要作用。近几十年来，霍伊尔—维克拉马辛团队在研究和发现关于生命源自彗星的科学证据方面始终在不懈努力，但这些证据依然不能充分证明地球生命就是起源于彗星（Wickramasinghe et al.，2003）。然而，关于生命的地外起源论是不是错误的，也难以定论。因为，随着太空探索的不断推进，有力的证据或许会出现。至少，就目前而言，地外起源论仍然是相对于化学起源论的最有竞争力的假说。

（三）生命合成与生命起源：新的哲学问题

历史上关于生命起源的哲学猜想和科学假说，大多是出于对生命真相的好奇和追求。然而，这些猜想和假说随着科学和考古证据的不断出现，其逼真性在程度上各有分殊，最终难以避免优胜劣汰的命运。目前，生命起源的哲学猜想已经不被社会主流接受，它们主要寄生在宗教信仰领域和哲学史的研究文本中。关于生命起源最有前途的两种假说——化学进化论（地表起源说）和地外起源说，作为科学理论，二者的共同之处在于都在寻求考古上的证据。前者立足于发现地球上地表层隐藏的生命起源和进化的遗迹，后者立足于地球天外陨石和地外太空生命的可能星球的探测。不同之处在于前者坚信生命是进化而来的；后者则未必如此，它不排除生命起源的其他可能性，包括大家目前所知的那些哲学猜想。

今天，合成生物学由于人工合成生命的实践，将生命起源这个纠缠了科学、哲学和宗教等多个领域的话题重新带入人们的视域。或者说，在生命起源的问题上，由于生命的人工合成引发了新的哲学问题，使人们不得不重新探讨它。本书认为这些新的哲学问题包括：生命的人工合成是否彻底证明了活力论的错误和化学进化论的正确？生命的人工合成是否代表了一部分科学家想要通过科学实践向人们表明：生命确实需要一个超自然的设计者，即智慧设计论认为的那样。它到底意味着生命解释的机械论路径的失败还是成功？生命走向人工合成是否意味着对生命起源的普遍性解释（universal explanations）路径和历史性解释（historical explanations）路径已经被合成解释（synthetic explanations）路径取代？等等。接下来，本书主要探讨以上哲学问题。

1. 生命的人工合成彻底证明了活力论的错误和化学进化论的正确吗？

合成生物学通常被认为能够揭示生命的起源。该观点基于一个被普遍接受的科学假设，即生命起源于无生命物质，在一定程度上，它是有机聚合体的合成产物，因此可以看作"生命起源以前的合成生物学"（prebiotic synthetic biology）的结果（Malaterre，2009）。如果从历史和哲学的角度来看，该假说因为一直以来的不完备性和针锋相对的假说的角力，其实也可以看作一种哲学预设，被称作关于生命起源的"连续性论题"（the continuity thesis）（Fry，1995）。连续性论题认为无机物质和有机物质或非生命与生命之间非但没有不可逾越的鸿沟，而且二者之间是有连续性和必然性的，生命现象遵循物理化学定律。对立的观点被描述为"近乎奇迹"（almost miracles），可以概括为"不连续论题"（discontinuity thesis）。不连续论题认为人类所知道的生命因其惊人的化学复杂性，从非生命物质演化出生命是非常不可能发生的事件。不连续论题表现为一种对于化学起源说的怀疑论，持有该观点的人认为化学和生物学之间的进化连续性几乎是一种奇迹。今天，人们知道了生命系统的复杂性是一个客观事实。虽然，关于生命起源的连续性论题，早在维勒化学合成尿素时就已经形成。但也有学者指出"化学进化和达尔文进化是不同的"（Spitzer et al.，2015），即化学进化论与达尔文进化论之间的连续性问题。怀疑论者认为，38 亿年前的地球上，生命从非生命物质进化到结构简单的古细菌几乎都是奇迹，因而，即使大家承认地球上所有生命物种具有共同的祖先，那么需要有多少次奇迹才能演化到今天这样复杂的生物圈。这种每次都需要结合各种特定条件的奇迹还要面临地球和地外天然的毁灭性的打击，才得以奇迹般地延续下来，等待下一次奇迹的出现，从而再发生新的进化。这意味着，如果要坚持连续性命题，就必须相信，只要给予生命起源和进化足够长的时间（如 40 亿年），从没有生命的物质进化到今天各种复杂的生命物种，这期间 N 多次的近乎奇迹的解释就可以被接受。对此，不仅持不连续命题的怀疑论者是不能接受的，就是具有常识的普通人恐怕也难以接受。毕竟要他们相信一堆化学物质演化出细菌形态的生命，他们还可以做到，但要他们相信从一堆化学物质演化到今天具有复杂性和多样性、堪称奇迹的生物世界，或者要他们相信从一堆化学物质演化到具有意识和情感等高级状态的人类，他们以及大多数人恐怕都无法做到。

现在，大家很清楚，克雷格·文特尔是连续性论题的坚定支持者。这与他关于生命的还原论立场是一致的。他坚信生命的化学本质。但问题是，虽然合成生物学通过人工化学合成基因组比维勒更能证明无机物和有机物之间的连续性，但却并不能证明非生命和生命之间同样具有连续性，即他们关于生命人工合成的所有努力还不能证明生命起源于化学合成的正确性。这是因为克雷格·文特尔没有从头合成一个完整的生命单元——活细胞，而是仅仅合成了生命的核心元件——一组基因。将合成基因放到一个天然的被去除 DNA 的细胞中产生了生命现象，难以证明这种生命现象到底是由合成基因带来的，还是由被去除 DNA 的细胞带来的，或者是这二者之间相互作用产生的。关于这一点，2010 年美国总统生命伦理研究委员会（US Presidential Commission for the Study of Bioethical Issues）在其发布的合成生物学报告中明确指出："用化学成分合成基因组，使其插入另一物种的细菌细胞后能够自我复制的技术壮举，虽然是一项重大成就，但并不代表仅用无机化学物质创造生命。这是一个不争的事实，人造基因组被插入了一个活的细胞。合成的基因组也是一个已经存在的物种的基因组的变体。因此，这一壮举并不构成生命的创造。在可预见的未来，创造生命的可能性仍然很遥远。"（PCBI，2010）因此，连续性论题中有关生命与非生命之间的连续性问题尽管未来可期，但目前还没有得到科学上的证实（有些学者指出，像病毒这样的有机体处于生命和非生命之间，可以视为非生命与生命之间连续性的实例证明。本书认为，持有这一观点的学者背后的支撑理论依然是化学进化论。然而，化学进化论作为接受度比较广泛的一种科学理论，还有许多关节需要打通，这要依靠更多的科学发现和实例证明）。同时，这也说明关于生命起源的化学进化论虽然基于遗传学和分子生物学的成就更具有科学上的解释力，但人工合成基因组还不能彻底证明生命起源的化学进化论是完全正确的。至于它是否彻底证明了活力论的错误，目前看来，也并非如此（参见前文"生命的合成与数字活力论"）。事实上，正是由于科学家对于装入人工合成基因组的细胞为何能够产生生命现象并没有给出确切的解释，因此，才有学者认为这似乎给予了活力论复活的生机。

2. 生命的人工合成是否表明生命确实需要一个超自然的设计者（智慧设计论者认为的那样），这到底意味着生命解释的机械论路径的失败还是成功？

在合成生物学层层递进的计划中，一个结构完整、功能稳定的人工生物系统是最终的目标。现在，合成生物学致力于做到的是标准生物模块和生物底盘的设计与合成，这离最终的目标还有很远的距离。不过大家可以看到，在合成生物学的工程生物目标中，科学家坚定贯彻了机械论和还原论的立场。不过问题也是明显的，在对于实现一个怎样的人工生物系统方面，其实有两种不同的声音。第一种声音认为，合成生物学应该向人们表明它所要实现的人工生命是比自然生命更像机器的机器。第二种声音认为，合成生物学需要向自然学习，它所要实现的人工生命本质上是模仿自然生命。

现在大家很清楚，目前第一种声音代表了合成生物学的主流。机器隐喻和工程隐喻的大量使用已经深入人心。不过，隐喻的使用不是仅仅为了解释生命现象，更是为了将生物体当作可操纵和控制的机器。这种声音的早期代表可以追溯到 19 世纪著名的生理学家雅克·勒布。他遵循严格的机械唯物主义立场，将有机体解释成"基本上由胶体材料制成的化学机器"，并主张对有机体潜在机制的研究应该通过综合（synthesis，或翻译为"合成"）而不是分析的方法（Peretó，2016）。可以说，雅克·勒布在 100 年前就为生物学勾勒出了今天类似于合成生物学的研究框架，他提倡在人工操纵的生物系统中为生命现象寻求解释，更接近于今天主导合成生物学的工程范式。21 世纪初，德鲁·恩迪更进一步，提出工程控制和合成生物系统的指导性方法——标准化、抽象和解耦，确立了合成生物学作为工程生物学的基本特征。以德鲁·恩迪为代表的科学家认为，自然生命所表达的复杂性对于人们理解生命是一种干扰，在功能表达上也表现出进化中的不完美。因此，通过工程师的理性设计，从而改变和控制这些自然生命或实现赋予它们新的功能目的，也即是人工制造出比自然生命更像机器的机器，应该视为合成生物学的主要目标。

尽管，在这里德鲁·恩迪等没有指出自然生命出自一个智能设计者。但他们继承了近代以来机械唯物论者将生命类比为机器的观点，并可能得到智能设计者的呼应。米歇尔·莫兰奇（Michel Morange）就曾指出："合成生物学家的工程学精神表明，这门学科也是长期存在的有机体和机器比较传统或机械传统的化身。"（Morange，2012）关于生命与机器的比较或生命的机械论解释涉及生命的本质问题，这是需要详加探讨的部分，本书会在述及"生命的本质问题"时具体展开。不过，可以明确的是，合成生物学的工程范式所体现的认识论方面表明，对生物系统进行工程改造或重建，虽然能够揭示生命起源的一些特征和产生新的知识，但更重要的目的是通过模型构建和功能嵌入实现合成生物体的制造和应用。合成生物学使用工程学方法，对生物系统进行机械理解，是为了改造不完美的自然生物。在合成生物学家看来，自然生物作为生物机器是自然这位设计师兼修补匠尚未完美成型的作品。他们习惯用拟人修辞来描述眼中的生物世界，并不意味着他们认为自然生物同样需要一位像人类这样的智能设计者。合成生物学用工程方法改造和重建生命，也不代表关于生命解释的机械论途径取得了成功。因为，在合成生物学的设想中，理解生命的方式是重建它，任何理论只能作为认识论和方法论的工具性价值，机械论也不外乎如此。况且，合成生命是人工生命，与自然生命存在明显的不同。在改造和重建生命的过程中无法避免的复杂性问题造成的种种障碍，也不意味着生命解释的机械论途径遭遇了失败。因为，合成生物学的工程目标，不是复制和克隆自然生命，而是创造新的生命形式或新的"异种生物"（xeno-life）（Bölker et al.，2016），这些新的生命经过简化和重新设计，兼有有机体和机器的双重特征，实在难以归类。米歇尔·莫兰奇也认为合成生物学在生命机械解释方面构成了挑战，这种挑战的表现是复杂而矛盾的："合成生物学是长期存在的有机体机械论概念的自然结果。由于对最近产生的生物体的精确描述，它的发展成为可能。尽管如此，机器和有机体之间仍然存在一个主要区别：机器是由人类在外部建造的，而有机体是'从内部'自发建造的。机械模型越完善，就越难以解释其自然形成。"（Morange，2012）

　　同样，如果智能设计论者认为，合成生物学关于生命的理性设计与合成恰恰表明自然生物圈不同物种的精巧构造和功能的协调需要一位智能设计者才能实现，这种想法是难以成立的。因为，如果自然生物需要一个像人类这般的智能设计者，合成生物学家会嘲笑他粗鄙的设计和制造手法。相反，将自然作为设计师、将进化作为设计或修补手段的类比倒是能够解释自然生物的不完美（Jacob，1977）。因为，在自然的历史和环境中，除了自然选择的作用，还有很多其他因素参与了物种的进化，这些因素可能是随机的或偶然的。这些进化中的随机性和偶然性构成了生物学家认知中的不完美的自然生物的原因。更进一步的问题是关于完美的理解。科学家所谓完美生物概念的本质其实是人类的一种形而上观念，并不代表客观的自然现象。也即是说，只有在人的意识中才有完美的存在，犹如柏拉图的理念世界，而在现实生活中，物质世界遵循的是自然规律，而非人的意识世界或者虚构的理念世界。因此，只有人工领域才需要一个诉诸完美形象的智能设计者，而将这种设计者的类比转移到自然领域，以证明生命起源于一位智能设计者，只是神创论者和智能设计论者的一厢情愿。这种一厢情愿还体现于对合成生物学在人造生命方面的"扮演上帝"的指责。事实上，这种"扮演上帝"的指责，不仅是出于一种价值权衡，更重要的是反映了一些哲学家和科学家在生命起源问题上的宗教观点——或表现为神创论，或表现为智能设计论。

　　3. 生命走向人工合成是否意味着对生命起源的普遍性解释路径和历史性解释路径已经被合成解释的路径取代？

　　迦勒·夏普（Caleb Scharf）等曾指出关于生命起源的研究具有三种解释路径：普遍性解释、历史性解释和合成解释（Scharf et al.，2015）。普遍性解释代表了一些科学家致力于在生命起源和进化过程中寻找具有普遍性的、必要性的步骤，即在从无生命的世界到有生命的世界的任何路径上都必须采取的步骤。对生命起源的普遍性解释反映了这些科学家的哲学倾向，这种倾向在物理学早期发展中比较常见，即追求自然界过程的统一性。这些科学家认为生命现象和物理现象之间具有连续性，因而相信生命现象在起源时期一定具有类似于物理现象的普遍而统一的解释。卡洛斯·马里斯卡尔（Carlos Mariscal）等认为普遍性解释是一种风险性高的科学猜想，因为只有当其对立面不可能为真时，这种普遍性解释才是正确的；相反，如果这种普遍性解释是正确的，则意味着它应该适用于自然发现或人工创造的任何生命（Mariscal et al.，2019）。这意味着不仅单一的案例无法证明普遍性解释是正确的，相反，它很容易在一些不利的证据上招致怀疑。例如，被认为支持生命的化学起源说的米勒实验，在相信蛋白体是生命存在形式的前提下（恩格斯，1999），虽然合理地解释了在地球原始大气环境中无生命物质如何经过复杂的化学过程自然地合成蛋白质的组成单元氨基酸，但当分子生物学建立起以 DNA 为核心的中心法则，一些质疑者认为，无机小分子物质要形成含有遗传信息的 DNA 以至蛋白质大分子，无异于要人们相信只要"给定无限量的时间和无限量的打字机，无限量的猴子最终可以打出莎士比亚的一部作品"（著名的无限猴子定理）（Garvin and Gharrett，2014）。然而，只是在地球 40 亿年的时空变迁中，仅靠自然的随机过程，就能形成有效的生命分子，一些学者认为实在令人难以置信。

历史性解释指的是在地球上生命从无到有的合理假设，其先决条件是对于地球历史的了解。坚持这种解释路径的学者通常认为地球上只有一次生命起源，他们通过建模、实验以及自然发现和地质考古等手段来证明早期的地球上是否具有生命起源的环境条件（Morange，2012）。

合成解释不同于历史性解释，并且被认为挑战普遍性解释。合成生物学的许多实验和应用则代表了这一路径。例如，合成基因组、原细胞构建以及工程生物系统的开发与建造等（Pasquale and Fabio，2015）。合成解释不溯及过往，因此它不同于历史性解释；合成解释致力于探索各种生物学可能性，因此也不同于普遍性解释。卡洛斯·马里斯卡尔等明确指出，合成解释假设生命的本质和起源可以通过类比和抽象来理解，从而追求详细说明生命起源采取的其他可能路径，同时试图证明在替代情境下生命是如何创造出来的（Mariscal et al.，2019）。迦勒·夏普等也认为合成解释通过生命的合成路径恰恰表明这样一种关系，即合成路径越少，说明地球上的生命与其他地方（指地外生命）的生命越高度趋同，生命起源的普遍性解释越强；反之，合成路径越多，说明地球上的生命与其他地方的生命越发不同，生命起源的普遍性解释越弱（Scharf et al.，2015）。事实上，人工合成生命的存在挑战了普遍性解释。因为合成生物学被认为致力于人工构建新的生命形式。这种新的生命形式不仅起源于实验室中，而且明显地不同于自然起源的生命形式，这种差异无论是从形成和存在的条件还是有无人为的目的来看，都是事实。除非大家不承认这种新的生命形式是真正的生命，而将它们归类为一般的人工制品。但这种区分在合成生物学家看来，或许是狭隘的，因为他们可能会说，你们致力于合成生物体的归属或区分，而合成生物学正是要打破这种区分，从而追求各种生物学上的可能性和现实应用中的替代性（现实应用中的替代性表现为合成生物学的应用性追求，包括替代化学品、替代能源、替代底物等）。用马西米利亚诺·西蒙斯的话说，"我认为合成生物学正在以一种新的表达方式以区分自己，即以一种新的方式表达它想要解决的问题和现象。该领域的目标不是描述实际存在的生物系统，而是描述生物的可能性……他们（合成生物学家）对地球上生命的历史起源不太感兴趣，而是对任何生命的可能起源的普遍生物学感兴趣"。生命起源的普遍性解释所要求的那种一般的、必要的条件或步骤，在合成生物学中是非必要的。合成生物学的真正价值恰恰在于表明一些被认为不可能的事情是可能的，一些被认为是困难的事情可能是简单的。这种对可能性的兴趣，事实上也为生命起源的不同理论构建和大胆假设提供了契机。

二 生命的本质问题

近年来，合成生物学重启了哲学方面关于生命本质理解的探讨，尤其是关于生命与非生命、生命与机器，以及人工合成生命与有机体、机器、一般技术人工物之间的界限问题。为此，首先本书需要回顾历史上关于生命本质理解的各种思想和观点，其次梳理当前涉及人工合成生命话题时有关生命与机器的新的哲学观点，最后探讨人工合成生命究竟是作为有机体、机器还是一般的技术人工物。希望通过在合成生物学视域中对生命本质的重新探讨，能够提供一些关于生命本质理解的不同视角。

（一）关于生命本质理解的历史观点

关于生命的本质这个问题，自古希腊时代就已经被一些思想家和哲学家提出来。亚里士多德就认为灵魂是生命的根源，身体只是生命的质料，只有灵魂才是身体变化和运动的动力、形式和目的（Aristotle，1984）。伊奥尼亚的哲学家们认为灵魂是蕴含了生命的自然之气。在中世纪基督教的经典解释中，他们继承了灵魂不灭的古老观点，奠定了灵魂作为生命本质的重要基础。这与基督教宣扬的灵魂救赎的观点不谋而合。然而，灵魂是什么？在前文中提到，亚里士多德将灵魂当作形式因。形式是使质料形成个体的原因。按照这个观点，一个生命有机体之所以能够形成一个生命个体是因为它的形式，是生命的形式使得生命质料得以从潜在的生命物质变成现实的生命个体。因此，在亚里士多德看来，生物就是形式和质料的复合体，而生命的本质就是灵魂这一形式，它是区分生物与非生物的标准。他甚至按照灵魂能力（如消化和繁殖能力、感性能力、理性能力等）对自然中的生命实体进行了区分，认为植物、动物和人类这三类生命是拥有不同等级灵魂的生命实体，植物灵魂拥有最基本的消化和繁殖能力，动物灵魂除了最基本的能力外还拥有感性能力，而人类灵魂因为还具备植物和动物没有的理性能力，被称为理性灵魂（陈刚，2008a：77—82；陈刚，2008b：113—114）。

中世纪，关于生命本质的理解比较接近今天的合成生物学，但多了一层神秘色彩。这主要体现于炼金术与人造人的传说。炼金术的出现让生物、医药、化学和基督教神秘主义思想紧密地结合在了一起，很多当时著名的医生、科学家和思想家同时也是炼金术士、基督教修士，如罗杰·培根（Roger Bacon）、托马斯·阿奎那（Thomas Aquinas）。这个时期欧洲炼金术的迅速发展被认为是早期希腊、埃及和阿拉伯文化传入的结果。英国著名化学家、化学史家詹姆斯·柏廷顿（James Partington）认为，指导炼金术的基本学说是"太一即万物，万物赖太一而生"，这种思想包含了关于物质终极统一性的看法（柏廷顿，2010：21—23；劳埃德·格尔森等，2016）。实验科学先驱罗杰·培根认为炼金术不仅具有哲学思辨的意义，还能够教导人们如何人工制造出比天然事物更好的东西，如黄金、药物等（柏廷顿，2010：32）。文艺复兴初期（15世纪初）的自然哲学家、医生、炼金师帕拉塞尔苏斯（Paracelsus）更进一步认为，炼金术作为人的技艺，甚至可以用于人造人。为此，他曾用男性精液、人血和高度腐败的马的子宫造出了人造人霍尔蒙克斯（Homunculus）。1537年，在他撰写的一本名为《关于事物的本质》（*De Natura Rerum*）的小册子里记载了他的人造人实验。这个传说虽然荒诞不经，但反映了人造生命的想法由来已久。按照帕拉塞尔苏斯的说法，只要掌控好温度、时间和必需的材料，这些"小的人"（anthroparion）完全可以由人的技艺制造出来，并且他们生来就拥有技艺和其他不可思议的能力（刘琳琳，2019）。如果撇开其中神秘主义的怪诞思想，可以明确的是，帕拉塞尔苏斯的人造人这一新的生命形式其本质是各种物质条件的组合，反映了生命本质的物质基础。它也向人们传递了这样一种观点，即创造生命对于充分理解其本质是必不可少的。这种思想延续到了德国作家约翰·歌德（Johann Goethe）的《浮士德》（*Faust*）中，诗人同样"提到了炼金术士在实验室中人工创造生命的广泛思想"（Deichmann，2012）。

近代，西方物理、化学、医学和以纺织和动力机器为基础的工业经济等得到了极大发展，尤其是物理、化学和工业机器的影响深入人心，让部分先进的科学家和哲学家们认识到事物的产生、运动和发展都遵循一定的法则，开始用机械论观点分离身体和灵魂长达千余年的纠缠，将身体这一质料原则看作生命的基本法则。例如，勒内·笛卡尔（René Descartes）、弗朗西斯·培根（Francis Bacon）、托马斯·霍布斯（Thomas Hobbes）、拉·美特里（La Mettrie）等就对生命坚持机械论的立场，认为生命是物质机器，人的身体不过是一台精密复杂的机器（任丑，2014）。这种观点，在代表早期合成生物学思想的科学家中，雅克·勒布也曾基于他对生物的机械论愿景，认为生命之所以可以合成，在于其本质是真正的化学机器，特别是他将 DNA 和蛋白质作为遗传和发育的诱因，促进了生命现象的分子机制的发现（Peretó，2016）。

19 世纪，化学家最先开始对生命和非生命的本质区别进行探索。瑞典化学家琼斯·贝采利乌斯（Jons Berzelius）最早提出"有机化学"的概念，用以区分"无机化学"。他认为有机化合物含有碳原子，且具有特殊的活力，因而不同于无机化合物。有机意味着只能产生于生命体中，与生命力密切相关，因为生命具有特殊活力的性质，而这些活力就是只能发生在生命体内的某些特殊的化学物质和化学反应。所以，他进一步认为有机化合物是无法通过人工制造获得的。这显然是活力论的化学解释。不过，由于这种神秘的活力难以说得清楚，从科学的角度，人们很难将生命的本质理解为他所认为的生命力。

不久，同时期的德国化学家弗里德里希·维勒在实验中意外发现了尿素的化学合成，这一发现被认为终结了生命"活力论"的神秘观点。

尿素是原本只能在人体内产生的一种有机化合物，维勒的实验证明了用氰酸和氨水这两种天然的化学物质可以在蒸馏瓶中简单地制造出来，而并非需要生命体内的某种活力或生命力。至少可以说，被视为具有生命活力的尿素也可以在生物体外由人工制造出来，被称为具有生命的有机体可以通过化学合成获得。由此，生命的本质不过是一堆化学物质的观点流行开来。此外，化学合成尿素的实验还奠定了后来合成化学的诞生和发展，科学家们开始人工合成自然界中的一些物质，甚至还通过化学合成的方法创造出许多自然界不存在的物质。这无疑构成了合成生物学"人造生命"以及发展出合成基因组学分支的理论基础。

事实上，尿素的化学合成和其他物质的化合反应过程并没有什么本质区别，因而在科学的意义上，有机化合物与无机化合物并没有本质的区别。但这一实验结果使得越来越多的科学家，尤其是不少物理学家和化学家相信，生命现象可以用物理化学原理来解释。这就导致了后来生命解释的还原论观点。1944 年，奥地利物理学家埃尔温·薛定谔在其《生命是什么》一书中就曾明确指出生命有机体中遵循的新定律可能无法归结为物理学的普通定律，但新定律并不违背物理学，它"只不过是量子论原理的再次重复"（埃尔温·薛定谔，2003：75—80）。薛定谔在这本书中致力于说清楚的便是用物理与化学的原理来解释生命有机体的内部规律和活动。维克多·德·洛伦佐指出这是第一次严格地将生物系统视为与物质世界其他部分遵循相同物理定律的实体（Víctor，2018）。薛定谔不仅坚信生命的物理化学解释，而且认为生命本质上是一种"负熵"或一种带有"摩尔斯电码"的"非周期晶体"，它使得活细胞可以保持自己的形状和自我复制，具有"抵抗普遍的、破坏性的自然粉碎趋势的非凡能力"（Zwart，2018）。此外，薛定谔还将他对生命本质的理解用"遗传密码"的概念确定下来，并认为这些遗传密码可能包含了特定的遗传信息（雷瑞鹏，2006）。这一观点奠定了后来分子生物学的发展基础。

分子生物学时代，关于生命本质的理解深入到了微观层次。自此，从生物微观层次的结构和功能出发，寻求对生命本质的理解成为新的主张。这种主张认为没有必要将对生命本质的理解与生命起源问题联系起来。这种观点导致了将生命本质理解为信息系统、计算系统或自创生（autopoiesis）系统，强调生命自我复制、自我组织、自我调节以及自我更新的基本特征（郦全民，2008）。将生命的本质理解为信息或计算，反映了在生命系统中信息作为表征和指令、计算作为信息处理过程的普适性，促进了生物信息学和人工生命研究的蓬勃发展。将生命的本质理解为自创生则改变了人们从特定的生命要素或关键功能特征出发来理解生命，而换之以从整体或系统层次的相互作用关系网络和过程出发来理解生命的本质。当生命的本质与信息、计算、数字、系统等概念紧密联系起来时，生命概念的理解也发生了变化。这种新的理解不再要求生命是自然的产物，它也可以是人工产物（如硅基生命），甚至是某一特定的社会组织系统，只要它们具有生命的本质特征。为此，克里斯·兰顿曾这样表示："人工生命是对表现自然生命系统行为特征的人造系统的研究。它通过试图在计算机或其他人工介质中合成类似生命的行为，对传统生物科学的分析进行了补充。通过将生物学所依赖的经验基础扩展到地球上已经进化的碳基生命之外，人工生命可以通过将人们所知道的生命定位到更大的'可能存在的生命'的背景中来为理论生物学做出贡献。"（Langton，1989）这意味着，关于生命本质的研究，已经从分析时代走向合成时代，但合成仍以分析为基础。方卫与王晓阳曾明确指出这一点。他们认为人工生命和合成生物学构建新的生命形式实际上基于这样一种必要的预设，即新的生命形式的模拟或构建必须基于承认自然生命的"某些属性或过程"极为重要，这些属性和过程构成了生命的本质，否则设计和合成新的生命就"无从起步"。但这也导致了一种认识论的循环，他们将之称为"以本质为基础，去寻找本质"（方卫、王晓阳，2016：54—60）。

（二）生命有机体是一台机器吗

人工合成生命重新启动了关于生命本质的探讨和理解。自古以来，生命都是自然进化的产物。合成生物学颠覆了这一传统认知。它告诉人们，理解生命本质的途径是人们能够从头开始合成它。这种认识论的转向源于近代以来关于生命有机体的还原论与机械论的解释观点。生命概念的还原论解释，为合成生物学从头开始化学合成新的生命实体提供了理论基础，生命概念的机械论解释，为合成生物学设计、构建生物模块以及组装生命系统提供了理论基础。然而，即使人工合成基因组已经实现，但是依然不能证明生命有机体完全决定于它。因此，关于生命的还原论解释和机械解释的讨论成了首要的问题。关于生命的还原论解释具体表现为生命有机体与非生命物质之间是否有连续性的争论，生命有机体是不是一台机器的争论。在这两类争论中，涉及了合成生物学主要关注的生命与非生命、生命与机器之间关系的哲学问题，下面本书就这两类问题展开论述。

1. 生命有机体与非生命物质之间有连续性吗（或者有明确的界限吗）？

当某人将一块从水里淘洗出来的石头与森林里一头威猛的狮子进行比较时，某人很清楚地可以得到结论：石头是没有生命的，狮子是有生命的，很难想象这二者之间有什么关联。如果某人将这种比较和生命有机体与非生命物质之间连续性的话题相联系，那么他不得不做出这样一个推论，即像狮子这样的生命体是由构成石头那样的无机物质在漫长的自然进化中形成的。这一推论所选取的对象之间似乎差异太大，让人难以相信这一推论可能是正确的。然而，化学进化论的主张不正是如此吗？它认为最初的生命有机体由非生命物质化学合成并经过一系列演化产生，生命有机体与非生命物质之间没有明确的界限，它们之间具有连续性，也被称为连续性论题，反对二者之间具有连续性的观点被称为不连续性论题。这两个论题在前文中已经初步探讨过，在这里不再赘述。通过前文的论述，大家已经清楚地知道科学上已经证明了无机物和有机物之间的连续性是通过化学反应实现的。然而，有机物可以合成并不意味着生命有机体与作为非生命物质的无机物之间同样具有连续性。至少当前的人工合成生命还不足以证明从无机物到有机物再到生命有机体之间的连续性传递，即非生命与生命之间的连续性。大家只能期待不久的未来，合成生物学通过真正实现从头设计与合成一个完整的活细胞来加以证明。如果有一天科学实践真的证明了这一点，那么不仅生命与非生命之间的连续性是成立的，而且生命现象可以通过物理化学定律得到解释的还原论观点也将是成立的。

此外，关于连续性的话题，也不能忽视一些其他颇有价值的观点。这些观点对于在合成生物学的视域中，重新思考生命与非生命之间的界限具有重要的启发意义。例如，伊芙琳·凯勒（Evelyn Keller）认为生命与非生命的分界是人类历史的产物，而不是进化史的产物。在哲学意义上，生物这个范畴不是"自然类"（natural kinds）（自然类一般是指自然界中具有共同内在本质的事物自然形成的群集）（叶路扬、吴国林，2017）。但合成生物体作为现实中人们已然面临的存在，它们处于生命与非生命的边界。这一事实即使不需要人们从进化的历史出发来寻找两者界限的可能答案，但这种现实产物的存在无疑挑战了生命与非生命之间的明确界限，从而需要人们对它们是否视为生命做出决定（Morange，2010）。根据伊芙琳·福克斯·凯勒的观点，关于生命的连续性论题与不连续性论题是由人们主观构建的，而不一定代表真实的自然进化过程。并且，他认为生物这个概念在哲学中的含义远远超出"自然类"这个概念所能表达的含义。诚然，这种观点具有一定的合理性。但强调概念的建构性，实际上是为了将合成生物体彻底摆脱过去本质主义的窠臼，而将它置于人们的直觉或常识中进行考量。这样，生命与非生命的界限问题不再是一个科学问题，而是人的认知问题。认知需要随着历史和环境所导致的经验的变化而做出修改。因为新的事物在不断产生，它与被认为是同类的旧事物之间是否具有质的差别，往往一时难以判定。合成生物体即是这样的新事物。在伊芙琳·福克斯·凯勒的理解中，合成生物体应该是兼具生命有机体和技术人工物双重属性的存在物，因此它才会挑战传统认知中关于生命与非生命的直觉或常识性区分。因为即使是一个小孩，他也能轻易地区分一只人工制作的玩具与一只自然繁殖的宠物，但是他可能难以区分一只自然繁殖的宠物和另一只人工合成的宠物。这种困难是由合成生物体兼具生命特征和技术特征而造成的。因此，尽管合成生物学不会引起生命与非生命界限的科学讨论，但在生活和哲学层面，它势必会引起人们认知上的混乱，从而倒逼着大家为这样一个新生事物的归属问题进行判决，并给出合适的理由。

再者，卡洛斯·马里斯卡尔等也认为，即使人们相信一个有生命的世界是从一个无生命的世界演变而来的，但人们无法忽视有生命与无生命的物体之间的显著差异，尤其是在生命出现后，地球上的"生物和地质进化可能已经抹去或覆盖了从非生物过程到最简单的生命形式之间的若干中间步骤的所有证据"（Mariscal et al.，2019）。这意味着要从科学上证明生命和非生命之间存在明确的界限，几乎是不可能的事情。事实上，寻找这种明确的界限没有多少科学意义，正如自然类的概念被认为应该放弃的那样（Hacking，2007）。但人们必须认识到，放弃寻求生命与非生命之间明确的界限，并不意味着在我们的认知中也要否定它们之间的显著差异。如果是，就是反直觉和反常识的。因为，大家绝对不会将一只杯子当成一件活物。相反，人们在认知和社会文化的层面，应该重视生命与非生命之间的界限，从而坚定生命特有的价值和意义，而不至于将有生命的物体仅仅当作工具。这个问题在合成生物学中尤为突出。

2. 生命有机体是一台机器吗？

关于生命与机器的关系问题，前文第二章中探讨机器隐喻本体时，已经初步涉及。在前文中，本书澄清了合成生物学中机器隐喻所指涉的本体是语义本体，而非实在本体，这意味着机器隐喻关注的是喻体和本体之间的相似性，而非实在性，因此追问机器隐喻背后的本体是自然生命还是人造生命，是没有意义的。尤其是在机器隐喻的语境中，探讨生命是不是机器的问题，容易自相矛盾，除非率先对自然生命和人造生命之间做出本质上的不同区分。在这里，大家需要跳出隐喻概念的限定，在生物学和科学哲学的视域中回顾和梳理生命与机器之辩的各种观点。从而为后面进一步探讨人工合成生命的本质——作为有机体、活机器还是一般的技术人工物——提供有益的视角和素材。

通过第二章对合成生物学隐喻概念的介绍和理解，显而易见的是机器和工程隐喻所表征的关于生命的机械理解。可以说，合成生物学的工程方法和目标都基于将生物系统类比为一台精密复杂的机器，并试图简化和赋予它新的功能，从而实现模仿和操纵自然生命以服务人类的目的。这种类比反映了一个传统而时新的哲学问题：生命与机器之辩——生命有机体是一台机器吗？

大家已经很清楚，关于有机体与机器的比较或生命与机器之辩早在亚里士多德和盖伦的著作中就已经出现。例如，亚里士多德将胚胎看成一个自动机制，认为它只要一经推动，就自动运行（丹皮尔，2010：48）。盖伦则表现出对生命机械观点的相反立场，在描述心脏的功能时，他提出了"动物元气"（animal spirits）或"生命精气"（vital spirit），认为这种纯粹的元气是促成人体各种高级功能得以实现的根本原因（丹皮尔，2010：73）。后来，威廉·哈维从机械论的立场重新解释了心脏的功能，他将心脏比作水泵一样的机器，认为血液就是从心脏这个泵中流出来的，心脏才是生命的基础。笛卡尔则更为明确地将自然、宇宙和动物都描述为机器，只存在精密程度上的差别。他甚至认为，我们之所以不能建造它们，是因为我们工具粗糙和思想局限（Chene，2005）。现在普遍认为，有机体的机器概念（The machine conception of the organism）起源于笛卡尔自然哲学。因为，是笛卡尔开始让人们坚信"在某些情况下将有机体视为机器不仅有用，而且只有将有机体视为机器，我们才能真正理解它们"（Nicholson，2013）。丹尼尔·尼科尔森认为，在笛卡尔的自然哲学计划中，有生命的和无生命的、自然的和人工的存在物都被统一于他的机器形而上学的解释框架中。这种观点主要基于笛卡尔的形而上学假设，即假设这些有生命的和无生命的、自然的和人工的存在物之间的差异只是程度问题，而不是种类问题，那么，"根据我们对人造机器工作原理的理解来推断有机体的活动就是完全合理的"（Nicholson，2013）。

事实上，自17世纪以来，有机体的机器概念不仅没有过时，而且在分子生物学之后的现代生物学中产生了更为重要的影响。安杰伊·科诺普卡（Andrzej Konopka）在题为《基因组时代生物学的宏大隐喻》的一篇社论中就认为"机器隐喻可能是现代生物学最强大的概念工具"（Konopka，2002）。最典型的是机器隐喻的各种变体构成的隐喻群不仅为现代生物学各分支（分子和发育生物学、进化生物学、系统生物学和合成生物学等）建立理论模型提供了本体预设和概念框架，而且推动了生命机器或活机器的实体化构建。理查德·勒沃廷（Richard Lewontin）在1996年就提出过这样一种观点："我们从笛卡尔那里得到的机器模型，已经不再是一种隐喻，而是成为毋庸置疑的现实：有机体不再是像机器，它们就是机器。"（Lewontin，1996）这一观点在当时似乎预示了跨越2000年后的合成生物学时代的到来。如今，合成生物学回应了这一观点。从模型设计到实体化构建的合成生物体，被称为生命机器或活机器的存在，都好像在告诉大家一个事实：合成生物学家不仅通过机器来理解生命，还要通过建造出实体化的生命机器证明生命本质上就是机器。

在现代生物学的背景下，尤其是合成生物学的语境中，重新审视生命有机体的机械理解是一项重要的哲学工作。丹尼尔·尼科尔森作为其中的代表，其基本观点在第二章中已经做了初步介绍。丹尼尔·尼科尔森承认生命有机体与机器在诸多方面的相似之处，但在根本上，二者是不同的。他的理由主要是三点。（1）有机体和机器作为两个有目的的系统之间，存在着根本区别。有机体的目的是内在固有的，不是人为赋予的，它朝着维持自身存在的目的运行，因而有机体有自主的自我（an autonomous self）；机器的目的是其本身之外的人赋予的，它的运行不是为了维持或满足自身，而是为了实现制造商或用户的目的，因而机器缺乏自主的自我（lack an autonomous self）。（2）有机体和机器在功能归属（attribution of functions）上，存在着根本区别。机器是一个特定功能系统，无论是在整体还是部分的意义上，因为它是设计者和制造商为了特定目的而制造的。因此，机器部件的功能与整体的功能以及机器制造商和用户之间形成了利益上的因果关系。有机体则没有这种"功能受益者的串联"，因为"有机体没有功能，它的运作对任何事情都没有好处，它只是为了确保其继续存在而采取行动"。（3）在部分和整体的关系上，有机体和机器存在着根本区别。机器部件在时间上和构成上都先于机器整体，并且在构成和特性上可以独立于机器整体，而机器整体的大小、形状和结构则由构成它的部件的大小、形状和结构决定，这是因为它的结构和功能是设计者预先设计好的。有机体则不同，有机体的部分和整体之间不是相互独立而是相互作用和依存的，其部分的产生、特性和功能，无论是从时间上还是构成上，都是不能独立于整体来理解的，而整体的大小、形状和结构无法通过构成它的部分的大小、形状和结构得以充分的说明，这是因为在有机体中，部分并不先于整体存在，相反，整体对其部分具有决定性的影响（Nicholson，2013）。此外，安娜·德普拉兹和马库斯·胡彭鲍尔（Markus Huppenbauer）还指出，在起源的问题上，有机体和机器也存在着根本区别。有机体的起源无法追溯到特定的时刻和做到明确的归因。经过数百万年乃至更久时间的进化，有机体从一个物种转变为另一个物种的具体时刻和条件是无法确定的。机器则不同，它是人类设计和制造的产品。每一个机器都有明确的起源。通常，当新的设计蓝图形成不久，就会有新的机器类型被制造出来（Deplazes and Huppenbauer，2009）。

丹尼尔·尼科尔森区分生命有机体与机器的理论依据是康德关于有机体和目的论的论述。康德认为对自然有机过程的观察引导我们用目的论术语来解释有机体，并认为我们必须用目的论术语来解释生物的繁殖、生长、营养以及再生。这是由于他强调有机体的自组织现象（Berg，2013）。他说："我们必须将有机体解释为自然目的（natural purpose），所以目的论概念是自然科学的内在概念，科学家们研究有机体的正确方法在于结合目的论和机械论。"（Kant，1790）为此，他进一步指出，有机体解释为自然目的必须符合两个条件：一是如果只有通过有机体的整体的概念才能使其部分的存在和排列成为可能，那么这个有机体就构成了一个目的；二是有机体的各个部分必须"通过相互形成其形式的原因和结果而组合成一个整体"，即有机体的部分和部分、部分和整体之间相互依存、相互依赖。（Kant，1790）丹尼尔·尼科尔森正是从康德将有机体解释为自然目的的这两个条件中，找到了有机体的内在目的论根源，进而对有机体和机器之间做出了区分。然而，正如康德自己所言，他并不排斥或反对以类比的方式对生命进行机械论的解释，相反，他认为生命的机械论和目的论解释对于研究和理解有机体都是正确的方法，机械力是有机体实现自身内在目的的必要组成或手段（袁辉，2020）。可见，康德并非从本体论意义上，而是从认识论意义上提出了有机体的目的论解释，他只是将目的论作为一种调节性原则来指出有机体研究区别于完全遵循机械运动规律的一般物质的特殊性，从而增加人们对于生命的知识。不过，本书认为，康德的目的论概念很容易导致一种错误的认知——它使人们相信，康德目的论至少承诺了有机体表现出类似设计的特征。这种错误的认知容易被智能设计论者利用。他们抓住这一点，坚信既然"有机体具有明显的设计性质"（Chetland，2012），又怎么会自发地产生和繁衍，因而，至少在一开始需要存在一个外在的智能设计者安排好有机体的一切。相反，如果有机体没有表现出强烈的设计性质或目的，而只是自然界偶然的随机的产物，它们就不可能产生康德所说的那种有组织的目的性。于是，从都是智能设计的产物的角度出发，他们有理由认为，有机体不但与人造机器本质上没有差别，而且有机体应该视为设计的机器，而不是进化的机器。进一步，他们会认为，合成生物学可以设计和构建新的有机体正是通过科学实验证明了他们的设想。

约阿希姆·博尔特认为在合成生物学领域，将生命有机体看作机器是机器范式渗透到生物学中的结果，它代表了一种科学进步——"对宏观物体及其行为进行自下而上的科学解释的最新一步。"（Boldt，2018）他指出，从物理到化学再到分析的分子生物学，实现了对亚原子、原子、简单分子、复杂分子到活的有机体的结构的识别和分析，分子生物学更是将对生物行为的研究追溯到其内部分子遗传结构。这些传统分析科学积累的丰富知识给改变、设计和合成新的物质对象（包括有机体）奠定了基础——允许人们相信如果他们理解了一个对象，确定了它内在的因果关系，那么原则上他们就应该能够将它构建出来。大家不难看出，约阿希姆·博尔特的观点反映了那种将世界致力于解释为一个可还原的物质系统的物理主义立场。在这个前提下，他才将合成生物学视为对宏观物体及其行为进行自下而上的科学解释的最新一步。也是在这个前提下，他认为生命系统与机器系统分享了同样的本体论假设，尤其是它们作为连续的物质系统，一定遵循着共同的物理化学规律。因此，将生命有机体当作机器来理解和构建，"完全符合自然科学的现代概念"（Boldt，2018）。约阿希姆·博尔特的观点与雅克·勒布关于生命机械解释的还原论观点是一致的，雅克·勒布认为通过追踪更高层次的过程，可以将它们归结为特定的物理和化学反应。这意味着人们可以寻求从原子、分子及其相互作用的角度来理解生命（Allen，2005）。将有机体视作机器，在一些人看来，还依赖于另一个关键事实，即有机体中一些部件确实体现了机器的属性，这也是生命的机器类比或机器隐喻的事实根据。因此，当撇开有机整体而去研究它的这些部件时，产生将这些部件当作机器零件一样组装起来从而重新构建新的有机体的意图或设想则是自然而然。然而，本书认为，如果有机体被视作机器是就本体论而言，那么，无论是约阿希姆·博尔特的还原论观点，还是有机体具有部分的机器属性根据，都无法得出生命有机体是机器的结论。首先，生物学现象固然同样遵循物理化学定律，但不能因为有机体和机器同样遵循物理定律，就认为有机体就是机器以及它们分享了同样的本体论假设。这好比我们每个人都穿的鞋子，它们的制作材料主要是橡胶和皮革，但橡胶和皮革作为质料并不具有鞋子的形式和功能。同样，大家不会将一个人身上的任意部分或构成他的物质等同于这个人，只要这个人活着，他就无法还原为构成他的物质，只有当他的身体停止新陈代谢（死亡）时他才会等同于（才能还原为）构成他的物质（Coyne，2020）。这都是因为鞋子或人作为一个整体，具有其部分或构成的物质所不具有的属性和功能（笔者观点受到了陈刚《层次，形式与实在》和桂起权《解读系统生物学：还原论与整体论的综合》这两篇论文的启发和影响）。坚持还原论的观点，恰恰丢失了一个事物作为整体的最根本的独特性（或个体性）。其次，有机体中只有一些部件体现出机器属性这一事实，只能作为将有机体中的这些部件当作机器研究的根据。有机体中还有其他部件没有表现出机器属性，它们和表现出机器属性的部件共同构成了有机体。这一新的有机整体，不能因为其部分表现出机器属性，就推断作为整体的有机体可以视为机器。除非，人们能够进一步考察出这些表现出机器属性的部件是作为有机整体独特性的关键核心要素，而其他未表现出机器属性的部件则对于构成这一新的有机整体显得无关紧要。

曼努埃尔·波卡（Manuel Porcar）和朱莉·佩雷托（Juli Pereto）则认为将有机体当作机器，只是便于对有机体进行理解和操纵，而非将二者视为等同关系，即它们并非遵循同一个或相似的本体论假设。他们指出："必须强调的是，在大多数情况下，'生物的机器本质'更多的是关于工程细胞理想情况下的意愿，而不是对自然生物体实际是什么的本体论描述。"（Porcar and Peretó，2015）他们进而提出"细胞不是机器"（cells are not machines）的观点，认为主要有四点理由。一是生物系统的反正交性（anti-orthogonality）[曼努埃尔·波卡和朱莉·佩雷托将正交性解释为行为的独立性（independence of behaviour）]。细胞内部有些部分表现为某种模块结构，但细胞并不像基于工程模块的机器那样完全由真正的模块组成，并且细胞内的功能模块很容易相互粘连，这是因为生物分子的灵活性是其基本特征，细胞内的组件之间容易"存在大量的、不断变化的、混杂的相互作用"。这意味着机器的模块因其设计之初就被赋予的独立性可以被替换或移除而不会对整个机器系统产生重大影响，但细胞不行，它被视为模块的那些组件因为功能粘连而缺乏这种独立性。二是生物系统的无标准的复杂性（Standard-free complexity）。生物多样性和生物系统的复杂性与工程原理关于标准的定义是矛盾的，这种矛盾的关键在于机器及其部件是按照既定标准由人为设计的，是有固定相互作用部件的设备，且这些部件可轻易被替换和修复，而细胞是进化而非设计的产物，尽管被喻为"进化机器"，但其内部系统的复杂性难以测度和模拟，机器系统不堪与之比拟，因此细胞不可能像机器那样满足人为的标准。三是细胞的内在变异（Intrinsic variation）。生命活动是一个持续变化的过程，对生命的设计不同于对静物（如一座桥）的设计，人为的设计要跟上持续变化的生命过程是一件十分困难的事情，因此引入随机变异和选择的进化方法作为合成生物学理性设计的一种帮助力量，其作用已经日益凸显，不过这也意味着合成生物学正在"从机器类比中有趣地退出"。四是对环境的依赖（context dependence）。生物系统是在复杂的生态压力下进化而来，生物面临的环境是高度复杂和不稳定的，这与实验室中受到严格控制的机器系统是完全不同的。即使是按照工程和机器标准设计的合成生物体在环境依赖方面也无法与自然的生物系统相比拟，二者之间在生长介质、物种间相互作用和生态相互作用等方面仍然存在着巨大的差异。

曼努埃尔·波卡和朱莉·佩雷托从细胞作为一个生物系统的内部特征与外部关系方面区分了生命有机体与机器之间的差异，认为二者差异之间的鸿沟是难以弥补的。不仅如此，他们不但否定了细胞与机器之间共享的本体论假设，而且指出合成生物学关于生命的理性设计中定向进化方法的引入正在表明机器类比的失效。本书认为，曼努埃尔·波卡和朱莉·佩雷托关于细胞不是机器的理由是基于科学常识和理性推断，具有一定的合理性。确实，在科学上，越来越多的证据表明细胞不是一台机器，或者说细胞机器概念（The Machine Conception of the Cell）遭到了严峻的挑战（Kirschner et al.，2000；Astumian，2001；Heams，2014；Soto，2018）。

细胞机器概念主要源于 20 世纪中后期分子生物学的解释框架——机械论的盛行。最广为人知的表述来自诺贝尔生理学或医学奖获得者、法国著名生物化学家雅克·莫诺（Jacques Monod）发表于 1972 年的论文集："通过它的特性，通过在 DNA 和蛋白质之间，就像在有机体和介质之间建立一种完全单向关系的微观的时钟功能，这个系统显然是无法用辩证的方法来描述的。它根本不是黑格尔式的，而是完全笛卡尔式的：细胞确实是一台机器。"（Monod，1972）米歇尔·莫兰奇认为生物学的机械解释传统体现了有机体与机器之间比较的重要性——启发性价值或探索价值（heuristic value），主要包括两个方面：一是通过将有机体与机器进行比较，能够促进人们对有机体的功能产生一定的了解；二是正如工具是人类运动的延伸，机器同样起源于有机体的结构和功能，它们在某种程度上属于有机体的世界，因此它们适合解释后者的结构和功能（Morange，2012）。

只不过，近 20 年来，随着实验数据的爆发式增长，科学家群体发现，机械论解释框架无法正确理解细胞现象。因此，近两年，丹尼尔·尼科尔森基于系统生物学的发展背景，从认识论角度，提出了"细胞不是机器"的观点，区分了细胞突现机制与一般机器机制的差异，尤其是他通过对比细胞和机器不同的结构与功能关系以及机器宏观结构与细胞微观结构之间层次的差异，试图证明 21 世纪以来细胞机器概念遭遇的挑战和机械论解释框架的局限（Nicholson，2019）。

根据丹尼尔·尼科尔森的观点，现代机器具有四个方面的独特属性：第一，即使从未见过任何特定类型的机器，一个人原则上只要可以查阅机器的设计规范、零件清单以及组装蓝图，就可以组装出无论从外观还是从性能来看几乎完全相同的任意数量的机器副本；第二，特定类型的机器被设计用于执行特定的功能，用户需要遵循严格的操作规范，从而预测和控制它们的行为；第三，机器工作高效率的原因在于，每个运转周期中它始终遵循完全相同的步骤和顺序；第四，用户可以随时终止机器工作，对其部件进行检查，即使机器执行功能可以随时被中断，但不会影响机器的结构完整性（Nicholson，2019）。

对照机器的属性，当代细胞机器概念的挑战在于：第一，细胞是一个自组织的、流动的系统，它与周围环境不断交换着能量和物质。这导致细胞行为不像机器行为那样严格可控和可预测，即细胞行为并不像过去认为的那样受到基因组编码的确定性程序控制。相反，实验表明，细胞行为更应该被视为一种概率事件，它对环境的刺激做出的是随机和非线性的反应。简单来说，机器系统的行为或功能由其结构先在地决定，因为它是设计者的产物，生命系统的行为或功能并非完全由其结构先在地决定，因为它是自然选择的产物，或者说它是环境的产物，它的行为和功能还依赖环境因素（无论从其内部还是外部来看）。第二，大家通常所说的机器系统是宏观的，而细胞结构处于微观层次，它们所受物理条件的影响是极其不同的。所以细胞机器概念存在跨层次的理解问题，忽略层次带来的差异，容易导致生物学解释的还原论。事实上，细胞结构明显不同于机器结构，它的结构不像机器那样是静态的、固定的，而是动态的、变化的，具有很强的随机性和可塑性，"细胞不断改变其内部结构（通过修改其分子成分流入和流出之间的精细调节平衡），以满足其不断变化的功能需求"（Nicholson，2019）。苏菲·杜蒙（Sophie Dumont）和马努·普拉卡什（Manu Prakash）认为细胞结构的这种动态变化体现了一种"突现机制"（emergent mechanics），突现机制与机器机制最大的不同就在于细胞整体的突现性质无法通过对它部分的了解进行预测，他们明确指出："与我们通常构建的工程宏观结构不同，生物结构是动态的和自组织的：它们塑造自己并改变自己的结构，它们具有……不断变化的结构构建块。对此类结构的描述违背了当前的传统机械论框架。"（Dumont and Prakash，2014）

综上，大家已经清楚关于将生命有机体视作机器的机械论解释的传统观点和当代观点。传统观点认为不仅生命有机体，如动物和人类是一台机器，就连整个自然和宇宙也是一台巨型的机器系统。这种机械解释的传统一直延续到分子生物学时代。传统观点不仅是认识论意义上的，而且是本体论意义上的，它反映了近代机械唯物主义的主流观点，与近代物理学和实验科学的成熟与发展密切相关。当代观点中，一方以丹尼尔·尼科尔森等哲学家为代表，认为生命的机械解释不涉及本体论，只有一定的认识论价值，而在系统生物学背景下，越来越多的科学证据表明，这种认识论价值也遭到了质疑乃至否定，机械论解释框架正在遭遇严峻的挑战。另一方以约阿希姆·博尔特为代表，认为生命的机械解释符合现代科学的发展要求，有机体与机器共享相似的本体论预设。只要确定了生物系统内部的因果关系，在合成生物学的工程框架内，就可以解释和构建生命体。本书认为，在系统和合成生物学的背景下，重新从哲学层面探讨有机体与机器的关系具有新的启发性价值。但或许米克·布恩关于将知识作为认知工具的主张，对于人们重新认识有机体与机器的关系，使之符合合成生物学的发展需求，是更有帮助的。机械论解释可以被看作这样一种认知工具。在新的生物学知识背景下，哲学家重新发展这一认知工具，不论是以否定或肯定（机械论解释）的方式，最后都是为合成生物学致力于创造新的科学知识、实现更广泛的科学应用而非仅仅被动且客观地反映世界的新目标做出努力。这样才能反映合成生物学与传统生物学、工程范式与物理学范式之间的显著不同。事实上，一些合成生物学家采用工程方法简化生物学的目的就是提高人们转化生物技术应用的能力，如杰伊·凯斯林（Jay Keasling）团队开发的可以高效生产青蒿素前体的酵母细胞（欧亚昆、雷瑞鹏，2016）。苏恩·霍姆也认为虽然有机体和机器之间的差异是公认的，但生命有机体的机械解释和机器类比在合成生物学中只是一种策略，它不关注本体论问题，只强调启发性价值，因而合成生物学不是为了将有机体识别为机器，而是为了"在构建类似机器的生命系统方面取得长足的进步"（Holm，2015）。在这个意义上，本书不认为人工合成生命意味着机械论解释的成功，也不认为将定向进化或其他非理性的方法引入生命工程设计中意味着机械论解释遭到了合成生物学的挑战。因为，合成生物学的根本目标不是为了证明生命是不是机器，而是试图通过生命的机械解释或其他解释路径来设计、合成与构建新的生物制品。

（三）合成生物体：自然有机体、活机器还是一般的技术人工物/人工制品

在介绍和探讨过生命与非生命的连续性问题以及生命与机器之辩后，还有一个最重要的问题与合成生物体密切相关。合成生物体（synthetic organisms），亦称合成有机体，顾名思义，是人工合成的有机产物，它兼有生物和机器的特征。狭义的理解，合成生物体不应该被等同于合成产品（synthetic products）。合成产品属于人工合成的终端产物，它类似于机器流水线上或人类手工生产的一般技术人工物。例如，合成生物学家设计合成了一种细菌，通过它可以将二氧化碳转化为甲烷。合成细菌即为合成生物体，而产生的甲烷则是合成产品。诸如其他的合成药物、合成材料等也是如此。合成生物体是一个生物和机器的混合系统，它和细胞的机器概念一样，通常被理解为一个类似计算机的操作系统。因此，它指称的应该是一个从头合成或半合成的细胞生命。大家可以将合成生物体视为一种半生物、半机器的混合实体（hybrid entities）。苏恩·霍姆提议将合成生物学的这些预期产物称为"佩利有机体"（Paley organisms）[英国圣公会牧师威廉·佩利（William Paley，1743—1805）1802 年出版的《自然神学》（又名《从自然现象中收集的神存在及其性质之证据》）

一书中描述了人、鸟类、昆虫、植物等各种生物所具有的各种精妙结构和功能，试图以此证明上帝作为生命设计者的存在。尤其是在他著名的钟表匠比喻中认为，生物犹如精确而复杂的钟表，这应该让我们认识到，它们是智能设计产生的人工制品]（Holm，2013）。合成生物体在科学上是可实现的、有用的，但在哲学上它是概念不清的、难以理解的。它的出现，被认为挑战了生命与机器、自然生物与人工制品的界限（假设有的话）。然而，在合成生物学领域，大家很清楚，科学家们通常并不关注合成生物体抽象的概念意义，而只关注它在应用转化中的工具价值。因此，只有将这一新的科学现象置于哲学的界面上，前文称之为最重要的问题才能成立。本书将这个引发哲学争议的问题描述为：合成生物体应该如何界定，它是自然有机体、活的机器（living machine），还是应当被看作一般的技术人工物/人工制品（technological artifacts）？

1. 合成生物体归属于自然有机体吗？

合成生物学代表了人类改造自然生物和制造新型生物制品能力的最新阶段。生物制造进入了合成的黄金时代。尽管，现在主流的哲学观点和越来越多的科学证据令大家相信，生命有机体不是机器。但合成生物学抓住了有机体中部分存在的机器属性，并致力于将自然界不完美的有机体通过人工设计和构建，使它们变得越来越像完美的机器。而它的完美性恰恰在于这种合成生物体被赋予了自然有机体不具备的功能，以满足人类特定的目的。如果按照丹尼尔·尼科尔森等人关于有机体与机器的区分标准，合成生物体则不能作为自然有机体的合法成员。原因有四：其一，合成生物体与人造机器一样，是按照外在的代理人——人类的目的设计和构建的，符合外在目的论的规定，而自然有机体遵循内在目的论的规定；其二，合成生物体的部件、整体的功能和制造商、用户之间存在利益上的因果关系，即合成生物体与机器一样，作为被设计和制造出来的特定功能系统，服务于特定的制造商和用户，而自然有机体则没有这种利益上的因果关系，其存在只为追求自身的利益；其三，合成生物体的部件在时间和构成上先于整体，可以独立于整体被理解和独立于整体发挥功能，这是由合成生物学的工程原理决定的，自然有机体的部分和整体是相互依存的，部分并不先于整体存在，相反，整体对于部分具有决定性的影响；其四，合成生物体在起源上具有明确的时间和因果关系，因为它是人工设计和构建的产物，自然有机体的起源则无法追溯到特定的时刻和做到明确的归因。然而，合成生物体兼有生物的特征，它并非完全等同于机器。当它更像机器时，人们容易将它与自然有机体进行区分。当它更像自然有机体时，人们又会陷入另一个问题的思考中：因为它是人工的，因而是不自然的，人们还可以将它与自然有机体等同视之吗？事实上，在合成生物学的目标中，改造与合成新的有机体的项目是并存的。在改造与合成的不同程度上，它们中有的更像机器，有的更像自然有机体，并没有一个统一的标准。现在可以明确的是，合成生物体是介于自然有机体与机器之间的混合实体。不过，就合成生物学典型的工程理想而言，符合工程标准是设计和建造合成生物体的最终追求（合成生物学追求工程化的理想尤其体现于它在合成生物学网站上的那个最广为人知的定义："设计和构建新的生物部件、设备和系统，以及为有用目的重新设计现有的天然生物系统"）（Calvert，2010），在这个意义上，未来的合成生物体应该是更像机器，从而有别于一般的自然有机体。

在合成生物体有关自然与人工的问题上，本书将主要留到"合成生物体作为一般的技术人工物/人工制品"这部分来探讨。这里涉及自然与人工的话题，主要是为了说明那种认为合成生物体与自然有机体存在明显差别的观点。这种观点将合成生物技术认为是干预或控制自然的一种新形式，它使合成生物体远离自然，从起源乃至结构上都产生了质的变化。这种新形式"构成了一门结合工程和科学的混合学科，以实现其生产合成生物体的目标"（Andrianantoandro et al.，2006）。林恩·贝克（Lynne Baker）认为，当前在有机体领域进行干预的技术模式与以前的模式相比存在质的差异（Baker，2008）。迭戈·帕伦特（Diego Parente）明确指出，合成生物学不同于以往干预自然的方式（这里特指基因工程，如克隆技术、基因修饰等），前者是"从头开始构建整个有机体"，工程师可以规划它的结构，并按照不同的方式组合生物零件以制造合成生物体，而后者只是通过"基因的剪切和复制，将一个有机体的基因序列插入到另一个有机体中"（Parente，2018）。迭戈·帕伦特是想表达合成生物体比基因工程生物更加不自然。基因工程生物与天然生物以及历史进化过程之间的联系依然存在，人们只是对少量自然基因进行了特定而有限的修饰（迭戈·帕伦特的表述为基因工程生物仍处于历史上生物进化因果链的框架中）。合成生物体则不然，它们没有"祖先"（ancestors），它们主要是人类意图的产物，或者按照克雷格·文特尔的说法，人工合成的支原体细胞是以化学药水为母、计算机为父，它们完全不同于自然产生和繁衍的生物。由此，可以清楚地得到一个结论：合成生物体不应该被视为自然有机体。

2. 合成生物体是活机器吗？

由前所述，大家知道合成生物体兼有生物和机器的特征，因此被视作生物机器或活机器。"活机器"概念一度常见于人工生命研究，即众所周知的硅基生命。机器人专家罗德尼·布鲁克斯（Rodney Brooks）提出"活的机器将能够自我繁殖，找到自己的能量来源，并在一定程度上自我修复"（Brooks，2001）。然而，目前为止，人工生命研究领域还没有制造出这样的生命。合成生物体是否符合上述定义？贝斯·普雷斯顿（Beth Preston）认为含有合成基因组的合成细胞是"生物机器"或"活机器"，创造活机器是合成生物学的主要目标。然而，"活机器"这个概念具有内在的矛盾性。这是由有机体与机器之间的差异造成的。迭戈·帕伦特将此形容为"两极之间的张力"：一极是作为人类制造的机器，要保持作为机器的机械特性，以确保它的可控制性和可预测性；另一极是作为被生产出来的生物制品，它的行为类似有机体，则强调作为有机体的可塑性和开放性，这又恰恰阻碍了对它的完全控制和降低了它的可预测性的程度（Brook，2001）。

本书认为，将合成生物体作为活机器来理解是有困难的。"活机器"本身就是一个矛盾的概念。根据丹尼尔·尼科尔森关于有机体与机器的划分，机器没有自主性，它服务于人类的目的，有机体具有自主性，它只追求自己的利益。设计和构建一个既有自主性又没有自主性的合成实体，将它界定为活机器，意味着它既要能够服务于人类的目的，又要同时追求自己的利益，这种被设计和构建的实体要在有机体和机器之间寻找一个确定的位置是十分困难的。同时，这种矛盾性在合成生物学制造兼具机器和生物特性的实践中表现为技术上的难题，玛丽安·肖克（Marianne Schark）曾指明这一点，他说："合成生物学家希望他们的产品在行为上是稳定和可预测的，而生物的本质却是不变的变化和可塑性。"（Schark，2012）但大家不要忘记，这种矛盾性其实是一直存在于有机体与机器之间的。当笛卡尔以来的科学家们对细胞结构进行机械描述并使用机器的概念和隐喻时，这种矛盾性就已经存在了。因为将有机体当作机器，在本体论意义上，就等同于承认有机体是生物机器或活机器。而对于一直忽视这一矛盾性的人们，现在他们似乎更有理由这样说：在合成生物体之前，机械论和还原论观点一直主导着科学界，人们已然习惯和接受将有机体当作机器，如今通过科学家的努力，合成生物体设计得比自然有机体更像机器，人们为什么不能将合成生物体称为活机器？的确，如果大家接受生命的机械论解释，且有机体和机器共享同一个本体论假设，那么在合成生物学的框架内，将合成生物体当成活机器是没有问题的。然而，合成生物学并没有完全接受机械论解释，它也允许其他的解释性理论，如生命的非还原论。合成生物学作为开放的跨学科领域，只要有助于生命系统的设计与构建，实现应用驱动的整体目标，它总是愿意尝试和变化。因为，在工程范式中，合成生物学将知识当作认知工具是为了工程制造。在这个意义上，它也不关注合成生物体的本体论问题。但这些问题对于哲学家而言是重要的，关注和反思科学中出现的新现象和新问题，有助于拓展哲学领域，反哺科学研究，推动科学与哲学的跨领域合作。只是，当前合成生物学可供研究的合成生物体的数量极其有限，且不成熟，它们距离合成生物学创造真正意义上的活机器的最终目标还有很远的距离（广义上，目前这些合成生物体的成品包括细胞"底盘"、含有最小基因组的细菌、能够生产青蒿素前体的大肠杆菌、含有人工合成染色的酵母菌以及数量可观的生物部件及其拼装设备等）。

3. 合成生物体可以视作一般的技术人工物/人工制品吗？

根据林恩·贝克的说法，现代生物技术打破了传统关于自然和人工实体的划分。他理解的自然与人工的传统划分主要是指"基于与人类意图无关的对象（有机体等）和与人类意图相关的对象（人工制品）之间的区别"（Parente，2018）。然而，在本书看来，自然与人工的传统划分，和有机体与机器的划分既是一脉相承，又各有不同。其承接之处在于有无意图或目的的说明，我们说自然有机体没有外在目的，恰如说自然对象无关人的意图，说机器具有外在目的，恰如说人工制品体现人的意图。其不同之处在于，有机体与机器的划分主要是为了说明它们是两类不同的事物，以承诺它们之间存在着本体论差异为前提，自然与人工的划分则不然，大家很难说通过人工化学合成的有机物在结构和功能上与它们对应的自然有机物有什么本质差别。

合成生物学作为最具颠覆性和会聚性的现代生物技术，对自然的干预程度必然高于其他技术。合成生物体作为复杂的人工合成实体，既不是纯粹自然意义上的有机体，也不是纯粹人工意义上的机器。如果所谓关于自然和人工的传统划分确实成立的话，那么合成生物体的出现无疑对这一划分构成了严峻的挑战。因为合成生物体不是传统的人工化学合成的有机物（如合成尿素、合成蛋白等），它是工程设计的新实体。合成生物体也不是克隆生物或简单的基因工程生物。这里的不同在于，传统的生物技术、化学合成主要意在模仿自然，模仿自然有机体和有机物的结构和功能，最多进行一些不影响原先结构稳定性的简单修饰与改变，合成生物技术主要意在按照工程方法和人类目的，设计和构建自然界不存在的生物部件、设备或系统，这表明合成生物体在结构和功能上都会不同于自然生物。尤其是合成生物体设计和构建得越像机器，它的人工性（artificiality）就越强，自然性就越弱。但是，贝斯·普雷斯顿却不这样认为。他认为合成生物体没有明确的本体论影响。他指的是合成生物体没有改变自然与人工之间传统的本体论划分。他的理由是，如果我们认为合成生物体挑战了自然与人工的划分是因为合成生物体的结构和功能在人类意图下都发生了质的改变，那么这种认知是不符合历史事实的。因为，相较于新石器时代从采集、狩猎到农业的转变中由于人类祖先对动物和植物的驯化所引发的本体论影响，合成生物体与1万年前被驯化的生物之间的差异"仅仅是它们的功能和结构有多少处于我们有意控制的数量上"。贝斯·普雷斯顿强调了一个历史事实：尽管，新石器时代人类祖先不懂遗传知识，但在对动植物的选择性育种中，已经出现了通过人为干预自然而改变物种。他说："人类控制植物和动物的繁殖，从而修改它们的某些特征以适应人类的目的。因此，驯化的植物和动物与野生的植物和动物越来越不同。因此，从本体论的角度来看，它们已经是'生物制品'。"（Preston，2013）

本书认为，如果自然与人工的划分以是否具有人类意图为衡量标准，那么贝斯·普雷斯顿认为自然与人工之间的划分真正的挑战早在1万年前的新石器时代就已经出现这一观点是正确的。但是，贝斯·普雷斯特又进一步认为合成生物体与因人类驯化而改变的物种之间没有本质的不同，只有在它们各自的结构与功能被控制的数量上存在差异，因此合成生物体没有产生本体论影响的这一观点显然是证据不够的。相反，与早期驯化生物的历史相比，合成生物体干预的程度贯穿了从无机物质到有机生命的多个层次。不仅如此，它在极短的时间内完成漫长的生物起源和进化过程，并在结构和功能上致力于工程化的设计和控制，以追求使合成生物体更像机器（尽管尚未完全实现）。仅就以上两点而言，它对人工和自然之间传统的本体论划分的影响就是不可忽略的。这里的问题是，贝斯·普雷斯顿将本体论问题与人工和自然的划分等同了起来，这是将本体论和目的论一概而论。前文已经表明，自然与人工的传统划分和有机体与机器的划分之间的区别即在于，前者主要以有无人类意图（目的论差异）为标准，而后者主要以本体论差异为标准。因为合成尿素是人工制品，但它与天然尿素没有结构和功能上的本质差异，不存在本体论问题。但机器与有机物的划分主要是为了说明它们之间存在着本体论差异。它代表了当代系统生物学的观点（与过去占据主流的机械论观点相反）。合成生物体被致力于设计和构建得更像机器，使它离自然生物越来越远。它不仅人工性越强，自然性越弱，而且它的机器本质越强，生物学本质越弱。对此，虽然不能说合成生物体挑战了自然和人工的传统划分，但是它确实对有机体和机器的本体论划分产生了重要的影响。因此，这种影响与早期人类祖先驯化生物对自然与人工的目的论划分所产生的影响是不同的。至于普雷斯顿说人类驯化的生物在结构和功能上实现了一定程度的优化，这种变化其实是极其有限的，无异于家猪和野猪的区分（即使今天看来也是如此），人们并不会因此认为它们本质上属于两个不同的物种。合成生物体在结构和功能上的变化则不仅是程度上更深，更重要的是它完全可能创造出新的机器类型、新的物种或介于生命与机器之间的新的混合体。这种新的实体没有祖先，而且由于它兼具机器和生物的特征，不管哪一种特征更多，似乎大家都容易陷入"德尔菲船"（the Delphic boat）["特修斯之船"（The Ship of Theseus）或特修斯悖论]的悖论之中（Danchin，1998）。

按照合成生物学的工程理想，合成生物体是比有机体更像机器的机器。通常，人们将机器也视为一种人工制品，它与简单的人工制品只有复杂程度上的区别。既然合成生物体更像机器，那么是否意味着合成生物体与机器乃至它的终端产物——如合成药物之类的产品一样，可以作为一般的技术人工物/人工制品呢？在当前的一些文献中，人们将合成生物学的产物称为"生物制品"（bio-artifacts）、"合成生物制品"（synthetic biological artifacts）、"生物工程产品"（bioengineering product）、"工程活动产品"（product of engineering activities）、"功能性生物人工制品"（functional biological artifacts）、"合成生物学产品"（Products of synthetic biology）、"技术人工物/人工制品"等（Deplazes and Huppenbauer，2009；Schyfter，2012；Boldt，2013；Parente，2018；Coyne，2020）。这些名称所指称的实体基本上包括了合成生物学的所有目标产物。这些目标产物由这些名称所体现的概念特征主要限定于生物、工程和制造。齐克·李（Keekok Lee）认为生物制品是人类意图和目的的体现，如果没有人类的干预和操纵，就不会存在或继续存在。他将这些技术生物对象（technical biological objects）或生物制品定义为具有起源、结构或自然的/生物的一致性（origin，structure or natural-biological consistency），但由于它们的遗传、基因组、生理、目的或功能的自然属性被有意地修改，因而具有不同程度的生物人工制品特征（bio-artefactuality）或它们的生物功能得到不同程度的技术控制和修改（technical control and modifications）（Lee，2003）。按照齐克·李的定义，生物制品在合成生物学范围内应该是指合成生物体，而非合成产品。这种区分是必要的。正如前文所述，合成生物体与合成产品是不同的，如果将合成生物学的产品理解为类似合成药物、合成材料之类的制品，那么将它们视作一般的技术人工物/人工制品，完全没有问题。因为，就它们不是活的和不是天然产生的这两点原因，大多数人都可以轻松地理解和接受。唯独以上将合成生物体与合成产品不加区分，用同一个名称来指代二者的情况出现时，大家需要清楚，合成生物体在视为一般的技术人工物/人工制品时，一定会产生争议。这种争议是由合成生物体的双重性质（dual nature）造成的。

生物制品一般被认为具有自然和人工的双重性质，合成生物体最大限度地体现了这种双重性质。豪尔赫·萨尔加多（Jorge Salgado）认为我们无法完全控制我们可能通过技术改造的细菌、细胞、活物（living crea-tures）的设计和运行，因为这些生物制品的内在结构和未知的生物相互作用与自然生物没有太大的区别，它们呈现出来的事实向我们表明，最好将这些生物制品置于自然与人工、可控与不可控的模糊地带（Salgado，2018）。这种观点无疑是在告诉人们，目前看来，将合成生物体定位在生物与非生物或有机体与技术人工物/人工制品的边界上是最合适的。在本书看来，这种观点在现在及将来的很长一段时间内是比较符合合成生物体的实际状况的。因为，合成生物学目前的情形是在理性设计的工程方法的基础上，还结合了模拟达尔文进化的非理性方法。例如，利用定向进化技术人工培植和筛选出可以大大提升催化青蒿素前体产量的酶，体现了酶分子的进化对于人工合成的生物代谢途径的重要性（杨广宇、冯雁，2010）。这些被称为半理性设计的合成生物体因而既保留了生物的特征，又执行着机器的功能，实现服务于人类的目的。这种半理性设计加剧了合成生物体的双重性质，使得合成生物体难以界定为一般的技术人工物/人工制品。不过，随着定量生物学"白箱"模型研究实现对生物要素相互作用关系和运行规律的了解，科学家理性设计合成生物体的能力将不断提升，对合成生物体的可预测性设计和构建目标将因为定量研究的深化而推动生物学的工程化（刘陈立等，2021）。这意味着，未来的合成生物体的可控性和人工性将会不断提高。合成生物体与人工制品，尤其是与机器系统的差距会越来越小。

三　生命的定义问题

本质主义者认为，人们理解的生命的定义问题指的就是生命的本质问题。生命的本质是指生命具有哪些根本属性或本质属性，这些属性是生命所独有的。本质则通常被理解为"内部的、隐藏的或不可观察的属性"（Ahn，1998）。然而，生命的定义问题是一个很复杂的问题，关于生命的定义至今没有一个定论。本质主义者关于生命定义的本质理解是一种定义生命的方法。然而，生命的定义由于研究立场的不同可能会有许多种方法。研究生命起源、地外生命的科学家与研究人工生命的科学家对生命的定义方法显然就会明显不同，前者将地球和地外生命的起源问题作为重要的定义要素，后者则倾向将人工创造的生命形式及其相关特征也包含在生命的定义中（Mariscal et al.，2019）。此外，很多学者认为生命的定义不重要，尤其是对于科学家的研究来说没有意义，没有生命的定义，科学家也很清楚他们的研究对象是什么（Szostak，2012）。另一些学者又认为，给予生命一个抽象的定义很重要，至少作为理论生物学的目标，它有助于人们识别思考的对象是什么（李建会，2004：155）。生命定义的困难还不限于此。由于每个人都是生命体，直觉上，人们似乎很清楚自己作为生命的存在，因此它还被赋予了更多非科学文化维度的内涵。这种困难集中体现在以哲学为代表的思想领域。例如，威廉·狄尔泰（Wilhelm Dilthey）、亨利·柏格森、恩斯特·卡西尔（Ernst Cassirer）等认为生命"本质上是一种无法解释的现象，概念永远无法满足它"。他们断言生命无法通过外部视角而只能由每个个体从自身内部视角进行理解（Brenner，2012）。如今，生命定义的困难由于合成生物学在人工合成有机体等领域的工作进展，再次将人们拉回科学与哲学传统关于生命定义的纠葛中。这种从起源、产生到结构和功能都发生重要变化的合成生物体，开启了以下新的话题：就现有生命的定义或理解而言，人工合成生命是否挑战了生命的定义？这一挑战的具体表现和影响是什么？

（一）生命的定义

生命的定义如此重要，又如此不重要。这大概是关于生命概念复杂性的最简单的阐释。在前面讨论"生命有机体与非生命物质之间有连续性吗（或者有明确的界限吗）？"时，本书指出一些科学家和哲学家认为生命与非生命之间没有明确的界限，但这种观点明显地反直觉和反常识。或许，这个问题和生命的定义一样，无论科学家还是哲学家，目前都没有能力给出完整乃至最后的解释（Cleland and Zerella，2013）。但这个问题似乎与生命的定义一样重要。因为要定义生命是什么，彻底的做法好像是大家能够在它与非生命之间划出一条清晰的界限，否则，生命的定义就经不起考察。然而，在这里，本书必须指出来的一点是，寻求生命与非生命之间的界限，自亚里士多德以来，就是一个哲学问题，而不应该构成一个科学问题。该观点不是说科学家不会思考哲学问题，而是说科学家不会将它当作一个科学问题。因为，在本书看来，这个问题与要求在黑白之间、美丑之间、真假之间划出一个明确的界限一样，它取决于人们在看到一些具体事物明显的差异之后，将这种差异抽象成对立的概念，然后再进行概念分析，并寻找满足这两个对立概念的充分条件和必要条件。然而，这些对立概念只有在两个具体的事物之中，才有分析和判断的基础。例如，一块石头和一只动物之间，人们能够清楚地说出它们之间的本质差异。然而，要在所有的事物中找出生命与非生命之间的本质差异，则忽略了这所有的事物之间就存在着千差万别，而且我们无法考察这所有的事物，尤其是这所有的事物中还包括地球外的未知存在。科学家研究和考察的是具体的事物和客观的数据，他们不会怀疑自己研究的到底是一块化石，还是一只活的蚊子。因为这二者之间的区分十分明显，科学家可以很快给出它们之间差异的数据和说明。本书想表明的是，哲学家善于从抽象的概念出发进行形而上思考，科学家善于从具体的数据或事物出发进行合理的推断，而生命与非生命本身不是具体的事物或数据，而是抽象的概念，因而我们可以明确地将生命与非生命的区分看作一个纯粹的理论问题或形而上学问题。

那么，在科学研究中，生命与非生命的区分是否具有成为一个科学问题的可能？答案是显然的。满足这种可能的条件不是从抽象的生命概念出发，而是将生命限定于某种实体或功能形式。例如，恩格斯和奥巴林强调生命是自然界一系列连续性的活动和反应的结果。他们坚信生命的化学进化论思想，并认为生命运动基于机械、物理和化学运动的高级运动，并最终由人类走向更高级的社会运动（李建会，2004：159）。为了保持自然界的这种连续性，恩格斯于是选择蛋白体而不是细胞作为生命的存在方式（恩格斯，1999：82—84）。不过，在 DNA 双螺旋结构发现后，遗传功能的研究进展使科学家们相信生命存在的方式并不是蛋白体，而是携带遗传信息的核酸（Szathmáry，2018）。但不管怎样，将生命限定于某种实体形式的理解，有助于人们划出一条用于区分生命与非生命的界限。大家可以认定，那些不具有蛋白体或核酸的实体形式不能称之为生命。

与将生命定义为特定实体不同的许多科学家认为，实体形式强调的是生命的结构部分，但生命是不同于这些结构及其组分的整体现象，克里斯·兰顿就认为"生命是物质组织的属性，而不是被组织起来的物质的属性"（Langton，1989）。这种定义被认为是对于生命的单纯的功能定义法（a purely functional approach to the definition of life）（Toepfer，2016）。这种功能定义法可以追溯到亚里士多德，他在《论灵魂》（*On the soul*）中曾写道："在自然界中，有些有生命，有些没有生命；我们所说的生命是指自我营养、生长和衰退的能力。［……］'活着'这个词有多种含义，我们说，一个物体如果存在以下任何一种情况，我们就说它是有生命的，即除了营养、腐烂或生长中隐含的运动外，还有思想、感觉、运动或在空间中休息。"（Aristotle，1957）功能定义法强调通过一个或多个根本的属性或性质来定义生命。在这个生命功能定义的性质列表中，科学家和哲学家通过抓取其中他们认为最重要的或具有普遍性的一些性质作为生命定义的内容。例如，恩斯特·迈尔（Ernst Mayr）为了定义生命，列出了八项重要的性质（这八项重要的性质是：（1）所有层次的生命系统都有十分复杂的适应的组织。（2）生命有机体由一组特别的化学高分子组成。（3）生命现象是一种质的描述，而不是量的描述。（4）所有层次的生命系统由高度可变的独特个体的群体组成。（5）所有有机体都具备历史上进化而来的遗传程序，使它自身能够参与目的性的过程和活动。（6）生命有机体的类别是由共同谱系的历史连接定义的。（7）有机体是自然选择的产物。（8）生命过程复杂难料）（李建会，2004：162—163）。安娜·德普拉兹也试图为每一个活着的实体确定了七项基本性质（这七项基本性质是：（1）活的有机体通过与环境的物质和能量交换而不断地发生变化，这一特征允许发育和生长。（2）活的有机体是由明确边界划定的封闭实体。它们能够自我生产和自我维护；这些特征被术语"自创生"捕获。（3）转化和自创生取决于下一个属性，即新陈代谢，活的有机体通过这种方式从环境中获取能量和其他来源，并通过生化反应进行转化。（4）能量和物质的不断交换，使活的有机体维持一个稳定的内部环境，不同于外部环境。这种内部和外部环境之间动态平衡的维持称为开放系统中的动态平衡。（5）活的有机体受遗传程序控制。这是活的有机体蓝图的编码版本，它携带和传播信息，如关于生物体中发生的基本过程及其总体外观的信息。（6）现有的生命多样性和持续的多样化取决于活的有机体的另一个特征，即它们有助于进化。这意味着，某些有机体会繁殖并形成谱系，这些谱系可以通过进化机制世代相传地适应周围环境。（7）活的有机体不断地与环境互动和交流，它们会对环境做出反应和适应）（Deplazes-Zemp，2012）。弗朗西斯·克里克则提出了生命存在的三个必要充分的性质：自我繁殖、进化和新陈代谢。美国宇航局的定义则简单到一句话："生命是一种能够进行达尔文进化的自我

维持的化学系统。"（Joyce，1994）根据他们的梳理，生命具有系统性
（整体性）、组织性、层次性、自我繁殖、新陈代谢、遗传信息控制、反
应和适应以及生命活动和过程中的不确定性等主要特征或功能。这种定
义方法将生命诉诸一堆可以被科学家或哲学家灵活增减的性质构成的集
合或列表。虽然，其中一些被视为具有普遍性的核心性质有助于人们识
别生命，但对于这些属性之间如何有效关联，从而产生生命现象，却缺
乏解释。

　　如前所述，尽管生命的实体和功能定义都不完善，但对于定义生命
是否有意义的问题上，还是有不同的看法。塔尔娅·克努蒂拉（Tarja Kn-
uuttila）和安德里亚·洛特格斯（Andrea Loettgers）就认为定义生命的作
用不仅仅是为了一个统一的确定的生命概念而寻找它的充分和必要条件，
以便于分类，它更重要的意义在于它在科学实践中的作用（Knuuttila and
Loettgers，2017）。不过，卡罗尔·克莱兰（Carol Cleland）指出，如果生
命的定义局限于地球生命，则"有可能削弱后续研究的能力"（指针对天
体生物学的研究）（Cleland，2012），导致对其他生命形式的视而不见。
这些学者原则上不反对进行生命的定义，但反对从自然分类（区分生命
与非生命）或寻求因果解释的目的出发定义生命。他们认为寻找一个统
一的确定的生命定义的任务是不可能完成的。因此，他们自觉区别于爱
德华·马切里（Edouard Machery）所说的那种"生命定义主义者"（life
definitionists）（Machery，2015）。他们致力于辩护的是对于生命有益的定
义，或者说对于扩大科学实践有益的定义。

　　这种生命的定义由于更强调在科学实践中的实际效用，而被称为
"操作定义"（operational definitions）（Fleischaker，1990）。这里"操作"
（operational）即表明可操作性，具体是指两方面含义：一是通过操作方
式来定义某事物，如通过测量或按照特定程序构建的方式来定义一个实
体；二是定义的内容可用于实证研究，如生命的具体条件可以在实验室
中构建、操作和测试。塔尔娅·克努蒂拉和安德里亚·洛特格斯总结道，
生命的操作定义，其内容应该是科学实验和科学分析的客观对象，包括
支持可观测和可进行实验操作的特定理论模型以及与环境相关的具体的
生命标准；操作定义将一组相互依赖的必要的和令人满意的生命标准连
贯地结合或整合到一个理论模型中，这些标准意味着可观察的操作，并

且被认为与研究相关（Knuuttila and Loettgers，2017）。皮埃尔·路易斯（Pier Luisi）认为生命的操作定义应该与科学使用者的目标直接相关，主要应该为实验研究和新知识的产生提供工具性作用（Luisi，1998）。也就是说，生命的操作定义被作为一种概念工具和模型，服务于科学实验的具体目标。一个生命的操作定义的好坏或效用即取决于它对于帮助完成科学使用者或一个科学实验实现目标的程度。如果它不具有可操作性或者无法帮助科学家完成特定实验的目标，它就是可修改的（工具不好用，当然要调整或修理）。当然，这种修改是有指向和限度的。因为，一个操作定义必然基于一个特定的理论框架，即它本身是从背景理论框架衍生出来的。所以，修改操作定义不仅是为了完成一个具有可操作性的实验目标，它也可以是为了帮助反思和修订一个理论框架的基础，即基本理论假设（实验目标无法完成，也有可能是理论前提出了问题）。这样看来，生命的操作定义作为一种有效的概念工具，不仅具有启发和指导实验操作的方法论作用，同样还具有检视基本理论假设的认识论作用。

本书认为，生命的操作定义不仅具有灵活性和实用性（Bich and Green，2018），而且还避免了哲学家的形而上窠臼，陷入本质主义者无休止的争论中，同时也避免了因为没有一个完整统一的生命理论所以难以确定一个统一的生命定义的现实困难。生命的操作定义是科学家务实而明智的选择。它符合知识发展和人类认知的规律，即科学知识和人类的认知同样都在不断的试错和修正中完善。就知识和人类认知的关系而言，知识的逼真性无法脱离人的认知水平的逐渐提高和人依赖于科学实证研究而进行的主动构建。知识的构建如同科学进步的历史，不是一蹴而就的，而是反复且漫长的。因此，知识是可错的、可修正的，并处于不断完善的构建过程中。生命的操作定义承认错误和允许修正，并直接参与和指导科学实验，作为科学实践的认知工具和科学理论的反思工具。这种为了科学研究的实际用途而采取的定义策略，与米克·布恩认识论的建构主义立场——为认知用途构建知识——相一致。而如前文所述，米克·布恩将他的认识论的建构主义视为他构建的生物学工程范式的哲学基础，这将为本书接下来在合成生物学视域中探析有关生命概念的争议性话题——合成生命挑战了生命的定义吗，以及进一步考察生命的操作定义，提供了一个合适的理论背景。

（二）合成生命挑战了生命的定义吗

如果大家承认一个事实，即关于生命还没有一个明确而统一的定义，那么说合成生命挑战生命的定义，就是一件荒谬的事情。当有些人说合成生命挑战了生命的定义，他们的意思显然不是如此。他们选择了某个或一些有关生命的较为常见或比较流行的定义（如恩斯特·迈尔的生命定义），认为合成生物学人造生命违背了这些定义中某项性质规定（冀朋，2017）。例如，在一般的定义中，有机体及其遗传程序被认为是自然选择和进化的产物，但人工合成的有机体及其遗传物质是人类化学合成和有意设计的结果，因此它们并没有一个自然进化的祖先。所以，人工合成生命显然挑战了该定义中的一项本质属性规定。然而，这种所谓的挑战，恰恰暴露了那些将生命定义限定于一些本质属性时必然存在的缺陷——概念与自然种类之间关系的不确定性。这种缺陷使得人们寻求定义的事物的外延无法被事物的定义严格地决定。卡罗尔·克莱兰通过普特南著名的双生地球例子（Twin Earth Example）很好地说明了这个问题。这个著名的例子表明，在两个除了水的成分不同、其他方面完全相同的地球上，各自地球上的人们根据这两种水相同的可感性质，均将它们称为"水"（Putnam，1975）。他们关于水有着相同的概念，并认为两个地球上的水是完全一样的，直至各自星球的科学家测定出它们的成分实际上完全不同，才知道使用相同的术语来指称它们是错误的。用卡罗尔·克莱兰的话说："由此可知，'水'这个词的外延并不完全由头脑中的概念决定。"（Cleland，2012）

如上所言，人们目前所知的生命并不包括地球上和地球外尚未发现的生命形式。过去，关于生命的认知主要是科学发现的结果。对生命现象进行实验、观察、分析、解释和描述的科学探究过程，是人们构建生命概念的基础。生命是什么的理解完全依赖于人们对更多生命形式的发现以及复杂生命现象的研究。如今，探索地外生命的工作还在进行，但收获甚微。与此同时，在地球上，合成生物学依靠技术赋能，创造出新的生命形式，产生具有新的结构和功能的生命实体，则向大家释放出一个重要信号：新的生命形式不仅可以通过探索发现而且可以通过主动创造来获得。人造生命同样可以增进人们对于生命的认知。然而，大家不得不承认的是，人造生命是技术的产物。根据奥尔特加·加塞特（Ortega

y Gasset）的说法，技术作为人类的投射或人类生存的基本特征，其目的
是创造新的可能性，生产自然无法生产的东西（Ortega y Gasset，1939）。
那么，被人类创造和技术赋能的生命是如何改变人们关于生命的理解的
呢？本书认为，合成生物学通过引入最小基因组的概念以及在实验室中
人工合成最小基因组的研究，为理解生命本质和确定生命定义提供了科
学实证。只是，这还限定在"如我所识的生命"（life as we know it）（李
建会，2003）解释中，属于科学的生命。然而，合成生物学的本质是技
术或工程科学，技术的本质是创造。很显然，合成生物学创造生命的企
图并不是简单复制自然生命，而是为了实现人类控制和利用生命的目的。
这种目的体现在正交生物或异种生物的开发上尤为明显，大家可以称之
为技术的生命或"如其所能的生命"（life as it could be）（李建会，
2003），从而区别于科学的生命或"如我所识的生命"。这些被认为是新
物种的生命形式比起合成最小基因组具有更复杂的技术目的，并且指向
明确的功能实现。它们在质料、形式和目的上都明显地不同于自然生物。
如果人们承认它们是一种新的生命形式，是科学家人工创造的新物种，
那它们的存在可以说是颠覆了人们关于生命的传统认知，进一步加剧了
生命定义的困难，构成了生命定义的挑战。不过，在本书看来，基于生
物砖的正交生物或异种生物，是一种"工程化的新颖生命"（Engineering
novel life）（Knight，2005），在本质上可能更适合理解为生物和机器的混
合体，将它们划定为新的物种或生物机器只会造成概念上的混乱。埃利
斯曾指出，我们理解的"任何自然种类的真正本质都是一组属性或结构，
凭借这些属性或结构，一个事物就是这种事物，并显示出它所具有的明
显属性"（Ellis，2001：54）。正交生物或异种生物不具有自然物种那样
的明显属性，使它们明确地构成一类事物。它们兼具生物和机器的属性
和结构，而且作为技术产品，它们更新换代的速度远远超过自然物种的
进化速度。它们被希望设计得像机器系统一样可控制和可预测，而事实
上，它们又难以彻底摆脱生物特征和环境作用，因而具有不确定和不可
控的潜在风险（王国豫等，2015）。对于这样的人造混合实体，人们实在
难以通过识别它们中的生命条件和机器条件的比例与作用来确定归属。
可以预见的是，无论是将它们视为有机体还是机器（自然类还是人工
类）、工程自然有机体（活机器）还是技术人工制品（生物制品），大家

都无法轻易在本体论的意义上进行划定。因为这些不同的本体之间的界限在哪里划定不完全清楚。巴勃罗·施夫特（Pablo Schyfter）将此称为"本体论混乱"（ontological messiness），并且他认为这种"混乱"表明合成生物学作为一个仍在形成中的领域，尚未找到它的种类，从而将其对象置于适当的本体论秩序中（Schyfter，2012）。不过，阿克塞尔·盖尔弗特（Axel Gelfert）指出，巴勃罗·施夫特还是为合成生物学的分类留下了一种可能性，即合成生物制品或许确实"与自然实体和传统技术制品完全不同，足以保证它们自己的独特类别"（Gelfert，2013）。

　　目前人们可以做的是，在特定的语境中，为了达成人们特定的意图对它们进行识别，有意将它们归于某一类别，或者采用本书前面提到的操作定义。无论合成有机体、合成材料还是正交生物、异种生物等，避免本体论混乱的理想策略便是给这些新型实体下一个操作定义。人们可以将这些操作定义当作概念工具箱。安娜·德普拉兹明确提出过"将生命作为工具箱的概念"（The Conception of Life as a Toolbox）来使用。他这里所说的生命是指具有不同特征或功能的新的人工生命形式，以区别于传统的生命概念所指称的自然生命形式。他使用工具箱的概念，是为了强调有机体的不同特征在合成生物学中所起到的作用。他将这种作用理解为："一方面，工具是根据人类设计师的意愿设计的；另一方面，工具服务于特定目的。类似地，合成生物学家根据人类的要求设计有机体的特征，而这些特征也为生产服务。例如，合成生物学的初级产品，即有机体本身，是由这些工具形成和生产的。另外，这些合成有机体可以产生有用的物质，即次级产品。"（Deplazes-Zemp，2012）事实上，安娜·德普拉兹在这段解释中为合成生物学下了一个操作定义，它完整地描述了合成生物学的研究目的和操作流程，即合成生物学是将根据人类意愿设计的有机体的特征作为工具服务于合成有机体及其衍生产品的生产。在这里，设计有机体的特征涉及科学知识或科学模型的建构，它反映了米克·布恩所倡导的认识论的建构主义观点，即基于认知用途的知识构建。进而，成功的构建意味着设计与合成的目的达成，它需要通过合成生物体及其衍生产品的合格得到检验。如果检验结果失败，则表明知识建构活动还需要进一步调整或完善。在这个过程中，大家很清楚，合成生物学的操作定义中将生命有机体的特征同样视为具有可操作性的工具，那么这些有机体的特征所涵盖的每一部分内容都必须为建立模型、指导设计与合成等科学实践活动提供价值，且每一部分之间彼此有机地关联。在这个意义上，人们可以说，工程目标下的合成生物学及其生命概念都遵循着认识论的建构主义，构建知识（理论、概念或定义）是为了符合我们的认知和构建用途，从而突出人在科学研究和技术活动中的主体地位和主导作用。这样做的好处是，让人们清楚地明白概念知识、事实本身与人之间的内在关系——知识的客观性是作为认识主体的人在科学研究的进步中不断综合和构建的结果。在这种三维关系中，知识的客观性与人的主观性是密不可分的，尤其是通过人的主观性可以加强知识的有用性，并且能够进一步验证知识的客观性。这种三维关系也更符合科学活动的本来面目。如果一些人认为合成生物学将生命概念引向工具使用，变成一种服务于人的目的和相关设计、技术生产活动的概念工具，使生命知识失去客观性，所以挑战了过去那些基于实体或功能性质的生命定义的话，那么，合成生物学确实挑战了传统的生命定义和生命理解。但人们必须认识到，这种挑战是在整个生物学工程范式确立基础上的必然现象，因此人们需要的可能不是想办法否定或承认这个挑战，更重要的是重新理解生命本身。至少，合成生物学给人们提供了这样一种新的视域，让大家可以进一步深入思考技术生命以及作为高级生命的人类与技术、技术生命的未来关系。

第三节 合成生物学视域下重新理解生命

"生命是什么"是最聪明的科学家和哲学家至今都无法给出一个确定而令人信服的答案的终极问题（Cleland and Zerella, 2013）。本书将这个问题拆解为两个子问题：生命的起源和生命的本质问题，考察了历史上的主流科学家和哲学家关于生命起源和本质的著名观点，最后回到合成生物学的视域中，揭示了人工合成生命或合成生物体为理解生命的起源和本质提供了哪些新的实例或观点，以及它们是否构成了生命定义的挑战。通过上述介绍和分析，大家已经十分清楚"生命是什么"这个问题的复杂程度。不仅因为该问题涉及哲学、文化、技术和社会维度，仅就科学维度的生命概念及其解释，实际上也没有一个统一的理论基础。所有关于生命的解释性理论或观点都反映了生命构成的某一部分，或质料，或结构/形式，或功能/属性，或某种超越性/神秘性的因素（Grosz，2007），等等。至于生命的定义，过去人们一直认为它是反映生命本质的客观性和描述性概念。如今看来，这种关于生命的本质主义观点是不成功的，科学家或哲学家想要以生命的定义来考察生命的本质是没有出路的。这主要是因为，生命不像其他一般的自然种类那样具有相对确定的明显属性，它代表了更高的普遍性和复杂性，因而更容易产生模糊性和矛盾性，直接的结果是产生不同的互相争论的生命解释理论，而科学发现却不足以完全支持它们中的任何一个。

进入 21 世纪，生命经历了从还原论向整体论、从机械论到建构论的解释转变。在系统生物学的解释框架中，生命被理解为一种整体的突现性质，这种性质无法从组成它的部分中寻找或分析出在合成生物学的框架中，机械论依然被运用于分子机器的组装和构建，但在理解生命的问题上，认识论的建构主义（笔者这里将它称为"知识建构论"）形成生命知识新的解释性基础。知识建构论的出现与工程范式在生物学中的兴起（尤其是工程范式开始主导合成生物学的发展方向）密切相关。但再往前追溯的话，它可能与人们提出有机体是否存在的问题以及工具主义者的回应有直接的关系（Ruse，1989；Cheung，2006）。查尔斯·沃尔夫（Charles Wolfe）指出："工具主义者可以说有机体就像乔治·布冯（George Buffon）所说的物种一样，它不是自然的种类，而是'构建的'范畴，是一种'抽象的''一般的'和'临时的'思维建构，或'精神的力量'：投射到世界上，使我们能够将其理解为一堆没有生机的物质或运动中的原子的混乱；换句话说，是一种启发式构造。"（Wolfe，2014）就合成生物学将知识建构作为认知用途的工具这一点而言，查尔斯·沃尔夫关于工具主义者对有机体概念的分析无疑是正确的。但知识建构论是否等同于工具主义，这是米克·布恩没有考虑到的问题。这个问题涉及科学研究是追求真理的客观性还是追求真理的有用性的争论，本书不予展开，留待将来再议。如果知识建构论等同于工具主义，那么合成生物学将面临哲学家的质问：将生命有机体及其概念当作研究和使用工具，是否侵犯了生命的神圣性？这涉及生命价值性和技术两用性的道德问题，尤其是在人类将合成生物技术用于动物乃至人类自身时，回答此类问题将变得十分紧要。

总之，合成生物学的确重启了人们关于生命的争议性话题，尤其是它通过人工合成生命的实证研究向人们提出了重新理解生命的任务。目前，重新理解生命的关键问题可能包括两个方面：一是如何理解生命从自然到人工的转变；二是人工合成新的生命形式与探索生物学可能性的关系。厘清这两个问题，将有助于人们在合成生物学的视域中重新理解生命以及看待人与技术的关系。

一　生命：从自然到人工的理解

人类干预自然的历史十分漫长，但就干预的程度而言，没有像今天这样深刻而复杂。合成生物学作为典型的颠覆性技术，实现了对生命机体的彻底干预——不是简单的增减或修饰，而是从头合成和构建。这是历史上从未发生过的事情，合成生物学做到了。对此，人们可以理解为技术的一种胜利。但是，它也带来了前文所述的一系列问题，尤其是合成生物体作为自然有机体还是技术人工制品的本体论问题。有学者也称之为合成生物学带来的本体论混乱。这一混乱的根源在于，人们将生命有机体当作实现认知的实际用途的工具，知识的构建是为了使它现实地有用。这一对有用性的意图和追求，使生物学和工程学天然地结合在了一起。它让科学家从发现存在的东西转向了像工程师那样创造从未有过的东西。这种有意的结合促进了一种基于生命系统的工程技术的诞生（Knight，2005）。

如今，一些观点认为合成生物体并没有挑战自然和人工的划分，或者认为自然类和人工类的划分是不成立的，因此合成生物体不存在自然性多一些还是人工性多一些的问题。人们不会因为合成生物体多一分自然性就断定它多一分价值，或多一分人工性就断定它少一分价值，反之亦然。因为，自然与不自然并不构成我们对一事物进行价值判断的基础（雷瑞鹏等，2018）。同样，科学家也会认为这些问题对于科学研究没有什么实质性的意义。不过，本书认为，虽然重启自然与人工的界限问题，容易落入传统观点的窠臼中，无益于澄清事物本身的特征，但是忽略合成生物技术对生命人工干预的革命性意义，则会影响人们如实地考虑一种新的生命形式的本体论意义及其背后理论的方法论价值。不仅如此，在改造与合成生命的新兴生物技术与人工智能和机器人等结合的未来，人们对生命的认识论观点也要发生转变。这一切将真实地发生在生命从自然产生走向彻底的人工构建的后人类时代。或者，毋宁说，人们所创造的技术生命已经处于后人类范畴，并影响着大家关于生命和技术的重新思考。

首先，大家不得不承认，无论是合成的支原体细菌还是酵母菌，这类合成生物体代表了计算机和化学合成等技术的结合，使生命家族闯入了新的生命形式。尽管，目前它们在物质构成上没有本质的不同，但在结构形式上的些许改变只是开始。异种生物、正交生物的研究和诞生，将会真正形成新的人工生命家族。人们可以合理地预见，随着合成生物技术的不断发展与创新，合成对象将包括微生物、植物、动物乃至人体的细胞和组织等。出于研究、治疗乃至增强用途的医学人工物/合成生物体将会生产出来（张志会等，2021）。这些合成有机体的结构和功能出于人类的设计用途将会远远不同于自然有机体。当它们用于增强或治疗动物或人类的目的时，如替换动物或人的大脑、心脏以及其他器官和肢体，改变人的记忆力或延展人的身体某一性能，届时，人们应该如何识别它们以及它们融合动物或人体之后的本体？它们会不会冲击人的主体性？动物和人的同一性是否也将面临挑战？这些都是无法回避的问题。如果能够对此进行前瞻性的思考，将有助于人们理解人工生命的本质和意义。

其次，工程范式是以合成生物学为代表的新兴生物技术实现干预生命的理论基础。合成生物学因此被称为工程科学或技术科学，旨在对生命的设计和制造。生命被当成工具和产品，服务于人的目的，这些目的包括建物致知和建物致用。工程制造的思想为生物学引入了新的方法论，构成了生物学工程范式的核心。这种思想的基础来源是有机体与机器的类比。但合成生物学的目的远非设计和制造比有机体更像机器的新型生物机器，它也包括了从最基本的部分开始重建生命。用德国哲学家甘瑟·安德斯（Günther Anders）的话说："制造者的终极愿望是从人类制造者（Homo Faber）成为人类创造者（Homo Creator）。"（Ried et al.，2013）这意味着，人类对生命的理解，必然要经历从自然到人工的转变过程。目前，合成生物学还处于对生物零件/生物砖的设计与制造阶段，但最终的目的是创造出新的生命形式和生命系统。它们可以执行人类的指令，实现特定的功能，从而服务于人类的目的。

最后，需要清楚的是，合成生物学所创造的技术生命已经属于后人类范畴。无论是合成生物学这门学科的定义，还是关于生命本身的理解，都表现出对本质主义和具有主体支配性的人的消解，尤其是突出对合成生命不确定性和不可控性的关注，表明人类生命与技术生命、人类与技术之间的关系需要在后人类科技文化的语境中进行综合的考察（王一平，2018）。以人类为主体和中心、注重人类理性的文化传统已经不适用于当今复杂的科技现状，自然与人工、主体与客体的边界日益模糊，包括人自身在科技的干预中也面临着同一性的问题。特别是，以合成生物学为代表的新兴科技近年来日益呈现出风险性、不确定性、双重用途以及可能引发一些从未有过的伦理治理问题等时代特点（雷瑞鹏，2020）。这些新的科技危机表明以理性主义和人类中心主义主导的科技观、伦理观不再适用于应对复杂的科技问题及其衍生问题。在合成生物学领域，合成生物体的本体识别、道德地位以及后续在医学、能源、材料、食品、安全等领域的应用中可能出现的一系列问题，都需要大家转换视角，更加关注技术的风险和合成生物体的潜在威胁（Deplazes-Zemp，2012）。阿瑟·卡普兰认为，"正如我们从将新知识应用于从核武器到火药和火箭等各种发明中所了解到的那样，每一项进步都可以用于善与恶的目的"（Caplan，2010）。因此，如果大家仍然一味地坚信可以控制技术及其产品，可能大错特错。像合成生物体（如合成病毒）这样的生命实体，一旦逃离人类的控制，通过机场、车站或其他人流密集场所传播开来，对人类健康和生命的打击可能是毁灭性的，对自然生态中其他物种的侵害也是难以估计的。

二　新的生命形式与拓展生物学可能性

合成生物学所构建的人工合成生命是真正意义上的碳基人工生命，它与人工生命研究所主张的硅基生命具有本质的差别。这种差别具体表现在质料和结构上。硅基生命是一种基于计算机系统的模拟生命，它虽然能够模拟自然有机体的基本功能，但与现实中的生命机体的差距依然显著。因此，人们说人工合成生命才是现实意义上（具有物质性和可感知性的基础）的新的生命形式。但是，这种新的生命形式与早期人类驯养和配种的动物（如骡子）、炼金术士制作的"侏儒"以及依靠克隆、转基因等新兴生物技术产生的生命究竟有什么本质上的不同？如果仅从自然和人工的划分标准来判定，可能很难找到答案。在一般的意义上，就它们与自然物种之间天然的差别而言，人们似乎都可以将它们称为新的生命形式。无论历史跨度多长，它们都是人类利用工具或技术手段干预自然和进化的产物，是自然界中不曾存在过的新事物。

但是有一个明显的差异，大家不该忽视。传统的干预手段是粗糙的且失败率极高，干预程度也极其有限。现代生物技术干预的程度极高。人们制造和利用工具的水平极大提升，改进技术的周期大大缩短。尤其是科学家和工程师不同于农民单一的生活生产需求或炼金术士出于偶然的兴趣，他们干预自然和进化的初衷还包括对知识和创新本身以及扩大资本市场和追求财富的诉求。这种诉求的好处是，前沿技术科学的部署和发展由全球市场的政治和经济力量驱动，生物学家和工程师有先进科技设备以及项目资金的支持为基础，考希克·拉詹（Kaushik Rajan）将这种基础性的力量称为"生物资本"（biocapital）（Rajan，2006）。克雷格·文特尔团队在人工合成生命研究中历时几十年的投入和坚持足以证明这一点。从另一个层面来看，现代技术手段具有会聚性、综合性特征，技术的整合能力和复杂程度远远超过以往的工具和手段。这些新兴技术手段可以深入到微观分子层面，对生命系统进行彻底的干预。这是传统工具和技术手段所难以比拟的。现在，合成生物学正在逐渐实现从模拟、修饰到创造的转变，并通过引入工程原理和设计方法，设计和构建自然界中不存在的功能实体，赋予它们新的生命形式。这类被称为正交生物或异种生物的有机体将大大拓展地球上的生物学可能性（生物学可能性的定义参见本书第四章第一节第三部分内容：走向技术乌托邦？）。

拓展生物学可能性是合成生物学的一个重要的认识论基础。它也体现了科学与技术紧密融合后的人类文化属性。科学重于发现，技术重于创造。二者的结合为人们对物质世界开展科学发现和科学创造活动提供了坚实的理论与技术基础。反映于生物科技领域，对生命各层次的实体的研究和发现积累了大量数据，迫切需要人们开发先进的分析工具和技术手段来揭示这些数据之间内在的关联，以及试图通过这些数据开展再造生命的实证研究。合成生物学综合以往的知识和技术，顺利接替了人工生命和系统生物学的"湿件"实验研究计划,为创造新的生命形式创造了有利条件。史蒂芬·本纳(Steven Benner)等就曾指出:"合成作为一种研究策略可以以观察和分析所不能的方式推动发现和范式转变。"(Benner et al.,2011)同时,近70年来,电影文化中的想象力和设计艺术中的创造思想不断渗透到科学和技术领域,并产生了重要的影响(Bredekamp and Rheinberger,2012)。科技作品中对天体生物的向往、对异种生物的探究、对人工生命和智能机器的热衷以及对设计运动的支持,都表明了狭义的生命定义或生命的狭义理解已经不满足于人们的生活体验和科技发展的需求(Wolters et al.,2010)。克雷格·文特尔就曾设想,星际移民的将来,人们可以以接近光速的速度将天然的或人工设计的遗传信息通过先进的传送设备传送到另一个星球,然后在另一个星球上通过生命合成机器将接收到的数字信息转变为蛋白质、病毒和活细胞等(Venter,2012)。因此,本书认为,未来不同的新的生命形式需要一个将真理性和有用性、现实性和可能性紧密结合的普遍生物学作为学科基础。它不仅关注现实中的、科学发现的生物及其功能,而且致力于发现和建造潜在可能的、满足人类认知或实际用途的新的生物和功能。卡罗尔·克莱兰和迈克尔·泽雷拉(Michael Zerella)曾表达过类似的观点,他们说:"简而言之,为了形成一个真正普遍的生命系统理论,我们需要不熟悉的生命形式,但如果没有这样的理论,我们就不太可能将陌生的生命形式识别为生物,即使我们碰巧遇到他们。"(Cleland and Zerella,2013)由此,人们可以将合成生物学家在创造新的生命形式和探索生物学可能性方面的先锋工作,视作为建立普遍生物学学科和发展一个更具有普遍性的生命概念的探索性研究。

本章小结

首先,本章通过介绍人工创造生命的哲学,特别是生命计算主义强调的生命的本质是算法或程序的思想在合成生物学人工合成生命的实证研究中得以体现,它体现了与合成生物学的哲学问题之间的连续性,并认为生命的人工合成一方面打击了活力论,另一方面却存在数字活力论的思想残余。本章还强调了人工合成生命中最小基因组的形而上学预设不是内在生物本质主义而是操作本质主义，最小基因组研究不关注特定生物种类，它只关注一般的生命；合成生物学的工程设计与构建理想实际上反映了想象力在科学认知和科学实践中的重要作用，以及在探索生物学可能性方面所表现出来的技术乌托邦倾向。

其次，通过介绍生命起源的哲学观和科学观，指出合成生物学人工合成生命在生命起源论题中引发的新的哲学问题，认为生命的人工合成没有彻底证明化学进化论的完全正确和活力论的完全错误，它也与智能设计论者主张生命需要一个超自然智能设计者没有思想上的关联，以及人工合成生命的成功意味着生命起源的合成解释对以往的普遍性解释和历史性解释路径构成了挑战。在介绍生命本质理解的历史观点后，本章还特别分析了有机体与无机物之间的连续性问题，指出二者之间的界限正在消解的事实。通过比较将有机体视作机器的历史观点和当代观点，提出有机体与机器之间的本体论划分不是合成生物学关注的问题，生命机械解释只是它为了构建生命实体采取的一种启发性策略；合成生物体不应该被视为自然有机体，它离真正意义上的活机器还有很长的距离，但是它随着人工性越强、自然性越弱的趋势发展，与一般技术人工制品尤其是机器系统的差异会越来越小。通过介绍生命定义的困难和当前关于生命的实体定义法和功能定义法，梳理了支持和反对生命定义的两种立场和观点，指出生命的操作定义法可以避开实体定义法和功能定义法的缺陷，与科学实证研究结合更加紧密；分析和强调了操作定义对于合成生物学学科定义与合成生物定义的工具性意义，认为合成生物学挑战生命定义的观点是难以成立的。

最后，从"生命：从自然到人工的理解"和"新的生命形式与拓展生物学可能性"两个重新理解生命的关键问题出发，本章提出人类对生命的理解必然经历从自然到人工的转变，特别是合成生物学强调设计和构建自然界中不存在的功能实体，大大拓展了生物学的可能性，为将来建立普遍生物学和发展一个更具有普遍性的生命概念奠定了基础。

结论与展望

生命和技术主题是合成生物学发展贯穿始终的主旋律。这一点无论是从科学技术维度，还是社会文化维度，皆是如此。这一典型的特征与合成生物技术干预的对象、合成生物制品的使用对象以及整个合成生物产业对于人类社会和自然生态的影响方面紧密相关。人们现在已经很清楚，合成生物学在医药、食品、能源、材料、农业、环境等各行业领域中将起到深刻而积极的作用。但哲学思考总是滞后于技术发展和应用。在合成生物技术对自然和生命干预及影响如此深刻的契机下，尤其是合成生物体、工程生物制品开始成为科技创新和经济增长的要点，大家需要对这些新的生命形式及其衍生产品进行哲学上的反思。并且，这种反思只有置于更大的时代科技文化背景中，才能突出其中的问题，帮助人们重新启动生命的理解程序。现在看来，在哲学层面，除了合成生物技术及其应用中各个环节可能存在的道德价值和伦理规范问题，一直以来缺乏的是对合成生物学进行科学哲学的分析，特别是用 HPS 和文献比较的研究方法，针对创造生命或生命制造过程中突出的认识论、方法论和本体论问题进行系统研究。因为，虽然创造生命涉及复杂的角度和关系（如分析的角度包括宗教、科学、哲学、法律、人类学、经济学和常识等多个层面，分析的对象关系包括科学家、工程师、科学理论、实验方法和设备、技术干预对象、合成生物制品以及投资者、使用者、监督者，等等），但实际上，这些问题背后更基础的问题却是哲学层面的问题。可以说，合成生物学哲学基础问题的探索影响甚至决定着其他层面问题的研究进展。

本书认为，在这些哲学问题中，目前最重要且最为广泛涉及的三个基础问题：一是合成生物学的概念隐喻及其哲学问题（第二章）；二是合成生物学的方法论和范式创新问题（第三章）；三是合成生物学的合成生命及其本体论问题（第四章）。关于这三个问题，当前可以查阅的外文文献中多有讨论，在国内文献中却极少述及，但都呈现碎片化。此外，目前的中外文献中对于合成生物学的思想渊源或理论基础探究不多（第一章），包括从科学、哲学和历史的角度考察合成生物学与合成化学、人工生命研究、系统生物学以及工程学等学科领域的关系。事实上，在论述合成生物学的概念隐喻、范式创新及生命合成的本体论问题的过程中，处处彰显与上述学科领域之间的深刻联系。这种显而易见的联系主要是由合成生物学学科综合、技术整合（新兴技术知识通常会聚了不同领域的科学知识，包括概念、理论、方法和技术手段等）的核心特征所决定。

在本书中，最需要明确的一点，是概念隐喻的哲学问题、方法论和范式创新问题，以及生命合成及其本体论问题之间的内在逻辑关系。研究中发现以上这三个哲学基础问题中都不同程度地涵盖了本体论、认识论和方法论的讨论。例如，合成生物学的概念隐喻问题主要侧重认识论方面的表征、说明、意向性和媒介性作用以及方法论方面的科学解释、类比迁移等作用，它们共同的特征在于通过隐喻概念起到对新兴事物的启发性作用。但概念隐喻问题也涉及隐喻本体的问题，在隐喻指称的对象还只是抽象的概念或模型时，它只是语义本体，当隐喻指称的对象实体化地构建出来，它就变成实在本体。合成生物学的方法论和范式创新问题涉及的哲学议题更加复杂，除了本体论、认识论和方法论方面出现的新问题外，还包括科学研究的认知目标、指导科学研究的基本假设和规则、形而上学预设等方面。当然，本书并没有讨论合成生物学范式创新中的所有问题，而是侧重范式创新中的方法论变革方面，以及认识论的建构主义/知识建构论在合成生物学工程范式中作为认知工具的关键性作用。合成生物学的合成生命及其本体论问题则主要侧重生命与机器划分的本体论问题，无论是探讨生命的起源、本质还是定义问题，或者自然与人工、有机物与无机物的二分/连续性问题，还是与人工生命研究衔接起来，探讨生命计算主义与数字活力论的观点，都是为了强调区分自然有机体、合成生物体、活机器或生物制品这些对照物背后的本体问题。但本书认为，合成生物学的实际发展比较符合米克·布恩所强调的认识论的建构主义观点，概念和模型的构建是为了作为认知工具，包括生命实体的建造，最终是为了实现人类的认知和应用目的。强调知识构建的认识论作用，而不关注合成生物体造成的本体论混乱，是合成生物学基于工程范式实现建物致知和建物致用的现实写照。但随着合成生物体的大量生产以及半合成半机器生命的诞生，这些新的生命形式逐渐渗透到人们的生产生活和生态环境中时，它们所引发的本体论和道德地位问题将变得十分突出，届时大家仍然需要面对。综上，可以清楚地知道，合成生物学的三个哲学基础问题（第二章、第三章、第四章）与合成生物学概述（第一章）之间构成了一个总分的关系，这些哲学基础问题的探讨和分析的背景、问题已潜在蕴含在合成生物学概述的历史梳理、科学本质之中，从而构成了本书各章之间的内在逻辑。

在交代了本书章节之间的逻辑关系和总结了本书主要的研究工作外，最后，梳理一下本书的主要结论，并期冀未来在本书的基础上进一步拓展合成生物学的哲学视域，不断提出新的哲学问题和研究这些问题的新方法，为建立生物学哲学的分支——合成生物学的哲学开拓论域和提供思路。

一 主要结论

通过考察合成生物学的技术史和理论基础，发现合成生物学由两条同时发展的路线交织而成：一条是由 DNA 测序、重组、编辑等不同技术的会聚和整合推动了合成生物技术的诞生；另一条是由合成化学、人工生命研究、系统生物学、工程学等学科领域提供的理论和方法推动了人工合成生命的诞生。一般认为，合成生物学不过是近 20 年来发展起来的新兴生物技术。当本书仔细考察了它的技术、理论和方法渊源，可以很清楚地肯定，合成生物学作为学科综合和技术整合的学科，与以往相关的技术和学科之间存在着连续性。不过，合成生物学也有其独特的学科和理论特征，最根本的特征是本书称其为科学本质的部分，即工程范式的主导和运用。强调合成生物学的工程本质，无论是从设计和构建生物元件、生命实体、生物装置或生命系统的目标来看，还是从"设计—构建—测试—学习循环流程"的研究模式来看，这种以知识构建（建物致知）和实际用途（建物致用）为旨归的工程范式都不同于以往主导生物学发展的物理学范式。

通过考察隐喻在科学模型和科学理论中所起到的对未知事物的类比和指称作用，分析了科学隐喻与现实事物的同构关系。本书认为，进入21世纪，在生命科学领域，隐喻已经成为驱动科技创新、探索未知事物和解释科学新现象的重要手段。无论是在认识论、方法论还是本体论的层面，隐喻都有着不可忽视的作用和地位。尤其是在合成生物学中，隐喻的构建和使用推动着合成生物学的快速发展。通过梳理和分析目前合成生物学中主要的隐喻类型：宗教隐喻、书籍隐喻、数字隐喻、机器隐喻和工程隐喻等，以及对这些不同隐喻背后的语义本体和实在本体的澄清，本书认为这些不同类型隐喻的构建和使用，不仅为合成生物学设计和构建新的生命实体提供了概念框架、认知途径，还起到了方法论的启发性作用。同时，这些隐喻的传播也引发了许多哲学问题，如"扮演上帝"等宗教隐喻，体现了宗教学者或神学家对人类创造生命行为的担心；机器隐喻则将我们带入生命与机器之辩的传统话题，并推动人们进一步思考人工合成生命的本体识别问题，等等。最后，通过分析合成生物学隐喻的认识论意义，明确隐喻使用的科学认知和传播作用以及隐喻作为一种类比方式对理解生命造成的本体论混乱；通过分析合成生物学隐喻的方法论意义，指出计算机隐喻（数字隐喻）和工程隐喻提供了一种方法论的类比迁移，使生命有机体通过工程化、数字化的方式取得了创造的途径；通过分析合成生物学隐喻的本体论意义，提出生命隐喻的使用，重启了关于生命本质以及自然与人工、生命与机器之辩等话题的哲学讨论。

通过分析合成生物学"建物致知"概念与传统"格物致知"概念的内涵，本书指出合成生物学实现了从传统分析方法到合成方法的转变。格物致知强调观察、分析和描述，代表了传统科学发现的分析路径；建物致知则强调设计、构建与合成，代表了实证科学以创造促理解的建构路径。通过分析合成生物学的三种建构方法，提出合成生物学"建物致知"的方法论原则：奥卡姆剃刀原则和类比原则。合成生物学工程原理强调化繁为简，从而降低生物复杂性，是将奥卡姆剃刀的经济思维引入了生物工程学；合成生物学各种类型隐喻的广泛使用，是通过与机器、建筑和计算机等的类比，为构建工程新的功能生命体或生命系统提供认识论和方法论的基础。通过从传统生物学方法论的变革历史到当代合成生物学的方法论变革，指出了生物学方法论从还原向系统、从分析向综合、从定性向定量研究的转变等，这种转变的历史背景在于生物学想要摆脱物理主义的影响，确立生物学自己的研究范式。通过对理性设计方法与定向进化方法及其基本概念进行考察和辨析，指出理性设计作为一种工程方法获得重视得益于 20 世纪美国教育界的提倡，而定向进化则为理性设计提供了经验条件，弥补了理性设计对生物复杂性认识不足而受到阻碍的缺陷，与理性设计形成了一对互补的方法。本书还认为定向进化与早期人类通过驯化或选择育种的人工干预方式之间具有方法论的连续性。最后，通过将合成生物学的方法论变革置于科学哲学的范式框架中进行更加宏观的分析，认为生物学中一直主导的物理学范式正在向工程范式转变。但同时也指出，在合成生物学发展框架中目前两种范式共存，并没有完成范式转变，因此最好使用"范式创新"的提法。本书还介绍了米克·布恩关于生物学中工程范式的基本观点，认为他提出的认识论的建构主义或知识建构论是他所构建的生物学工程范式的核心理论，即工程范式强调知识构建的认知和实际用途（不仅强调知识的真理性，更强调其有用性），这一点与合成生物学的工程本质所提倡的建物致知与建物致用不谋而合。

通过介绍人工创造生命的哲学，特别是生命计算主义强调的生命的本质是算法或程序的思想在合成生物学人工合成生命的实证研究中得以体现，它体现了与合成生物学的哲学问题之间的连续性。不过，本书认为生命的人工合成一方面打击了活力论，另一方面却存在数字活力论的思想残余。本书还强调了人工合成生命中最小基因组的形而上学预设不是内在生物本质主义而是操作本质主义，最小基因组研究不关注特定生物种类，它只关注一般的生命；合成生物学的工程设计与构建理想实际上反映了想象力在科学认知和科学实践中的重要作用，以及在探索生物学可能性方面所表现出来的技术乌托邦倾向。通过介绍生命起源的哲学观和科学观，本书指出合成生物学人工合成生命在生命起源论题中引发的新的哲学问题，认为生命的人工合成没有彻底证明化学进化论的完全正确和活力论的完全错误，它也与智能设计论者主张生命需要一个超自然智能设计者没有思想上的关联，以及人工合成生命的成功意味着生命起源的合成解释对以往的普遍性解释和历史性解释路径构成了挑战。在介绍生命本质理解的历史观点后，本书还特别分析了有机体与无机物之间的连续性问题，指出二者之间的界限正在消解的事实。通过比较将有机体视作机器的历史观点和当代观点，提出有机体与机器之间的本体论划分不是合成生物学关注的问题，生命机械解释只是它为了构建生命实体采取的一种启发性策略；合成生物体不应该被视为自然有机体，它离真正意义上的活机器也有很长的距离，但是它随着人工性越强、自然性越弱的趋势发展，与一般技术人工制品尤其是机器系统的差异会越来越小。通过介绍生命定义的困难和当前关于生命的实体定义法和功能定义法，本书梳理了支持和反对生命定义的两种立场和观点，指出生命的操作定义法可以避开实体定义法和功能定义法的缺陷，与科学实证研究结合得更加紧密；分析和强调了操作定义对于合成生物学学科定义与合成生物定义的工具性意义，认为合成生物学挑战生命定义的观点是难以成立的。最后，从"生命：从自然到人工的理解"和"新的生命形式与拓展生物学可能性"两个重新理解生命的关键问题出发，本书提出人类对生命的理解必然经历从自然到人工的转变，特别是合成生物学强调设计和构建自然界中不存在的功能实体，大大拓展了生物学可能性，为将来建立普遍生物学和发展一个更具有普遍性的生命概念奠定了基础。

二 未来展望

本书选择了从合成生物学这一学科的理论基础、概念问题、研究方法、研究对象等出发进行较为系统而深入的哲学探讨，包括了合成生物学与其他技术或学科之间的内在关联、隐喻概念的分析（包括隐喻类型和隐喻本体的区分）、新旧范式比较和范式创新的探究以及合成生物涉及的生命概念（起源、本质和定义）、解释性理论、生命与非生命连续性论题、自然与人工划分的本体论问题等。对这些合成生物学哲学基础问题的阐发和论述有助于人们理解合成生物学学科综合、技术整合的跨学科性质，关注这些哲学基础问题的时代价值和现实意义，从而打通合成生物学与其他新兴科技之间共同的时代问题，当然首先是相似或相同的哲学问题。这对于将在合成生物学背景下提倡重新理解生命的声音与后人类概念所包含的密切联系的声音结合起来也十分有益。不过，客观地自我评价：由于该选题在哲学领域内还没有一个系统的研究先例，加之这种前沿领域、跨学科研究的特殊性，可以参考的文献虽然很多，但与主题直接相关的文献十分有限。因此，在文献的理解和文献的把握方面，尤其是有关科学知识方面，可能存在欠缺；在合成生物学哲学基础问题的总结乃至拓展方面，相信随着更多相关成果的出现和更加深入的思考，还有进一步研究的必要。

参考文献

［英］J.R. 柏廷顿：《化学简史》，胡作玄译，中国人民大学出版社 2010 年版。

［英］W.C. 丹皮尔：《科学史》，李珩译，中国人民大学出版社 2010 年版。

［美］安东尼奥·雷加拉多：《生物技术研究迈向 DIY》，《科技创业》 2012 年第 5 期。

［奥］埃尔温·薛定谔：《生命是什么》，罗来欧、罗辽复译，湖南科学技术出版社 2003 年版。

［英］达尔文：《物种起源》，周建人等译，商务印书馆 1997 年版。

［美］戴维·林德伯格：《西方科学的起源》，王珺等译，中国对外翻译出版公司 2001 年版。

［德］恩格斯：《反杜林论》，中共中央编译局编译，人民出版社 1999 年版。

［荷］F.C. 布杰德等：《系统生物学：哲学基础》，孙之荣等译，科学出版社 2008 年版。

［加拿大］劳埃德·格尔森、黄唯婷、刘玮：《普罗提诺的形而上学：流溢还是创造?》，《清华西方哲学研究》2016 年第 2 期。

［美］克雷格·文特尔：《生命的未来：从双螺旋到合成生命》，贾拥民译，浙江人民出版社 2016 年版。

［苏联］奥巴林、周邦立：《生命的起源》，《生物学通报》1952 年第 2 期。

［美］乔治·莱考夫、马克·约翰逊：《肉身哲学：亲身心智及其向西方

思想的挑战（二）》，李葆嘉等译，世界图书出版有限公司 2017 年版。

［美］乔治·莱考夫、马克·约翰逊：《肉身哲学：亲身心智及其向西方思想的挑战（一）》，李葆嘉等译，世界图书出版有限公司 2017 年版。

［美］乔治·莱考夫、马克·约翰逊：《我们赖以生存的隐喻》，何文忠译，浙江大学出版社 2015 年版。

［美］詹姆斯·沃森、安德鲁·贝瑞：《DNA：生命的秘密》，陈雅云译，上海人民出版社 2010 年版。

毕锦云、李皖：《"基因开关"与"基因钟"》，《上海科学生活》2001 年第 10 期。

曹中正、张心怡、徐艺源等：《基因组编辑技术及其在合成生物学中的应用》，《合成生物学》2020 年第 4 期。

岑超超：《人工新"字母"改写"生命天书"》，《文汇报》2018 年第 1126 期。

陈刚：《层次，形式与实在》，《哲学研究》2007 年第 8 期。

陈刚：《亚里士多德的心灵哲学》，《哲学动态》2008 年第 8 期。

陈刚：《世界层次结构的非还原理论》，华中科技大学出版社 2008 年版。

陈嘉明：《知识论研究的问题与实质》，《文史哲》2004 年第 2 期。

陈也奔：《灵魂概念在希腊哲学中的演变》，《黑龙江社会科学》2003 年第 5 期。

程晨：《人类与进化关系的哲学思考——以合成生物学为例》，博士学位论文，中国科学技术大学，2013 年。

董杉：《厉害了，合成生物学》，《科学 24 小时》2018 年第 6 期。

董华、卫华：《简论摩尔根学派建立的基础》，《科学技术哲学研究》1998 年第 2 期。

董一名、孙法家、武瑞君等：《DNA 数字信息存储的研究进展》，《合成生物学》2021 年第 3 期。

杜立、王萌：《合成生物学技术制造食品的商业化法律规范》，《合成生物学》2020 年第 5 期。

范林：《二十世纪尚待解决的二十个重大课题》，《生物学通报》1987 年第 2 期。

方卫、王晓阳：《认知科学关于生命本质研究中的三个关键困难》，《自然辩证法通讯》2016 年第 4 期。

冯军、李江海、陈征等：《"海底黑烟囱"与生命起源述评》，《北京大学学报》（自然科学版）2004 年第 2 期。

复旦大学哲学系中国哲学教研室编著：《中国古代哲学史（下）》，古籍出版社 2011 年版。

葛永斌、洪洞、王冬梅：《合成生物学中的正交遗传系统》，《生命的化学》2014 年第 3 期。

龚艳：《评新实验主义对"观察渗透理论"命题的驳难》，《河南社会科学》2010 年第 2 期。

关正君、裴蕾、魏伟等：《合成生物学概念解析、风险评价与管理》，《农业生物技术学报》2016 年第 7 期。

桂起权、傅静、任晓明：《生物科学的哲学》，四川教育出版社 2003 年版。

桂起权：《解读系统生物学：还原论与整体论的综合》，《自然辩证法通讯》2015 年第 5 期。

郭贵春：《科学隐喻的方法论意义》，《中国社会科学》2004 年第 2 期。

郭垒：《还原论、自组织理论和计算主义》，《自然辩证法研究》2003 年第 12 期。

郭晓强：《"生命起源化学之父"——米勒》，《科学》2009 年第 5 期。

韩连庆：《超越乌托邦与敌托邦》，《自然辩证法通讯》2005 年第 5 期。

韩明哲、陈为刚、宋理富等：《DNA 信息存储：生命系统与信息系统的桥梁》，《合成生物学》2021 年第 3 期。

何书卿：《隐喻的哲学之维》，博士学位论文，浙江大学，2016 年。

胡大琴、金新政：《智能设计不是神创论》，《卫生软科学》2005 年第 6 期。

胡德良：《火山导致了地球生命的诞生吗》，《海洋地质动态》2009 年第 6 期。

黄诗晶、陈晓英：《合成生物学引发的生命伦理争议及哲学反思——以合成生命为例》，《辽宁工业大学学报》（社会科学版）2019 年第 1 期。

冀朋：《合成生物学"建物致知"的新进路及其哲学分析》，硕士学位论文，华中科技大学，2017 年。

冀朋、雷瑞鹏、欧亚昆：《合成生物学建构进路与可持续发展》，《中国社会科学报》2019 年 3 月 26 日第 1660 期。

《国务院学位委员会　教育部关于设置"交叉学科"门类、"集成电路科学与工程"和"国家安全学"一级学科的通知（学位〔2020〕30 号）》，2021 年 1 月 15 日，教育部（http：//www. moe. gov. cn/jyb_xwfb/s271/202101/t20210113_509682. html）。

雷瑞鹏：《科技伦理治理的基本原则》，《国家治理》2020 年第 3 期。

雷瑞鹏：《遗传密码概念发展的历史脉络》，《科学技术与辩证法》2006 年第 3 期。

雷瑞鹏、冯君妍、王继超等：《有关自然性的观念和论证》，《医学与哲学（A）》2018 年第 8 期。

雷瑞鹏、邱仁宗：《合成生物学的伦理和治理问题》，《医学与哲学》2019 年第 19 期。

李会珍、翟心慧：《人工合成生命的研究发展概述》，《生物学通报》2020 年第 10 期。

李建会：《人工生命对哲学的挑战》，《科学技术与辩证法》2003 年第 4 期。

李建会：《走向计算主义》，《自然辩证法通讯》2003 年第 3 期。

李建会：《人工生命：计算机与生物学相遇的前沿》，《科技导报》2003 年第 3 期。

李建会：《走向计算主义——数字时代人工创造生命的哲学》，中国书籍出版社 2004 年版。

李雷、姜卫红、覃重军等：《合成生物学使能技术的研究进展》，《中国科学：生命科学》2015 年第 10 期。

李涛：《从感觉、经验到技艺、科学与智慧——海德格尔对亚里士多德知识论的阐释》，《哲学研究》2020 年第 6 期。

李洋、申晓林、孙新晓等：《CRISPR 基因编辑技术在微生物合成生物学领域的研究进展》，《合成生物学》2021 年第 1 期。

郦全民：《认知可计算主义的"困境"质疑——与刘晓力教授商榷》，《中国社会科学》2003 年第 5 期。

郦全民：《生命概念的哲学辨析》，《华东师范大学学报》（哲学社会科学版）2008 年第 6 期。

乐爱国、周翔：《从朱熹的 "格物致知" 到 "科学"》，载《朱熹与武夷山学术研讨会专辑论文集》，2004 年。

林夏水：《毕达哥拉斯学派的数本说》，《自然辩证法研究》1989 年第 6 期。

刘陈立、汤超、汤雷翰等：《定量至简，工程至繁：定量工程生物学》，《科学通报》2021 年第 3 期。

刘辰：《创新发展合成生物学　揭示生命世界奥秘——记中科院分子植物科学卓越创新中心研究员覃重军》，《中国科技产业》2020 年第 10 期。

刘发鹏：《合成生物学："上帝视角" 下 21 世纪最重要的生物技术平台》，《环球财经》2019 年第 2 期。

刘钢：《泛议库恩的 "范式" 概念》，《社会科学论坛》2020 年第 1 期。

刘立中、白阳、郑海等：《合成生物学在基础生命科学研究中的应用》，《生物工程学报》2017 年第 3 期。

刘琳琳：《人造人与哲人石—— 日本动画片〈钢之炼金术师〉中的欧洲炼金术文化》，《青海师范大学学报》（哲学社会科学版）2019 年第 1 期。

刘晓力：《计算主义质疑》，《哲学研究》2003 年第 4 期。

卢俊南、罗周卿、姜双英等：《DNA 的合成、组装及转移技术》，《中国科学院院刊》2018 年第 11 期。

蒋文君、吴超群：《走向人造生命的努力》，《科学》2011 年第 4 期。

马延和：《对合成生物学基本概念与方法的认识》，载《新观点新学说学术沙龙文集 40：合成生物学的伦理问题与生物安全（中国科学技术协会学会学术部会议论文集）》，2010 年。

马兆俐、陈红兵：《解析 "敌托邦"》，《东北大学学报》（社会科学版）2004 年第 5 期。

聂敏里：《亚里士多德对科学知识体系的划分》，《哲学研究》2016 年第 12 期。

牛熠、惠洲鸿、杨蒙等：《计算主义思辩》，《西安电子科技大学学报》（社会科学版）2004 年第 1 期。

彭凯、逯晓云、程健等：《DNA 合成、组装与纠错技术研究进展》，《合成生物学》2020 年第 1 期。

钱珑、沈玥、元英进等：《DNA 数字信息存储：造梦、追梦与圆梦》，《合成生物学》2021 年第 3 期。

秦川：《揭示基因组功能的强大工具：基因打靶技术——2007 年度诺贝尔生理学或医学奖成果简介》，《科技导报》2007 年第 24 期。

欧亚昆、雷瑞鹏：《伦理视域中合成生物学的利益与风险评价》，《伦理学研究》2016 年第 2 期。

邱仁宗：《论"扮演上帝角色"的论证》，《伦理学研究》2017 年第 2 期。

任丑：《人造生命的哲学反思》，《哲学研究》2014 年第 4 期。

尚新建、杜度：《苏格拉底灵魂概念的承袭与发展》，《中国青年政治学院学报》2004 年第 6 期。

史晓颖、李一良、曹长群等：《生命起源、早期演化阶段与海洋环境演变》，《地学前缘》2016 年第 6 期。

司黎明、吕昕：《合成生物学、超材料和人工智能的融合》，《科技导报》2020 年第 9 期。

孙明伟、路希山、高福：《合成病毒：对流感病毒研究的贡献》，《生命科学》2011 年第 9 期。

唐婷、付立豪、郭二鹏等：《自动化合成生物技术与工程化设施平台》，《科学通报》2021 年第 3 期。

唐世民：《认知科学中的隐喻研究》，《科技资讯》2008 年第 11 期。

汪堂家：《隐喻诠释学：修辞学与哲学的联姻——从利科的隐喻理论谈起》，《哲学研究》2004 年第 9 期。

田崇勤、张传开、杨善解：《简明西方哲学手册》，南京大学出版社 1989 年版。

王朝恩、周爱萍：《车库生物学：挑战与规制》，《科学与社会》2013 年第 1 期。

王冬梅、洪泂：《从碱基到人造生命——基因组的从头合成》，《生命的化学》2011 年第 1 期。

王国豫、马诗雯、杨君：《生命的设计与构建——合成生物学的哲学挑战》，《社会科学战线》2015 年第 2 期。

王会、戴俊彪、罗周卿：《基因组的"读—改—写"技术》，《合成生物学》2020 年第 5 期。

王前、李贤中：《"格物致知"新解》，《文史哲》2014 年第 6 期。

王思涛：《论人工生命研究中的反常》，《江苏社会科学》2012 年第 6 期。

王姝彦：《人工生命视域下的生命观再审视》，《科学技术哲学研究》2015
年第 4 期。

王一平：《从"赛博格"与"人工智能"看科幻小说的"后人类"瞻
望——以〈他，他和它〉为例》，《外国文学评论》2018 年第 2 期。

文佳：《合成生物学的发展现状及未来展望》，《生命奥秘》2014 年第
69 期。

伍克煜、刘峰江、许浩等：《合成生物学基因设计软件：iGEM 设计综
述》，《生物信息学》2020 年第 1 期。

肖显静：《物种"内在生物本质主义"：从温和走向激进》，《世界哲学》
2016 年第 4 期。

谢平：《生命的起源：进化理论之扬弃与革新——哲学中的生命，生命中
的哲学》，科学出版社 2014 年版。

熊燕、陈大明、杨琛等：《合成生物学发展现状与前景》，《生命科学》
2011 年第 9 期。

许可、吕波、李春：《无细胞的合成生物技术——多酶催化与生物合成》，
《中国科学：化学》2015 年第 5 期。

杨广宇、冯雁：《合成生物学中的酶定向进化与模块组装》，《生物产业技
术》2010 年第 5 期。

杨怀中、邱海英：《库恩范式理论的三大功能及其人文意义》，《湖北社会
科学》2008 年第 6 期。

岳东方：《2007 年诺贝尔生理学或医学奖》，《生命科学》2011 年第 6 期。

席泽宗：《中国传统文化里的科学方法》，《自然科学史研究》2013 年第
3 期。

星河：《乌托邦与反乌托邦》，《科技潮》2008 年第 10 期。

颜佳新：《生命起源于粘土吗？》，《地质科技情报》1986 年第 2 期。

杨庭颂：《〈列子〉"自生"思想论》，《东南大学学报》（哲学社会科学
版）2020 年第 1 期。

袁辉：《康德双重目的论视角下的生命概念》，《自然辩证法研究》2020

年第 7 期。

佚名：《人工合成酵母染色体　打破生命与非生命界限》，《光明日报》2018 年第 9 期。

叶路扬、吴国林：《技术人工物的自然类分析》，《华南理工大学学报》（社会科学版）2017 年第 4 期。

翟晓梅、邱仁宗：《合成生物学：伦理和管治问题》，《科学与社会》2014 年第 4 期。

赵国屏：《合成生物学：开启生命科学"会聚"研究新时代》，《中国科学院院刊》2018 年第 11 期。

赵万里：《科学技术与社会风险》，《科学技术与辩证法》1998 年第 3 期。

张炳照、赖旺生、刘陈立：《合成生物学与科学方法论和自然哲学》，《中国科学：生命科学》2015 年第 10 期。

张茜：《Syn61：合成生物学的里程碑》，《世界科学》2019 年第 7 期。

张文韬：《"我见证了两次重大科技变革"——合成生物学之父汤姆·奈特访谈录》，《世界科学》2013 年第 2 期。

张无敌、刘士清：《生命起源的 RNA 学说》，《生命科学》1996 年第 4 期。

张先恩：《中国合成生物学发展回顾与展望》，《中国科学：生命科学》2019 年第 12 期。

张学义：《协调论视阈下的科学反常》，《东南大学学报》（哲学社会科学版）2010 年第 6 期。

张志会、李振良、张新庆：《机体哲学视角下的医学人工物》，《医学与哲学》2021 年第 14 期。

郑天祥、王克喜：《"格物致知"的科学逻辑意蕴》，《湖南科技大学学报》（社会科学版）2021 年第 1 期。

周俊：《生命起源的学说之争与研究发展史》，《世界科学》1997 年第 10 期。

周俊：《生命起源应该如何认识与研究》，《世界科学》1997 年第 8 期。

周俊：《生命起源的地球同源说》，《生物学教学》2006 年第 1 期。

周廷尧、罗源、蒋兴宇：《DNA 数据存储：保存策略与数据加密》，《合成生物学》2021 年第 3 期。

钟月明：《国内外关于信息本质的讨论综述》，《科学技术哲学研究》1987

年第 3 期。

中共中央马克思恩格斯列宁斯大林著作编译局:《马克思恩格斯文集》第 1 卷, 人民出版社 2009 年版。

Acevedo-Rocha, C. G. , Fang, G. , Schmidt, M. , et al. , "From essential to persistent genes: a functional approach to constructing synthetic life", *Trends in Genetics*, Vol. 29, Iss. 5, 2013.

Agapakis, C. M. , "Designing Synthetic Biology", *Acs Synthetic Biology*, Vol. 3, Iss. 3, 2013.

Ahn, W. K. , "Why are different features central for natural kinds and artifacts: the role of causal status in determining feature centrality", *Cognition*, Vol. 69, Iss. 2, 1998.

Allen, G. E. , "Mechanism, vitalism and organicism in late nineteenth and twentieth-century biology: the importance of historical context", *Studies in History & Philosophy of Biol & Biomed*, Vol. 36, Iss. 2, 2005.

Andrianantoandro, E. , Basu, S. , Karig, D. K. , et al. , "Synthetic biology: new engineering rules for an emerging discipline", *Molecular Systems Biology*, Vol. 2, Iss. 1, 2006.

Anonymous, "Life 2. 0", *The Economist*, 2006.

Aristotle, *The Complete Works of Aristotle*, Vol. 1, ed. By Barnes J. New Jersey: Princeton University Press, 1984.

Astumian, R. D. , "Making Molecules into Motors", *Scientific American*, Vol. 285, Iss. 1, 2001.

Ayala, F. J. , "Science, evolution, and creationism", *Proceedings of the National Academy of Sciences of the United States of America*, Vol. 105, Iss. 1, 2008.

Baker, L. R. , "The shrinking difference between artifacts and natural objects", *American Philosophical Association Newsletter on Philosophy & Computers*, Vol. 7, Iss. 5, 2008.

Barrett, C. L. , Kim, T. Y. , Kim, H. U. , et al. , "Systems biology as a foundation for genome-scale synthetic biology", *Current Opinion in Biotechnology*, Vol. 17, Iss. 5, 2006.

Basl, J., Sandler, R., "The good of non-sentient entities: Organisms, artifacts, and synthetic biology", *Studies in History & Philosophy of Biological & Biomedical Sciences*, Vol. 44, Iss. 4, 2013.

Bassalo, M. C., Liu, R., Gill, R. T., "Directed evolution and synthetic biology applications to microbial systems", *Current Opinion in Biotechnology*, Vol. 39, 2016.

Battail, G., *Information and Life*, Dordrecht: Springer, 2014.

Bedau, M. A., "Artificial Life", *Philosophy of Biology*, Vol. 3, Iss. 4, 2007.

Bedau, M. A., "Weak Emergence Drives the Science, Epistemology, and Metaphysics of Synthetic Biology", *Biological Theory*, Vol. 8, Iss. 4, 2013.

Belt, H. V. D., "Playing God in Frankenstein's Footsteps: Synthetic Biology and the Meaning of Life", *Nanoethics*, Vol. 3, Iss. 3, 2009.

Benner, S., "Biology from the bottom up", *Nature*, Vol. 452, Iss. 7188, 2008.

Benner, S., Yang, Z., Chen, F., "Synthetic biology, tinkering biology, and artifcial biology", *What are we learning? Comptes Rendus Chimie*, Vol. 14, Iss. 4, 2011.

Benner, S. A., Sismour, A. M., "Synthetic biology", *Nat Rev Genet*, Vol. 6, 2005.

Berg, H. V. D., "The Wolffian Roots of Kant's Teleology", *Studies in History & Philosophy of Science Part C Studies in History & Philosophy of Biological & Biomedical Sciences*, Vol. 44, Iss. 4, 2013.

Bertani, G., "Wei Benner S., Biology from the bottom up", *Nature*, Vol. 452, Iss. 7188, 2008.

Bertani, G., Weigle, J. J., "Host controlled variation in bacterial viruses", *Journal of Bacteriology*, Vol. 65, Iss. 2, 1953.

Bich, L., Green, S., "Is defining life pointless? Operational definitions at the frontiers of biology", *Synthese*, Vol. 195, 2018.

Boden, M. A., *The philosophy of artificial life*, New York: Oxford University Press, 1996.

Boldt, J., Müller, O., "Newtons of the leaves of grass", *Nat Biotech*, Vol. 26, Iss. 49, 2008.

Boldt, J. , Müller, O. , Maio, G. (eds.), *Leben schaffen? Philosophische und ethische Reflexionen zur Synthetischen Biologie*, Paderborn: Mentis, 2012.

Boldt, J. , "Life as a technological product: philosophical and ethical aspects of synthetic biology", *Biological Theory*, Vol. 8, Iss. 4, 2013.

Boldt, J. (ed.), *Synthetic biology: Metaphors, Worldviews, Ethics, and Law*, Wiesbaden: Springer VS, 2016.

Boldt, J. , "Machine metaphors and ethics in synthetic biology", *Life Sciences Society & Policy*, Vol. 14, Iss. 12, 2018.

Boon, M. , "An engineering paradigm in the biomedical sciences: Knowledge as epistemic tool", *Progress in Biophysics and Molecular Biology*, Vol. 129, 2017.

Boon, M. , "In Defense of Engineering Sciences: On the Epistemological Relations Between Science and Technology", *Society for Philosophy and Technology Quarterly Electronic Journal*, Vol. 15, Iss. 1, 2011.

Bornholt, J. , Lopez, R. , Carmean, D. M. , et al. , "A DNA-based archival storage system", *ACM SIGPLAN Notices: A Monthly Publication of the Special Interest Group on Programming Languages*, Vol. 51, Iss. 4, 2016.

Boudry, M. , Pigliucci, M. , "The mismeasure of machine: Synthetic biology and the trouble with engineering metaphors", *Stud Hist Philos Biol Biomed*, Vol. 44, Iss. 4, 2013.

Boyer, C. , "The Ethics of Hans Jonas against (Marxist) Utopia", *Le philosophoire*, Vol. 42, Iss. 2, 2014.

Braun, E. , "Can technological innovation lead us to utopia?", *Futures*, Vol. 26, Iss. 8, 1994.

Brenner, S. , "History of science: The revolution in the life sciences", *Science*, Vol. 338, Iss. 6113, 2012.

Cai, T. , Sun, H. , Qiao, J. , et al. , "Cell-free chemoenzymatic starch synthesis from carbon dioxide", *Science*, Vol. 373, Iss. 6562, 2021.

Calvert, J. , Fujimura, J. H. , "Calculating life?", *EMBO reports*, Vol. 10, Iss. S1, 2009.

Calvert, J. , "Synthetic Biology: Constructing Nature?", *Sociological*

Review, Vol. 58, No. S1, 2010.

Calvert, J., Fujimura, J. H., "Calculating life? Duelling discourses in inter-disciplinary systems biology", *Studies in History & Philosophy of Science Part C Studies in History & Philosophy of Biological & Biomedical Sciences*, Vol. 42, Iss. 2, 2011.

Caplan, A. L., "Rethinking Life. Ethics in Biology", *Engineering and Medicine*, Vol. 1, Iss. 1, 2010.

Carter, S. R., Rodemeyer, M., Garfinkel, M. S., et al., "Synthetic Biology and the U. S. Biotechnology Regulatory System: Challenges and Options", *J. Craig Venter Institute*, 2014.

Chandramouly, G., Zhao, J., Mcdevitt, S., et al., "Polθ reverse transcribes RNA and promotes RNA-templated DNA repair", *Science Advances*, Vol. 7, Iss. 24, 2021.

Chene, D. D., "Mechanisms of life in the seventeenth century: Borelli, Perrault, Régis", *Studies in History and Philosophy of Science Part C: Studies in History and Philosophy of Biological and Biomedical Sciences*, Vol. 36, Iss. 2, 2005.

Caschera, F., Noireaux, V., "Integration of biological parts toward the synthesis of a minimal cell", *Current Opinion in Chemical Biology*, Vol. 22, 2014.

Cheung, T., "From the organism of a body to the body of an organism: Occurrence and meaning of the word 'organism' from the seventeenth to the nineteenth centuries", *British Journal for the History of Science*, Vol. 39, Iss. 3, 2006.

Clarke, L. J., "Synthetic biology UK: progress, paradigms and prospects", *Engineering Biology*, Vol. 1, Iss. 2, 2018.

Cleland, C., "Life without definitions", *Synthese*, Vol. 185, Iss. 1, 2012.

Coates, J. F., "Utopia—An obsolete concept", *Technological Forecasting and Social Change*, Vol. 113, 2016.

Cobb, R. E., Sun, N., Zhao, H., "Directed evolution as a powerful synthetic biology tool", *Methods*, Vol. 60, Iss. 1, 2013.

Cobb, R. E., Ran, C., Zhao, H., "Directed Evolution: Past, Present, and Future", *AIChE Journal*, Vol. 59, Iss. 5, 2013.

Collado-Vides, J., Magasanik, B., Smith, T. F. (eds.), *Integrative approaches to molecular biology*, Cambridge, MA: MIT Press, 1996.

Cookson, N. A., Tsimring, L. S., Hasty, J., "The pedestrian watchmaker: Genetic clocks from engineered oscillators", *FEBS Letters*, Vol. 583, Iss. 24, 2009.

Coyne, L., "The Ethics and Ontology of Synthetic Biology: a Neo-Aristotelian Perspective", *Nano Ethics*, Vol. 14, 2020.

Crick, F., Orgel, L. E., "Directed panspermia", *Icarus*, Vol. 19, Iss. 3, 1973.

Cross, N., "Designerly ways of knowing: design discipline versus design science", *Des Issues*, Vol. 17, Iss. 3, 2001.

Currin, A., Parker, S., Robinson, C. J., et al., "The evolving art of creating genetic diversity: From directed evolution to synthetic biology", *Biotechnology Advances*, Vol. 50, 2021.

Danchin, A., "The Delphic boat or what the genomic texts tell us", *Bioinformatics*, Vol. 14, Iss. 5, 1998.

David, F., Davis, A. M., Gossing, M., et al., "A Perspective on Synthetic Biology in Drug Discovery and Development-Current Impact and Future Opportunities", *SLAS DISCOVERY Advancing the Science of Drug Discovery*, Vol. 26, Iss. 5, 2021.

Deamer, D., "A giant step towards artificial life?", *Trends in Biotechnology*, Vol. 23, Iss. 7, 2005.

Deamer, D., "On the origin of systems, Systems biology, synthetic biology and the origin of life", *Embo Reports*, Vol. 10 (Suppl 1), 2009.

Deichmann, U., "Crystals, Colloids, or Molecules? Early Controversies about the Origin of Life and Synthetic Life", *Perspectives in Biology and Medicine*, Vol. 55, Iss. 40, 2012.

Dennett, D. C., *Darwin's dangerous idea: evolution and the meanings of life*, New York: Simon & Schuster, 1996.

Deplazes, A., Huppenbauer M., "Synthetic organisms and living machines", *Systems & Synthetic Biology*, Iss. 3, 2009.

Deplazes-Zemp, A., "The Conception of Life in Synthetic Biology", *Sci Eng Ethics*, Vol. 18, 2012a.

Deplazes-Zemp, A., "The Moral Impact of Synthesising Living Organisms: Biocentric Views on Synthetic Biology", *Environmental Values*, Vol. 21, Iss. 1, 2012b.

Deplazes-Zemp, A., Gregorowius, D., Biller-Andorno, N., "Different Understandings of Life as an Opportunity to Enrich the Debate About Synthetic Biology", *Nano Ethics*, Vol. 9, Iss. 2, 2015.

Derosier, D. J., "The turn of the screw: the bacterial flagellar motor", *Cell*, Vol. 93, Iss. 1, 1998.

Döring, M., Kollek, R., Brüninghaus, A., et al., *Contextualizing Systems Biology*, Cham: Springer, 2015.

Dumont, S., Prakash, M., "Emergent mechanics of biological structures", *Molecular Biology of the Cell*, Vol. 25, Iss. 22, 2014.

Dupré, J., "The disorder of things: metaphysical foundations of the disunity of science", *Proc. Addresses Am. Philosophical Assoc. APA*, Vol. 68, Iss. 3, 1995.

Duarte, E. M. (ed.), *Being and Learning*, Rotterdam: Sense Publishers, 2012.

Dupré, J., *The disorder of things: metaphysical foundations of the disunity of science*, Cambridge, MA: Harvard University Press, 1995.

Ellis, B., *Scientific Essentialism*, Cambridge: Cambridge University Press, 2001.

Elowitz, M., Lim, W., "Build life to understand it", *Nature*, Vol. 468, Iss. 7326, 2010.

Endy, D., "Foundations for engineering biology", *Nature*, Vol. 438, Iss. 7067, 2005.

Engelhard, M. (ed.), *Synthetic Biology Analysed: Ethics of Science and Technology Assessment* (Schriftenreihe der EA European Academy of Technology and Innovation Assessment GmbH), Vol. 44, Cham: Springer, 2016.

Fry, I. , "Are the different hypotheses on the emergence of life as different as they seem?", *Biology and Philosophy*, Vol. 10, Iss. 4, 1995.

Fleischaker, G. , "Origins of life: An operational definition", *Origins of Life and Evolution of Biospheres*, Vol. 20, 1990.

Fontecave, M. , "Understanding Life as Molecules: Reductionism Versus Vital-ism", *Angewandte Chemie International Edition*, Vol. 49, Iss. 24, 2010.

Fredens, J. , Wang, K. H. , de la Torre, D. , et al. , "Total synthesis of Escherichia coli with a recoded genome", *Nature*, Vol. 569, Iss. 7757, 2019.

Funk, M. , Steizinger, J. , Falkner, D. , et al. , "From Buzz to Burst—Critical Remarks on the Term 'Life' and Its Ethical Implications in Synthetic Biology", *Nano Ethics*, Vol. 13, Iss. 3, 2019.

Gasset, J. O. , *Meditación de la técnica*, Madrid: Biblioteca Nueva, 1939.

Garvin, M. R. , Gharrett, A. J. , "Evolution: are the monkeys' typewriters rigged?", *R Soc Open*, Vol. 1, Iss. 2, 2014.

Gelfert, A. , "Synthetic biology between technoscience and thing knowledge", *Studies in History and Philosophy of Science Part C: Studies in History and Philosophy of Biological and Biomedical Sciences*, Vol. 44, Iss. 2, 2013.

Gibbs, W. W. , "Building a Genetic Machine", *Scientific American*, Vol. 290, Iss. 5, 2004.

Gibson, D. G. , Glass, J. I. , Lartigue, C. , et al. , "Creation of a bacterial cell controlled by a chemically synthesized genome", *Science*, Vol. 329, Iss. 5987, 2010.

Gilbert, J. , "Visions of social order: technological utopianism in American culture", *Science*, Vol. 228, Iss. 4701, 1985.

Gillen, A. L. , Iii, F. , "Louis Pasteur's Views on Creation Evolution and the Genesis of Germs", *Answers Research Journal*, Vol. 1, 2008.

Grosz, E. , "Deleuze, Bergson and the Concept of Life", *Revue Internationale De Philosophie*, Vol. 61, Iss. 241 (3), 2007.

Gschmeidler, B. , Seiringer, L. , " 'Knight in shining armour' or 'Frankenstein's creation'? The coverage of synthetic biology in German-language media", *Public understanding of science*, Vol. 21, Iss. 2, 2012.

Hacking, I. , "Natural Kinds: Rosy Dawn, Scholastic Twilight", *Royal Institute of Philosophy Supplement*, Vol. 61, 2007.

Hagen, K. , Engelhard, M. , Toepfer, G. (eds.), *Ambivalences of Creating Life: Societal and Philosophical Dimensions of Synthetic Biology*, Cham: Springer, 2016.

Hallberg, M. , "Revolutions and Reconstructions in the Philosophy of Science: Mary Hesse (1924 – 2016)", *Journal for general philosophy of science*, Vol. 48, Iss. 2, 2017.

Haseltine, E. L. , Arnold, F. H. , "Synthetic Gene Circuits: Design with Directed Evolution", *Annual Review of Biophysics and Biomolecular Structure*, Vol. 36, Iss. 1, 2007.

Heams, T. , "Randomness in biology", *Mathematical Structures in Computer Science*, Vol. 24, Iss. 3, 2014.

Heams, T. , Huneman, P. , Lecointre G. , et al. (eds.), *Handbook of Evolutionary Thinking in the Sciences*, Dordrecht: Springer, 2015.

Hefner, P. J. , *The human factor: Evolution, culture, and religion*, Minneapolis, MN: Fortress Press, 1993.

Heidari, R, Shaw, D. M. , Elger, B. S. , "CRISPR and the Rebirth of Synthetic Biology", *Science and Engineering Ethics*, Vol. 23, Iss. 2, 2017.

Hellsten, I. , Nerlich, B. , "Synthetic biology: Building the language for a new science brick by metaphorical brick", *New Genetics & Society*, Vol. 30, Iss. 4, 2011.

Holm, S. , "Is synthetic biology mechanical biology?", *History & Philosophy of the Life Sciences*, Vol. 37, Iss. 4, 2015.

Holm, S. , Powell, R. , "Organism, machine, artifact: The conceptual and normative challenges of synthetic biology", *Studies in History & Philosophy of Biological & Biomedical Sciences*, Vol. 44, Iss. 4, 2013.

Holm, S. , "Organism and artifact: Proper functions in Paley organisms", *Studies in History & Philosophy of Biological & Biomedical Sciences*, Vol. 44, Iss. 4, 2013.

Hoshika, S. , Leal, N. A. , Kim, M. J. , et al. , "Hachimoji DNA and RNA: A genetic system with eight building blocks", *Science*, Vol. 363, Iss. 6429, 2019.

Hoyle, F. , Wickramasinghe, N. C. , "The case for life as a cosmic phenomenon", *Nature*, Vol. 322, Iss. 6079, 1986.

Hutchison, C. A. , Chuang, R. Y. , Noskov, V. N. , et al. , "Design and synthesis of a minimal bacterial genome", *Science*, Vol. 351, Iss. 6280, 2016.

Huynen, M. , "Constructing a minimal genome", *Trends in Genetics*, Vol. 16, Iss. 3, 2000.

Ijs, T. , Koskinen, R. , "Exploring biological possibility through synthetic biology", *European Journal for Philosophy of Science*, Vol. 11, Iss. 2, 2021.

Irrgang, B. , *Von der Mendelgenetik zur synthetischen Biologie: Epistemologie der Laboratoriumspraxis Biotechnologie*, Thelem: Dresden, 2003.

Irvine, W. M. , Leschine, S. B. , Schloerb, F. P. , "Thermal history, chemical composition and relationship of comets to the origin of life", *Nature*, Vol. 283, Iss. 5749, 1980.

Jacob, F. , "Evolution and tinkering", *Science*, Vol. 196, Iss. 4295, 1977.

Jammer, M. , *Einstein and religion*, Princeton: Princeton Univ, Press, 1999.

Johannes, T. W. , Zhao, H. , "Directed evolution of enzymes and biosynthetic pathways", *Current Opin Microbiol*, Vol. 9, Iss. 3, 2006.

Kampourakis, K. (ed.), *The Philosophy of Biology: History, Philosophy and Theory of the Life Sciences*, Vol. 1, Dordrecht: Springer, 2013.

Kastenhofer, K. , "Synthetic biology as understanding, control, construction, and creation? Techno-epistemic and socio-political implications of different stances in talking and doing technoscience", *Futures*, Iss. 48, 2013a.

Kastenhofer, K. , "Two sides of the same coin? The (techno) epistemic cultures of systems and synthetic biology", *Studies in History & Philosophy of Biol & Biomed*, Vol. 44, Iss. 2, 2013b.

Kawaguchi, Y. , Shibuya, M. , Robador A. , et al. , "DNA Damage and Survival Time Course of Deinococcal Cell Pellets During 3 Years of Exposure to Outer Space", *Frontiers in Microbiology*, Vol. 11, 2020.

Keasling, J. D. , "Engineering Biology", *Technology Review*, Vol. 109, Iss. 3, 2006.

Keasling, J. D. , "Synthetic biology for synthetic chemistry", *ACS Chem. Biol*, Vol. 3, Iss. 1, 2008.

Keller, E. F. , "What does synthetic biology have to do with biology?", *BioSocieties*, Vol. 4, Iss. 2 – 3, 2009.

Kendall, P. , "How biologists are creating life-like cells from scratch", *Nature*, Vol. 563, Iss. 730, 2018.

Képès, F. , *La biologie de synthèse: plus forte que la nature?* Paris: Le Pommier, 2011.

Khalil, A. S. , Collins, J. J. , "Synthetic biology: applications come of age", *Nature Reviews Genetics*, Iss. 11, 2010.

Kirk, P. , Thorne, T. , Stumpf, M. P. , "Model selection in systems and synthetic biology", *Current Opinion in Biotechnology*, Vol. 24, Iss. 4, 2013.

Kirschner, M. , Gerhart, J. , Mitchison, T. , "Molecular 'vitalism'", *Cell*, Vol. 100, Iss. 1, 2000.

Kitano, H. , "Computational systems biology", *Nature*, Vol. 420, Iss. 6912, 2002.

Knight, T. F. , "Engineering novel life", *Molecular Systems Biology*, Vol. 1, Iss. 1, 2005.

Knuuttila, T. , Loettgers, A. , "What are definitions of life good for? Transdisciplinary and other definitions in astrobiology", *Biol Philos*, Vol. 32, 2017.

Knuuttila, T. , Loettgers, A. , "Varieties of noise: Analogical reasoning in synthetic biology", *Studies in History & Philosophy of Science*, Vol. 48, 2014.

Knuuttila, T. , Loettgers, A. , "Basic science through engineering? Synthetic modeling and the idea of biology-inspired engineering", *Studies in History & Philosophy of Science Part C Studies in History & Philosophy of Biological & Biomedical Sciences*, Vol. 44, Iss. 2, 2013.

Koch, U. , "How to do Things with Metaphors: Reflections on the Role of

Metaphors and Metaphor Theory for the History of Science Using the Example of Shock Metaphors in Medicine", *Berichte Zur Wissenschaftsgeschichte*, Vol. 38, Iss. 4, 2015.

Köchy, K., Hümpel, A. (eds.), *Synthetische Biologie. Entwicklung einer neuen Ingenieurbiologie?* Dornburg: Berlin-Brandenburgische Akademie der Wissenschaften, 2012.

Koeppl, H., Setti, G., di Bernardo M., et al. (eds.), *Design and Analysis of Biomolecular Circuits*, New York, NY: Springer, 2011.

Kogge, W., Richter, M., "Synthetic biology and its alternatives: Descartes, Kant and the idea of engineering biological machines", *Studies in History and Philosophy of Science Part C Studies in History and Philosophy of Biological and Biomedical Sciences*, Vol. 44, Iss. 2, 2013.

Konopka, A. K., "Grand metaphors of biology in the genome era", *Computers & Chemistry*, Vol. 26, Iss. 5, 2002.

Koonin, E., "How many genes can make a cell: The minimal-gene-set concept", *Annual Review of Genomics and Human Genetics*, Vol. 1, 2000.

Kuhn, T. S., *The Road Since Structure: Philosophical Essays, 1970 – 1993*, Chicago, IL, USA: Chicago University Press, 2000.

Lakatos, I., Musgrave, A. (eds.), *Criticism and the Growth of Knowledge: Proceedings of the International Colloquium in the Philosophy of Science*, Cambridge: Cambridge University Press, 1970.

Lander, E. S., "The Heroes of CRISPR", *Cell*, Vol. 164, Iuuse. 1 – 2, 2016.

Langton, C. G., *Artificial life*, Redwood City, CA: Addison-Wesley, 1989.

Laspra, B., López Cerezo, J. A., *Spanish Philosophy of Technology: Philosophy of Engineering and Technology*, Vol 24, Cham: Springer, 2018.

Lawrence, K., "Commentary: World Lines by Lawrence Krauss", *New Scientist*, Vol. 198, Iss. 2653, 2008.

Lewens, T., "From bricolage to BioBricks: Synthetic biology and rational design", *Stud Hist Philos Biol Biomed*, Vol. 44, Iss. 4, 2013.

Lee, K., *Philosophy and revolutions in genetics: Deep science and deep technology*, Basingstoke: Palgrave McMillan, 2003.

Leitgeb, H. , Niiniluoto, I. , Seppälä, P. （eds. ）, *Logic, Methodology and Philosophy of Science-Proceedings of the* 15*th International Congress （CLMPS 2015*）, Rickmansworth: College Publications, 2017.

Liao, M. J. , Din, M. O. , Tsimring, L. , et al. , "Rock-paper-scissors: Engineered population dynamics increase genetic stability", *Science*, Vol. 365, Iss. 6457, 2019.

Licata, I. , Skaji, A. （eds. ）, *Physics of Emergence and Organization*, Singapore: World Scientific, 2008.

Loeb, J. , The dynamics of living matter, New York: Columbia University Press, 1906.

Loeve, S. , Guchet, X. , Vincent, B. B. （eds. ）, *French philosophy of technology*, Cham: Springer, 2018.

Losch, A. （ed. ）, *What is Life? On Earth and Beyond*, Cambridge: Cambridge University Press, 2017.

Loettgers, A. , "Metaphors advance scientific research", *Nature*, Vol. 502, Iss. 7471, 2013.

Lorenzo, D. V. , "Beware of metaphors: chasses and orthogonality in synthetic biology", *Bioengineered Bugs*, Vol. 2, Iss. 1, 2011.

Luisi, P. L. , Ferri, F. , Stano, P. , "Approaches to semi-synthetic minimal cells: a review", *Naturwissenschaften*, Vol. 93, Iss. 1, 2006.

Luisi, P. L. , "About various definitions of life", *Origins of Life and Evolution of the Biosphere*, Vol. 28, 1998.

Lupas, A. N. , "What I cannot create, I do not understand", *Nature*, Vol. 346, Iss. 6216, 2014.

Luria, S. E. , Human, M. L. , "A Nonhereditary, Host-Induced Variation of Bacterial Viruses", *Journal of Bacteriology*, Vol. 64, Iss. 64, 1952.

Machery, E. , "Why I stopped worrying about the definition of life and why you should as well", *Synthese*, Vol. 185, Iss. 1, 2012.

Malaterre, C. , "Can Synthetic Biology Shed Light on the Origins of Life?", *Biological Theory*, Vol. 4, Iss. 4, 2009.

Mariscal, C. , Barahona, A. , Aubert-Kato, N. , et al. , "Hidden Concepts in the History and Philosophy of Origins-of-Life Studies: a Workshop Report", *Origins of Life and Evolution of Biospheres*, Vol. 49, Iss. 4, 2019.

Marshall, A. , "The sorcerer of synthetic genomes", *Nature Biotechnology*, Vol. 27, Iss. 12, 2009.

Martin, W. , Baross, J. , Kelley, D. , et al. , "Hydrothermal vents and the origin of life", *Nature Reviews Microbiology*, Vol. 6, 2008.

Matthew, C. , "60 years ago, Francis Crick changed the logic of biology", *PLoS Biology*, Vol. 15, Iss. 9, 2017.

Matthias, B. , Sandra, F. , Peter, D. , et al. , "Images of synthetic life: Mapping the use and function of metaphors in the public discourse on synthetic biology", *Plos One*, Vol. 13, Iss. 6, 2018.

Meacham, D. , Casanova, M. P. , "Philosophy and Synthetic Biology: the BrisSynBio Experiment", *Nanoethics*, Vol. 14, 2020.

Medin, D. , Atran, S. (eds.), *Folk Biology*, Cambridge, MA: MIT Press, 1999.

Mcleod, C. , Nerlich, B. , "Synthetic biology, metaphors and responsibility", *Life Sci Soc Policy*, Iss. 13, 2017.

Miller, T. E. , Beneyton, T. , Schwander, T. , et al. , "Light-powered CO2 fixation in a chloroplast mimic with natural and synthetic parts", *Science*, Vol. 368, Iss. 6491, 2020.

Mitchell, W. J. T. , "The work of art in the age of biocybernetic reproduction", *Artlink*, Vol. 22, Iss. 1, 2002.

Mittelstraß, J. (ed.), *Enzyklopädie Philosophie und Wissenschaftstheorie* (Vol. 4: Ins-Loc), 2nd edition (revised), Metzler: Stuttgart, 2010.

Mojzsis, S. J. , Arrhenius, G. , Mckeegan, K. D. , et al. , "Evidence for life on Earth before 3, 800 million years ago", *Nature*, Iss. 384, 1996.

Monod, J. , *Chance and Necessity: An Essay on the Natural Philosophy of Modern Biology*, New York: Vintage, 1972.

Morange, M. , "Historical and Philosophical Foundations of Synthetic Biology", *Biological Theory*, Vol. 4, Iss. 4, 2009.

Morange, M. , "A new revolution? The place of systems biology and synthetic biology in the history of biology", *Embo Reports*, Vol. 10, Special issue, 2009.

Morange, M. , "The Resurrection of Life", *Orig Life Evol Biosph*, Vol. 40, 2010.

Morange, M. , "Synthetic Biology: A Challenge to Mechanical Explanations in Biology?", *Perspectives in Biology and Medicine*, Vol. 55, Iss. 4, 2012.

Morange, M. , "Synthetic biology: a bridge between functional and evolutionary biology", *Biol Theory*, Vol. 4, Iss. 4, 2015.

Muehlenbein, M. P. (ed.), *Basics in Human Evolution*, Academic Press, 2015.

Mushegian, A. , "The minimal genome concept", *Current Opinion in Genetics & Devolopment*, Vol. 9, Iss. 6, 1999.

National Academies of Sciences, Engineering, and Medicine, *A Proposed Framework for Identifying Potential Biodefense Vulnerabilities Posed by Synthetic Biology: Interim Report*, Washington, DC: The National Academies Press, 2017.

Nicholson, D. J. , *Organism and Mechanism: A Critique of Mechanistic Thinking in Biology*, University of Exeter, 2010.

Nicholson, D. J. , "Organisms ≠ Machines", *Stud Hist Philos Biol Biomed*, Vol. 44, Iss. 4, 2013.

Nicholson, D. J. , "Is the cell really a machine?", *Journal of Theoretical Biology*, Vol. 477, 2019.

Noireaux, V. , Bar-Ziv, R. , Godefroy, J. , et al. , "Toward an artificial cell based on gene expression in vesicles", *Physical Biology*, Vol. 2, Iss. 3, 2005.

None, "New directions: The ethics of synthetic biology and emerging technologies", *Presidential Comission for the Study of Bioethical Issues*, 2010.

O'Malley, M. A. , "Making Knowledge in Synthetic Biology: Design Meets Kludge", *Biological Theory*, Vol. 4, Iss. 4, 2009.

O'Malley, M. A. , Powell, A. , Davies, J. F. , et al. , "Knowledge-making distinctions in synthetic biology", *Bioessays*, Vol. 30, Iss. 1, 2008.

Ortony, A. (ed.), *Metaphor and Thought*, Cambridge: Cambridge University Press, 1993.

Pachter, H. M., "Paracelsus-Magic into Science", *Academic Medicine*, Vol. 26, Iss. 3, 1951.

Pamela, A. S., "Making Biology Easier to Engineer", *BioSocieties*, Vol. 4, Iss. 2 – 3, 2009.

Parfit, D., *Reasons and Persons*, Oxford: Oxford University Press, 1984.

Pauwels, E., "Mind the metaphor", *Nature*, Vol. 500, Iss. 7464, 2013.

Pasquale, S., Fabio, M., "Protocells Models in Origin of Life and Synthetic Biology", *Life*, Vol. 5, Iss. 4, 2015.

Pennock, R. T., "Creationism and intelligent design", *Annu. Rev. Genomics Hum. Genet.*, Vol. 4, 2003.

Peretó, J., "Erasing Borders: A Brief Chronicle of Early Synthetic Biology", *Journal of Molecular Evolution*, Vol. 83, 2016.

Peretó, J., Català, J., "The renaissance of synthetic biology", *Biological Theory*, Vol. 2, 2007.

Pigliucci, M., Boudry, M., "Why Machine-Information Metaphors are Bad for Science and Science Education", *Science & Education*, Vol. 20, Iss. 5 – 6, 2011.

Porcar, M., Peretó, J., "Are we doing synthetic biology?", *Syst Synth Biol*, Vol. 6, 2012.

Porcar, M., Peretó, J., "Nature versus design: synthetic biology or how to build a biological non-machine", *Integr Biol*, Iss. 8, 2015.

Preston, B., "Synthetic biology as red herring", *Studies in History and Philosophy of Science Part C: Studies in History and Philosophy of Biological and Biomedical Sciences*, Vol. 44, Iss. 4, 2013.

Radosavljevic, V., Banjari, I., Belojevic, G. (eds.), *Defence Against Bioterrorism*, NATO Science for Peace and Security Series A: Chemistry and Biology, Dordrecht: Springer, 2018.

Rajan, K. S., *Biocapital. The constitution of postgenomic life*, Durham: Duke University Press, 2006.

Rasetti, M., "The 'Life Machine': A Quantum Metaphor for Living Matter", *International Journal of Theoretical Physics*, Vol. 56, Iss. 1, 2017.

Raza, A., "Minowada J., Barcos M., et al., Nobel prizes and restriction enzymes", *Gene*, Vol. 4, Iss. 3, 1978.

Regt, H., Dieks, D., "A Contextual Approach to Scientific Understanding", *Synthese*, Vol. 144, Iss. 1, 2005.

Ried, J., Dabrock, P., Braun, M., "From Homo Faber to Homo Creator? A Theological-Ethical Expedition into the Anthropological Depths of Synthetic Biology", *World Views Environment Culture Religion*, Vol. 17, Iss. 1, 2013.

Ritter, J., Gründer, K. (eds.), *Historisches Wörterbuch der Philosophie* (Vol. 5: L-Mn), Basel: Schwabe, 1980.

Robert, E., Wanerman, J. D., Gail H., et al., *Biotechnology Entrepreneurship* (Second Edition), Academic Press, 2020.

Ruse, M., "Do organisms exist?", *American Zoologist*, Vol. 29, Iss. 3, 1989.

Ruse, M., "Robert Boyle and the Machine Metaphor", *Zygon (r)*, Vol. 37, Iss. 3, 2003.

Ruse, M., "Darwinism and mechanism: metaphor in science", *Stud Hist Philos Biol Biomed*, Vol. 36, Iss. 2, 2005.

Saey, T. H., "Scientists Build a Minimum Genome: Only 473 Genes Needed to Keep 'Syn3.0' Bacterium Alive", *Science News*, Vol. 189, Iss. 8, 2016.

Schark, M., "Synthetic Biology and the Distinction between Organisms and Machines", *Environmental Values*, Vol. 21, Iss. 1, 2012.

Schaffer, J., "Is There a Fundamental Level?", *Nos*, Vol. 37, Iss. 3, 2003.

Scharf, C., Virgo, N., Cleaves, H. J., et al., "A strategy for origins of life research", *Astrobiology*, Vol. 15, 2015.

Schultz, S. G., "William Harvey and the circulation of the blood: the birth of a scientific revolution and modern physiology", *News in Physiological Sciences*, Vol. 17, Iss. 5, 2002.

Schwab, K., *The fourth industrial revolution*, Geneva: World Economic Forum, 2016.

Schyfter, P., "Technological biology? Things and kinds in synthetic biology", *Biology and Philosophy*, Vol. 27, Iss. 1, 2012.

Sekeris, F., *Metaphor usability for clarifying synthetic biology in upper secondary education*, Utrecht University, 2015.

Shapiro, S. C., "Computationalism", *Minds and Machines*, Vol. 5, Iss. 4, 1995.

Sheppard, S. D., Macatangay K., Colby A., et al., *Educating engineers: designing for the future of the field*, San Francisco: Jossey-Bass, 2009.

Siegel, H., Sardoč, M., "Creationism, Evolution and Education", *Postdigit Sci Educ*, Vol. 2, 2020.

Simons, M., "The Diversity of Engineering in Synthetic Biology", *NanoEthics*, Vol. 14, Iss. 1, 2020.

Simons, M., "Synthetic biology as a technoscience: The case of minimal genomes and essential genes", *Studies in History and Philosophy of Science Part A*, Vol. 85, 2021.

Simons, M., "Dreaming of a Universal Biology: Synthetic Biology and the Origins of Life", *Hyle an International Journal for the Philosophy of Chemistry*, Vol. 27, 2021.

Singh, V. (ed.), *Advances in Synthetic Biology*, Singapore: Springer, 2020.

Singh, V., Pawan, K., *Systems and Synthetic Biology*, Dordrecht: Springer, 2015.

Sole, R. V., Munteanu, A., Rodriguez-Caso, C., et al., "Synthetic protocell biology: from reproduction to computation", *Philosophical Transactions of the Royal Society B Biological Sciences*, Vol. 362, Iss. 1486, 2007.

Soto, A. M., Sonnenschein, C., "Reductionism, Organicism, and Causality in the Biomedical Sciences: A Critique", *Perspectives in Biology and Medicine*, Vol. 61, Iss. 4, 2018.

Spitzer, J., Pielak, G. J., Poolman, B., "Emergence of life: Physical chemistry changes the paradigm", *Biol Direct*, Vol. 10, Iss. 33, 2015.

Stelmach, A., Nerlich, B., "Metaphors in search of a target: the curious case of epigenetics", *New Genetics and Society*, Vol. 34, Iss. 2, 2015.

Swan, L., Gordon, R., Seckbach, J. (eds.), *Origin (s) of Design in Nature: Cellular Origin, Life in Extreme Habitats and Astrobiology*, Vol 23, Netherlands: Springer, 2012.

Szostak, J. W., Bartel, D. P., Luisi, P. L., "Synthesizing life", *Nature*, Vol. 409, Iss. 6818, 2001.

Szostak, J. W., "Attempts to define life do not help to understand the origin of life", *J Biomol Struct Dyn*, Vol. 29, 2012.

Taylor, P. L., "The Ethics of Protocells-Moral and Social Implications of Creating Life in the Laboratory", *American Journal of Human Genetics*, Vol. 85, Iss. 2, 2009.

Thao, T. T. N., Labroussaa, F., Ebert, N., et al., "Rapid reconstruction of SARS-CoV – 2 using a synthetic genomics platform", *Nature*, Vol. 582, 2020.

The Royal Society, *Symposium on Opportunities and Challenges in the Emerging Field of Synthetic Biology*, OECD, 2010.

Tizei, P., Csibra, E., Torres, L., et al., "Selection platforms for directed evolution in synthetic biology", *Biochemical Society Transactions*, Vol. 44, Iss. 4, 2016.

Ulrich, C., "Synthetic Biology and the Golem of Prague: Philosophical Reflections on a Suggestive Metaphor", *Perspectives in Biology & Medicine*, Vol. 55, Iss. 4, 2012.

Venter, J. C., "E. Coli Sequencing", *Science*, Vol. 267, Iss. 5198, 1995.

Venter, J. C., "Synthetic genomics: where next?", *New scientist*, Vol. 206, Iss. 2762, 2010.

Verseux, C. N., Paulino-Lima, I. G., Baqué, M., et al., *Synthetic Biology for Space Exploration: Promises and Societal Technology Assessment* (Schriftenreihe der EA European Academy of Technology and Innovation Assessment GmbH), Vol 45, Cham: Springer, 2016.

Víctor, D. L., "Evolutionary tinkering vs. rational engineering in the times of synthetic biology", *Life Sciences Society & Policy*, Vol. 14, Iss. 18, 2018.

Vilanova, C., Porcar, M., "iGEM 2. 0 – refoundations for engineering biology", *Nature Biotechnology*, Vol. 32, Iss. 5, 2014.

Vincent, B. B., "Discipline-building in synthetic biology", *Studies in History & Philosophy of Biological & Biomedical Sciences*, Vol. 44, Iss. 2, 2013a.

Vincent, B. B., "Between the possible and the actual: Philosophical perspectives on the design of synthetic organisms", *Futures*, Vol. 48, 2013b.

Walker, J., "Frederick Sanger (1918 – 2013)", *Nature*, Vol. 505, Iss. 7481, 2014.

Watts, E., Kutschera, U., "On the historical roots of creationism and intelligent design: German Allmacht and Darwinian evolution in context", *Theory in Biosciences*, Vol. 140, 2021.

Way, J. C., Collins, J. J., Keasling, J. D., et al., "Integrating biological redesign: where synthetic biology came from and where it needs to go", Cell, Vol. 157, Iss. 1, 2014.

Wei-Lung, W., "Beware the engineering metaphor", *Communications of the ACM*, Vol. 45, Iss. 5, 2002.

Werner, D., "Plato's Epistemology in the Phaedrus", *Skepsis*, Vol. 18, Iss. 1 – 2, 2007.

Wheeler, L. R., "Vitalism: its history and validity", *Nature*, Vol. 145, 1940.

Wickramasinghe, N. C., Wainwright, M., Narlikar, J. V., et al., "Progress towards the vindication of panspermia", *Astrophysics & Space Science*, Vol. 283, Iss. 3, 2003.

Wolfe, C. T., "The organism as ontological go-between: Hybridity, boundaries and degrees of reality in its conceptual history", *Studies in History & Philosophy of Science Part C Studies in History & Philosophy of Biological & Biomedical Sciences*, Vol. 48, 2014.

Wuppuluri, S., Doria, F. (eds.), *The Map and the Territory*, *The Frontiers Collection*, Cham: Springer, 2018.

Ya'ni, D., *A Comparative Study of Numeral Metaphors in English and Chinese from the Perspectives of Cognitive Linguistics*, Xi'an International Studies University, 2014.

Yeh, B. J. , Lim, W. A. , "Synthetic biology: lessons from the history of synthetic organic chemistry", *Nature Chemical Biology*, Vol. 3, Iss. 9, 2007.

Young, E. , Alper, H. , "Synthetic Biology: Tools to Design, Build, and Optimize Cellular Processes", *Journal of Biomedicine & Biotechnology*, 2010: 130781.

Zwart, H. , Landeweerd, L. , Lemmens, P. , "Continental philosophical perspectives on life sciences and emerging technologies", *Life Sciences, Society and Policy*, Vol. 12, Iss. 8, 2016.

Zwart, H. , "Scientific iconoclasm and active imagination: synthetic cells as techno-scientific mandalas", *Life Sci Soc Policy*, Vol. 14, Iss. 10, 2018.

后　记

时光荏苒，人生的步履不知不觉间迈入甲辰。两年前，我从喻家山脚辗转桑浦山脚，很多人事变迁，让人唏嘘不已。然而同样的感觉再次袭来，我的人生似乎在这个不平凡的一年，将迎来新的转折。这本书的出版便是其一。

这本书是基于我的博士论文修改完成。我很开心这本书付梓在望。从读研到博士毕业，我一直在合成生物学的科学、哲学和伦理治理领域深耕不辍。偶有所得，我也不敢忘却我的恩师、生命伦理学家雷瑞鹏教授的辛勤栽培和指导。这本书正是在她担任我的硕士生导师和博士生导师的七年半的时光里，一点点的累积而成。而今，也是因为她的努力和帮助，这本书终于有机会绽放出它特有的光彩和实现它特殊的价值。所以，我还要特别感谢雷瑞鹏教授主持的国家重点研发计划项目"合成生物学的伦理、政策法规框架研究"（2018YFA0902400）对本书出版的大力资助！

毋庸置疑，这本书的选题前沿、新颖，充满挑战。因为，国内外还没有人如此较为全面、深入地研究过这个选题。我希望这本书能够起到抛砖引玉的作用。不仅如此，我也希望有更多的同行能够关注到这本书，因为在我有限的水平和能力范围内，这本书还是尽可能地拓展了合成生物学的哲学论域，为建立合成生物学的哲学这一生物学哲学分支起到了一定的推动作用，弥补了相关问题研究上的空白。

这本书的完成得益于很多良师益友，除了雷瑞鹏教授外，中国社会科学院哲学所研究员、国际哲学院院士邱仁宗先生也给予这本书很大的帮助。在得知我的选题后，邱先生给我多次打包发送外文参考文献，还特别提醒我哪些文献应该精读。不仅如此，这些年在研究课题、撰写论文和治学态度方面，邱先生的教导和示范也令我记忆犹新、终身受益。我们后辈皆以能够得到邱先生的亲传、指点为荣！他是一位了不起的哲学家！我十分感念他的谆谆教导，在此特别致敬和致谢！

还有一位先生，在雷瑞鹏教授的引荐下，我从他那里窥探到生物学哲学的堂奥。他知识贯通、博闻强记，我们称他是"行走的百科全书"。他就是科学哲学家、武汉大学哲学学院的桂起权教授！桂先生于2023年1月作古，是我们学界的重大损失。他的音容笑貌、谆谆教诲至今影响着我们。我很幸运，2021年邀请到桂先生担任我博士论文答辩委员会的主席。答辩前，桂先生邀请我与他合影，从路上到答辩会场，他一直很耐心地跟我探讨我的博士论文，并给予专业的指导。在此论文成书之际，桂先生虽已不在，我还是想借此机会再次表示感谢和缅怀！

这本书稿的完成，还得益于求学期间与华中科技大学哲学学院，以及科学技术哲学专业领域诸位老师的交流。这些老师为我的学术成长之路提供了颇多有益的观点、探究的方法和专业的指导，包括：万小龙教授、陈刚教授、成良斌教授、李建会教授、程新宇教授、苏莉教授、吴畏教授、徐敏教授、张瑛教授、汤志恒研究员、欧亚昆副教授、陈朝晖老师、邓桂芳老师、李光辉老师、舒年春老师、焦洪涛教授、伍春艳副教授、刘欢副教授、袁辉副教授、杨海斌书记、叶金州副教授、耿艳丽老师、郭乙老师和邓小磊老师等。没有这些老师的悉心指点和热情帮助，很难想象自己会走多少弯路。这本书得以按期出版，要感谢本书的责任编辑喻苗女士。她专业、细致的校改工作，也帮助本书纠正了不少错漏之处。此外，我也要感谢聪明可爱的师弟师妹们，他们在我完成书稿的日子里，给予了温暖和陪伴，让我们有缘见证了彼此的成长！

最后，我还要以满分的爱意感谢我的夫人韦皓曦，女儿安慈，以及敬爱的父母！他们在我求学和工作道路上的付出、帮助、鼓励、支持，点点滴滴我都铭记于心。正是因为他们的一路支持和相伴，我跨过了一个又一个人生的围栏，熬过了一个又一个孤独的夜晚，看到了这本书的完成，实现了我20年的哲学梦——站在大学三尺讲台讲自己的哲学观点。当我每次翻阅这本书中的那些方块字，我都深知这不是我一个人完成的作品，它同样也是属于我的家人的。因此，我想诚挚地将这本书献给他们，献给我和他们一起熬过的青春，以及献给我不久将要见面的第二个孩子！

2024 年春于桑浦山下